今日から
モノ知り
シリーズ

トコトンやさしい

蒸気の本

蒸気の利用は産業革命の原動力となったジェームス・ワットの蒸気機関に始まり、今日では一般家庭から火力発電所や原子力発電所などの大型設備・機械にまで広がっています。

勝呂幸男

B&Tブックス
日刊工業新聞社

はじめに

蒸気は広い意味では「物質が気体になった状態」のことをいいますが、通常の生活や工業では「水（H_2O）の気体状態＝水蒸気」に関することとして認識されています。物質としての水は、「氷」、「水」、「水蒸気」と3つの状態に変化しますが、それぞれ固体、液体、気体の状態の別名であると考えてよいでしょう。つまり、一般的にすべての物質は、いろいろな条件の元で固体、液体、気体と状態が変化するわけですが、水はその状態を一番身近に見ることができるため、蒸気というと水蒸気のことを示す場合が多いのです。

本書では「蒸気は水の気体状態」と定義して話を進めていきます。また、単に「水」と記載した時は、特別なことがない限り「液体状態の水」をいいます。

物質としての水はいろいろな状態で広く地球上に存在し、私たちの生活に大きくかかわっています。また、生活の中で非常に馴染みが深く、また使いやすい物質のためにあまりにも意識されることなく用いられています。日々の会話の中にも「水に流す」、「湯水のごとく」といった慣用句が使われるなど、当たり前に身近にある物質です。

通常、私たちが生活している空間、つまり空気中の地表付近では圧力が大気圧（1気圧）であるため、0℃になると水は氷に変化し、100℃になると沸騰します。火にかけることで水は水蒸気に簡単に変化します。この状態は、料理やお風呂といった身近なところで体験することができます。毎日の気象予報で耳にする天気（雨や湿度など）にも蒸気が関係しています。
また、水は地球上の多く場所に大量にあることから使いやすく、各種の工業で広く使われています。産業革命の原動力となったジェームス・ワットの蒸気機関に始まり、今日の火力発電所や原子力発電所などの大型設備・機械でも使われています。

本書は、このような身近な蒸気の特徴から、日常の生活や工業における蒸気利用までをわかりやすく紹介、解説します。

従来の書籍では、蒸気は工学的な立場から工業熱力学の中で取り扱われており、一般の人たちや学校を出て現場で蒸気を扱おうという人ための入門書がほとんどありません。本書は、一般読者には日常の生活の中で蒸気を上手に使うヒントを、技術者の方には毎日の仕事の中で一番効率的で安価な蒸気の使い方のヒントを提供できればと考えています。

蒸気は高温であることが多く、取り扱いを間違えると非常に危険です。現在の家庭内には圧力鍋や過熱蒸気で調理する電子レンジもあり、便利になってきた一方でこうした高エネルギーの蒸気を使う機会も増えています。したがって今まで以上に蒸気の扱いには注意が必要となっています。工場でも同様に高温・高圧化が進んでいます。危険を察知するためにも事前に蒸気を知っておくことが必要で、本書がその一助になれば幸いです。

最後に、本書の刊行に際して、執筆の機会をいただいた日刊工業新聞社の奥村功出版局長、構成・編集上のアドバイスをいただいたエム編集事務所の飯嶋光雄氏、また本文デザインをご担当いただいたた志岐デザイン事務所の奥田陽子氏に謝意を表します。

2016年7月

勝呂幸男

トコトンやさしい

蒸気の本

目次

目次 CONTENTS

第1章 蒸気を知ろう

第2章 意外と身近にある蒸気

第3章 蒸気工学を学ぼう

第4章 蒸気の工学的応用

第5章 蒸気をつくる

第6章 蒸気から動力を取り出す

第7章 蒸気サイクルの構成機器と蒸気タービン

第1章

蒸気を知ろう

1 蒸気工学で出てくる単位

圧力の単位

最初に蒸気や蒸気工学で出てくる単位について復習しましょう。まずは圧力です。圧力は単位面積あたりに作用する垂直方向の力で表します。圧力の単位はSI単位（SI単位とはメートル法が発展したもので、それまでのMKS単位系：長さをm、質量をkg、時間を秒sを用いて組み合わせる方法を拡張した単位系）では、Pa（パスカル）＝N（ニュートン）／m^2が基本単位です。この値は日常生活で使用すると小さすぎるので、通常はその1000（103）倍や100万（106）倍の値をKPa（キロパスカル）やMPa（メガパスカル）で示します。

ここで注意すべきことは、地表では常に物質に重力加速度（引力）がかかるから、秤《はかり》で重さを測ると「力」で表され、その計測結果はkgfという工業用単位で測っていることになります。kgfの後のfは力（force）を意味するものです。上記式のkgは質量で、加速度1m／s^2で動いていると力は1Nになります。ですから1kgfは地上における重力加速度（9・81m／s）を受けているので、おおよそ9・81Nの力であることに注意をしなければなりません。

左図に示すような真空ポンプ装置でパイプ中の気体を排出すると、パイプ中の液体は徐々に上がり、最終的に上がらなくなります（周囲の気圧を上げてやれば変わりますが）。この時、パイプ中の気体を完全に吸い上げた時の状態が「絶対圧力零（ゼロ）」といいます。そしてこの絶対圧力零の状態を基準0ataとして圧力表示します。絶対圧力零（0）として圧力表示が絶対圧力表示です。

次に右上図のように吹いて圧力Pをかけると中の液体は上昇します。この圧力Pは大気の圧力との差になり図ではhで示してあります。

通常の圧力計はこのように大気圧との差を示しているものがほとんどで、この圧力をゲージ圧力と呼びatgを用いて示しています。

要点BOX

- 圧力は単位面積あたりに作用する垂直方向の力で表す
- Pa=N（ニュートン）/m^2が基本単位

圧力の単位

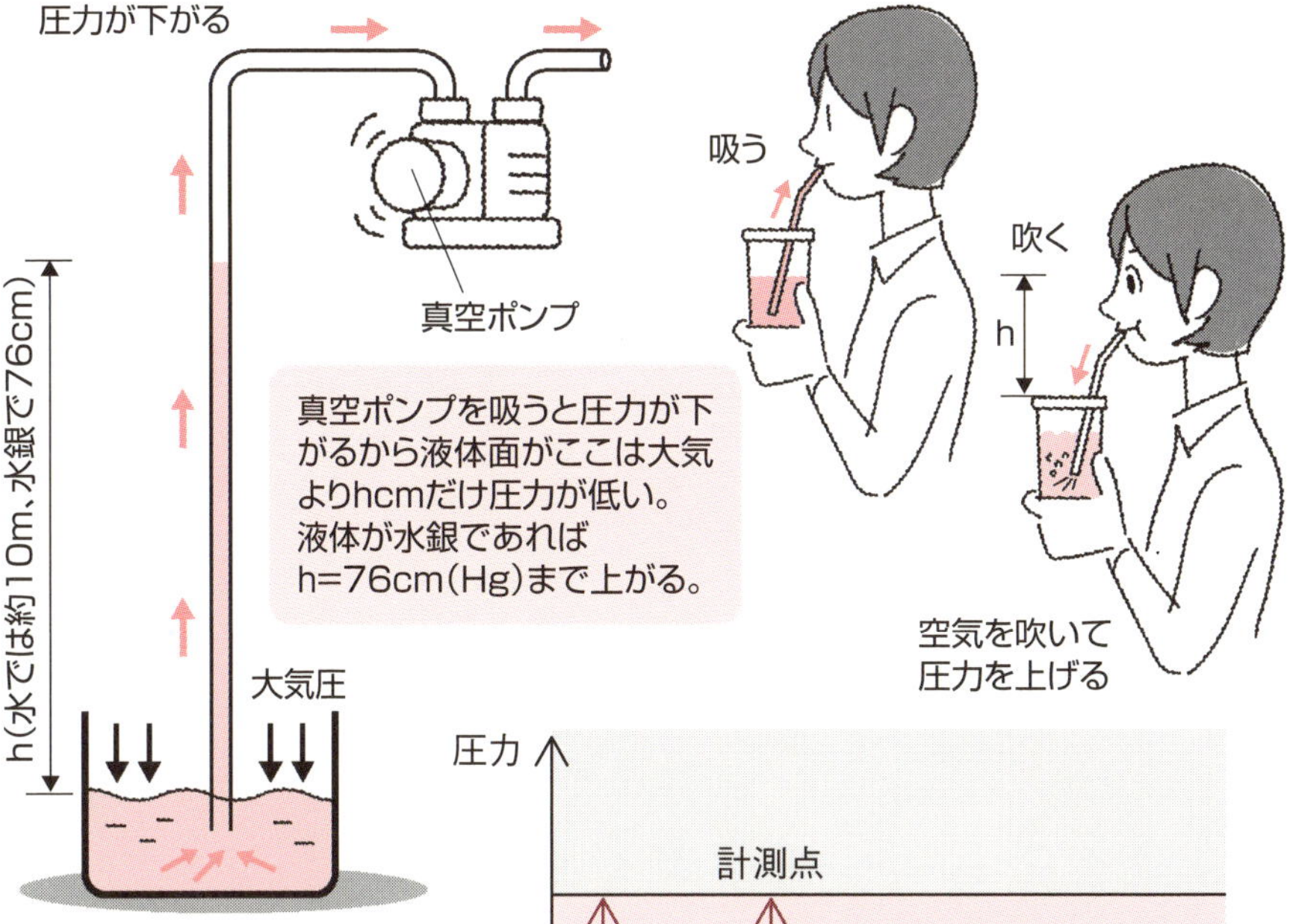

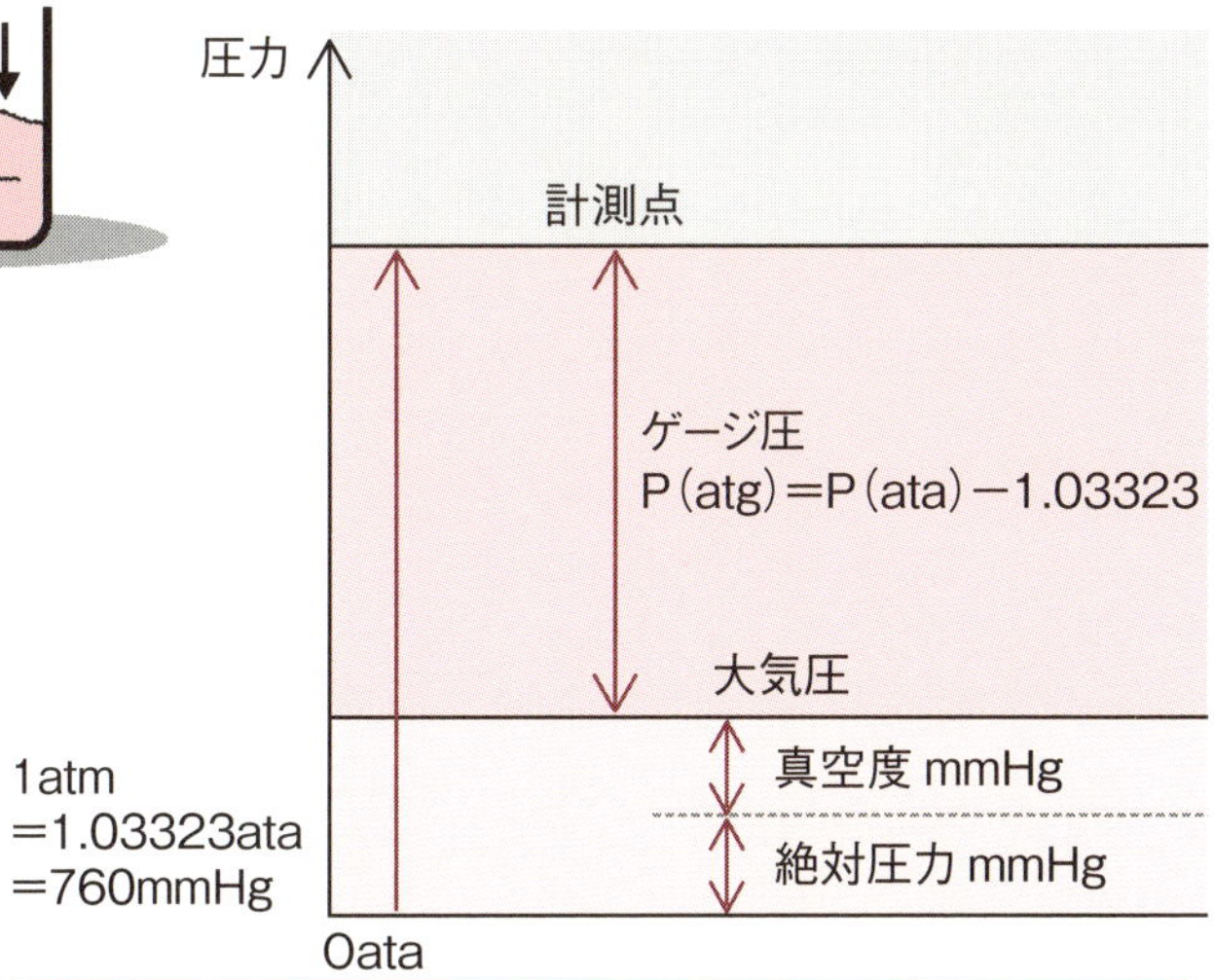

$$1\,\mathrm{Pa}=1\,\mathrm{N/m^2}=1\,\mathrm{kgf/m\cdot s^2}=1\,\mathrm{J/m^3}$$
$$1\,\mathrm{bar}=10^5\,\mathrm{Pa}=10^5\,\mathrm{N/m^2}=10^5\,\mathrm{kgf/m\cdot s^2}$$

大気圧は重力加速度 g = 9.80665N/s^2（国際標準値）における密度が 13.5951（g/cm^3)、温度が 0℃の水銀柱 760mm になる圧力（760mmHg と書くが)、標準気圧で呼び記号 atm で表す。
1 標準気圧 = 1atm = 760mmHG = 760torr = 1.003323（kgf/cm^2)
= 0.101325MPa

2 温度の単位

温度とは熱さ・冷たさの度合で、熱いほど高い値を示します。熱力学的には熱平衡の状態を決める尺度と定義されており、高温ほどその物質中の原子の平均運動エネルギーが大きい状態です。

温度の単位には絶対温度、熱力学温度（ケルビン）K。これには度がつきません。

温度の尺度としては摂氏温度（セルシウス度）℃、華氏温度（ファーレンハイト度）°F、蘭氏温度（ランキン度）°R、その他列氏温度（レオミュール度）°Ré、ドリール度°D、ニュートン度（°N）、レーマー度（°Rø）などがありますが、上記K、℃、°F、°Rが一般的に使われています。各種の温度目盛りの関係は次のとおりです。

- $t=5/9(F-32)$
- $F=9/5t+32$
- $T=t+273.15$
- $R=F+459.67=9/5T$

これらの関係を左の図に示しています。なお、三重点（Triple point）とは、固相、液相、気相の三相が共存する熱力学的平衡状態であり、その物質に固有の温度および圧力となるとされています。

本書で扱う水の場合は水蒸気と水と氷が共存する温度、圧力であって国際単位系（SI）においてケルビン温度の定義に使われています。その定義では水の三重点は、もっとも正確に0・01℃（273.16 K）で、圧力は611.654 771 007 894 Pa（約0.006 036 563 atm）であると示されています。この時の水はVienna標準平均海水（VSMOW）と呼ばれる水です。なお、水の物理的性質は、その構成要素である水素と酸素の同位体（酸素や水素でも少し成分が違いものを同位体といいます）の構成割合によって大きく異なるので、構成割合が厳密に定められた水についての測定が必要になります。水の厳密な測定に用いられる国際的標準物質となっている水のことを「Vienna標準水」と呼びます。

要点BOX

- ●温度は熱いほど高い値を示す
- ●高温ほどその物質中の原子の平均運動エネルギーが大きい状態

温度の単位といろいろな温度計

	摂氏 ℃	華氏 ℉	ケルビン（K）	ランキン（°R）
水の蒸気点	100	212	373.15	671.67
水の三重点	0.01	32.018	273.16	491.688
氷点	0	32	273.15	491.667
絶対零度	－273.15	－459.67	0	0

水銀温度計		水銀は、純粋な物がつくりやすいことや膨張のしかたが温度によってあまり変らない、比熱が小さい、熱が伝わりやすい、あまり蒸発しないなど温度計に使うのにたいへん都合のよい性質をもっている。ただし零下 39℃以上 150℃までである。特殊のものは 700℃ぐらいまでOK。	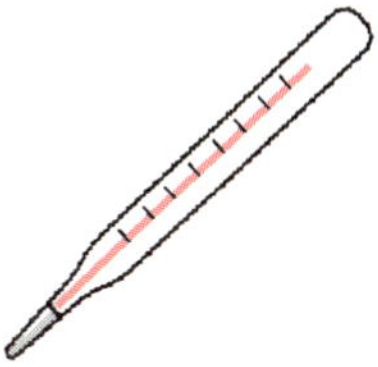
アルコール温度計		アルコールは零下 117℃まで測れる。しかしそのままでは 60℃以上の温度は測れないから気体を閉じ込めて 100℃位まで測れるものがある。アルコールは、水銀よりも 10 倍以上も膨張率が大きいから見やすくなる。ただしガラスだけを熱すると正しい温度がわからない。	
その他の温度計	液体温度計	熱電対2種類の金属または合金を接続したもので、接点間の温度差に依存して発生する熱起電力を測る温度計。	
	抵抗温度計	電気抵抗の温度依存性を利用して計測する温度計。	
	放射温度計	物質からの放射光強度を測る温度計。放射光強度の波長依存性が温度によって変わることを利用している。非接触型温度計である。	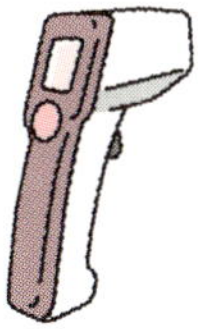

3 蒸気とは何か

氷、水、蒸気の状態

蒸気とはいろいろな物質の状態（液体、気体、固体）の中で、特に液体から蒸発したり、固体から直接気体に昇華したりして形成される気体の状態をいいます。一般的には水が温度を受けて蒸発して水蒸気になります。その状態を簡略化して蒸気と呼ぶことが多いのですが、水蒸気は水の蒸気で、蒸気だけの場合は、他の物質を含めた一般的な気体状態を呼びます。本書は先に述べたとおり水の話とし、つまり水蒸気のこととします。

まず水全体の概要を説明し、その後に蒸気について話を進めていきます。

自然の中にも多くの各種の状態の水があります。氷に熱を加えると水に、もっと熱を加えると水の温度が上昇してやがて蒸発が始まり、沸騰する直前の水になります。「沸騰」とは表面からの蒸発よりも、蒸発速度が上がり、水中で発生した蒸気が噴き出てくるような状態をいいます。

実はこの状態は、火山の噴火のニュースなどで使われる蒸気爆発と同じ状況です。一方、冬の寒さがくると山の上や北国では雪や氷の世界になります。当たり前ですが、氷になることでその体積が増加します。これはこれで人々の生活に影響を与えます。日常でもやかんに水を入れ、ガスにかけると蒸気が発生します。通常は蒸気を直接調理には使いませんが、蒸し料理の際には温度が一定に保たれることや、水中のように攪拌されず、また熱が食品に伝わる量（伝熱量）も変わるから独特の料理ができます。

水や氷や水蒸気がなぜこれほど使われているかというと、私たちの周りにたくさんあって、その構造や挙動が非常に安定しているので使いやすいからです。氷になっても、水のままでも、そして蒸気になっても水素と酸素の結合が壊れることがなく、また水はその中に多くのものを溶け込ませることができる「スグレモノ」だからです。

要点BOX

- 水蒸気は水の蒸気
- 蒸気は他の物質を含めた一般的な気体状態
- 水は多くのものを溶け込ませることができる

自然の中の氷、水、蒸気

水と蒸発でできる水蒸気は非常に重要で、産業革命の代名詞になった蒸気機関の発明から以降、それまで以上に人類の進歩に多大な貢献してきた。

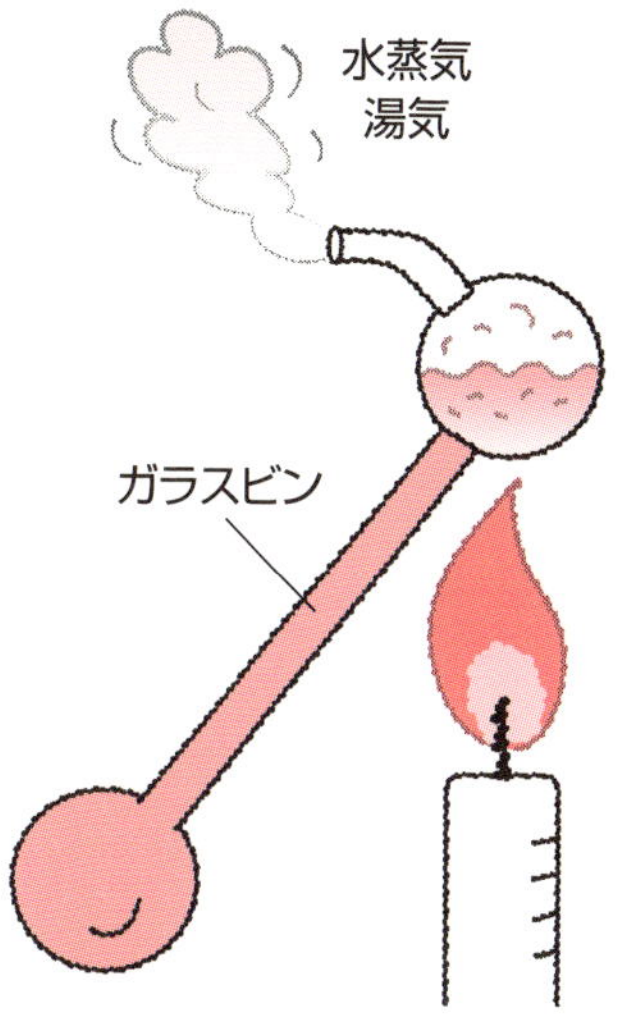

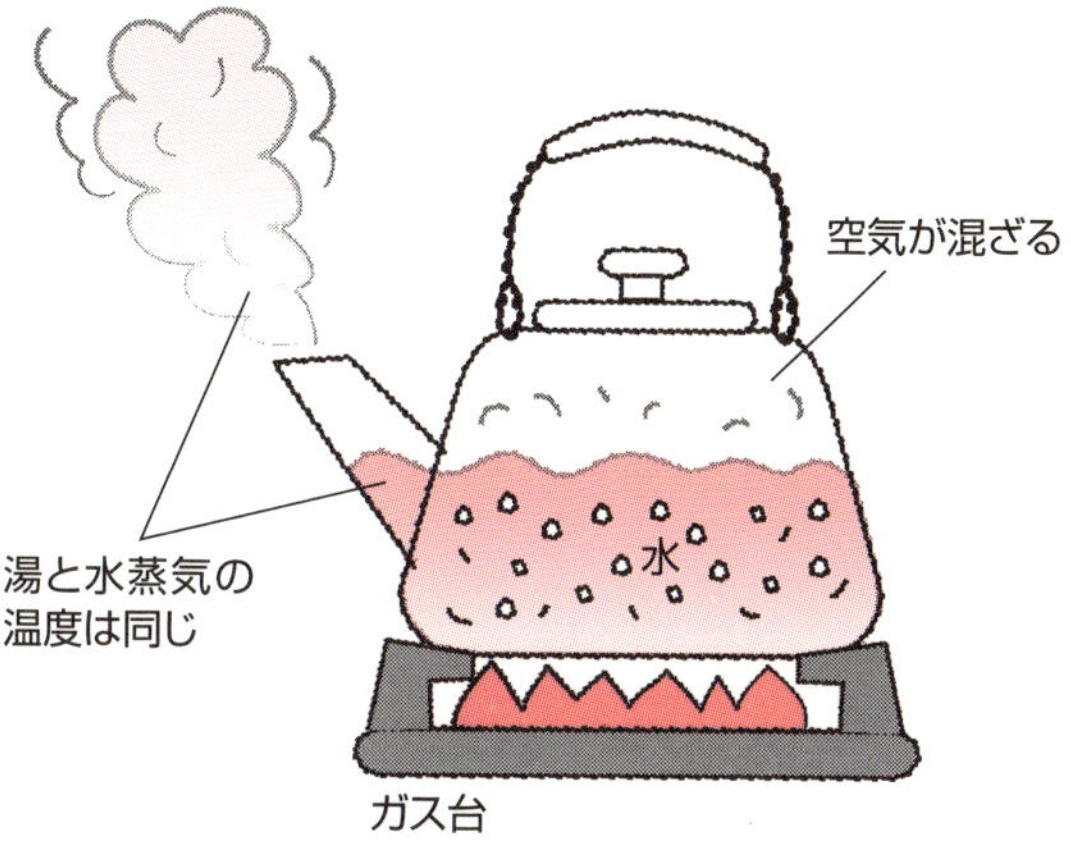

用語解説

蒸気：いろいろな物質の状態(液体、気体、固体)の中で、特に液体から蒸発したり、固体から直接気体に昇華したりして形成される気体の状態。

4 氷は水が固体になった状態

水の分子が規則正しく格子状に並ぶ

水の中で固体の状態である氷は、水の分子が規則正しく格子状に並び、分子同士がお互い電磁気的な力で結合されているが、少しばかり振動することがものの、ほぼ動けない状態になっています。この状態が「固体」で、氷が熱を受けて溶け、水となると理解されていると思います。

物質が外部条件の変化で体積が増減するのは、分子間距離が条件により変わるからです。通常の物質では気体が固体に換わる時には、その間隔が小さくなるので体積が小さくなり、固体になる際には整然と並んで固まるので体積が小さくなりますが、水は、氷になる際に整然と並ぶというより、隙間をあけて並ぶようになります。正四面体(ピラミッド型)の形に並ぶわけです。したがって水の温度が下がると、徐々に分子間距離が小さくなりますが、5℃くらいから隙間を空けて固まり始めます。そして4℃のときに分子間距離が小さくなるのと、隙間をあけて構造化が始まるのがちょうど打ち消されて、一番体積が小さくなります。

それ以後の温度降下は、隙間を空けた構造効果が大きくなり、全部が氷になったころには体積が大きくなるわけです。そのため、氷では体積が水より少し大きくなり(1割程度)、軽くなります。だから体積も通常気圧のときは凍ると約1/11くらい増加し、比重が0・9168と小さくなります。だから水に浮くことになるのです。

水の場合は、その固体である氷は大気圧中で温度が0℃になると氷に変化することが知られています。実際はすこし過冷却状態になってから氷ができ始めます。この微妙な現象(過冷却)は、圧力と温度で決まる氷点になり、限界量(この状態が飽和状態)を超えても氷ができない状態(過飽和)です。この現象は気象学では重要で、過冷却や過飽和の状態で雪になるか雨になるかという状態です。

要点BOX

- 分子同士がお互い電磁気的な力で結合されている
- ほぼ動けない状態になっている
- この状態を「固体」という

水の構造

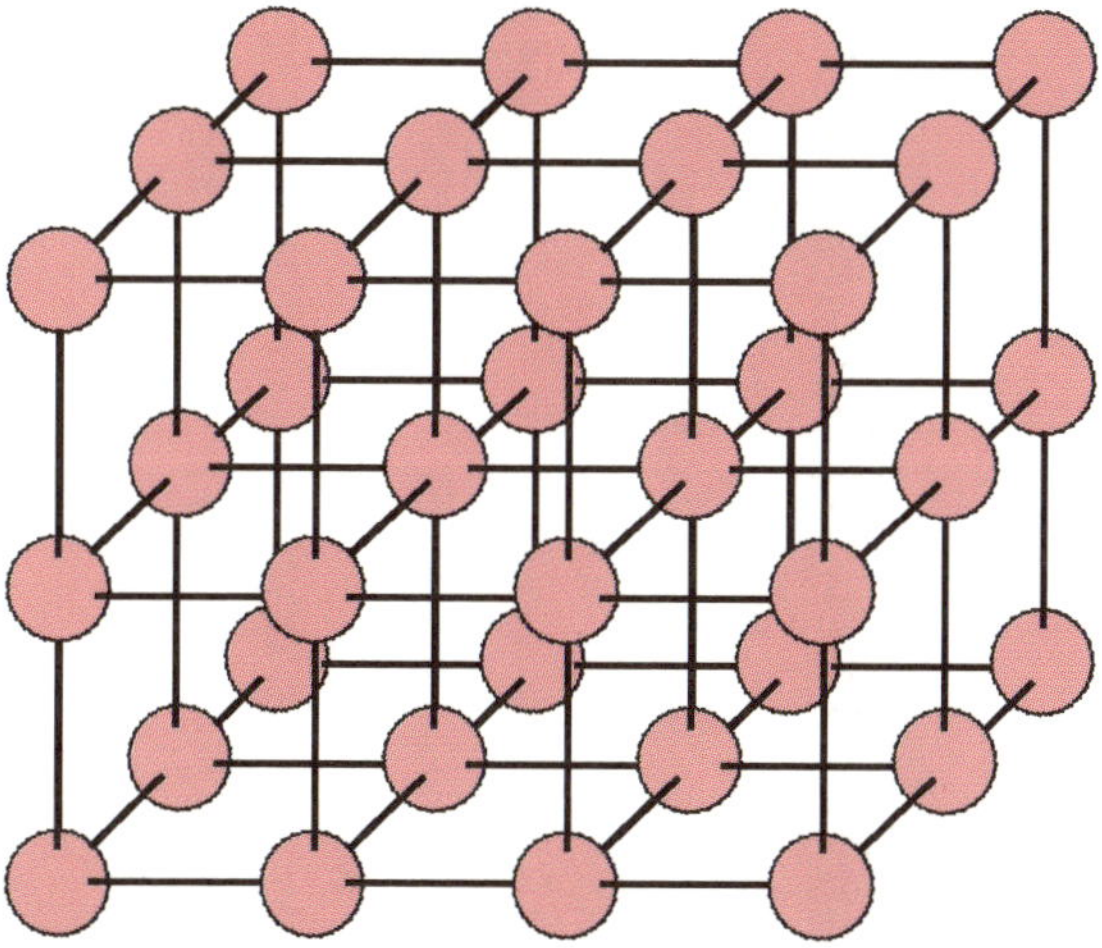

氷は水の分子が規則正しく格子状に並び分子同士は動けない。

固体の時の水分子

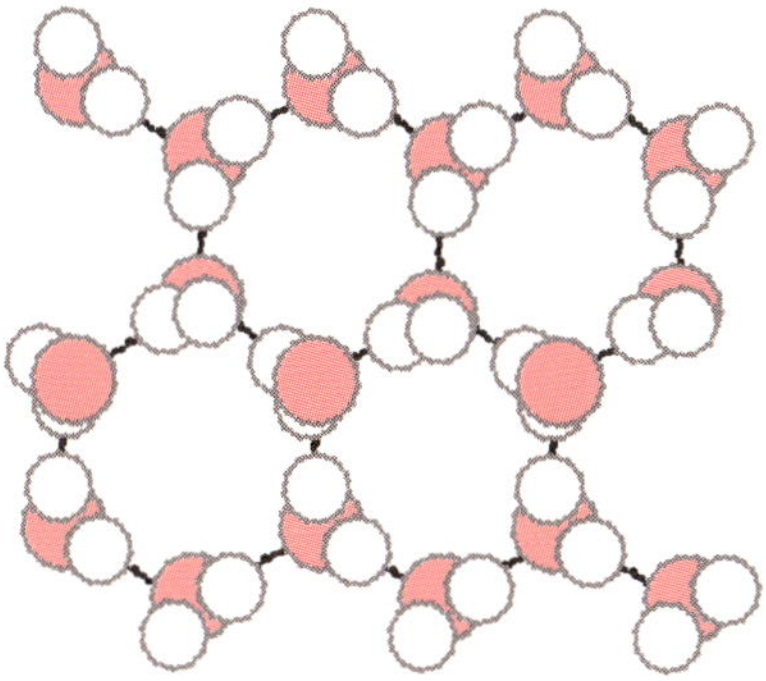

隙間がある

固体（氷）になると
少し隙間ができるから、
太った構造の水になった
ような状態です。

固体の時の水分子は隙間をあけて並ぶので、液体の時より間隔が広く膨張する。
4℃の水が一番小さく、温度が下がると膨張する。

用語解説

固体：物質の集合状態の１つで、圧縮およびずれに対して強い抵抗をもち、一定の体積と形をもつ状態。

5 水はもっとも馴染み深い液体

氷→水→蒸気という状態変化

水はいろいろな状態で同じ分子組成で氷、水、蒸気という状態変化をします。これらの中で一番馴染みが深いのが液体（水）です。水は液体内でお互い同士滑り、形を変えることができますが、液体全体からは逃げられない状態です。氷に熱を加えると固体内分子振動が激しくなり、ついに融解して水になります。

人間生活や自然の状態の中で一番快適な温度条件では水がもっとも多い状態です。しかし水分子がけっこう自由勝手に動いていますが、まだ水分子は他の水分子との結合を断ち切るのに十分なエネルギーがなく、外に飛び出すことがありません。

水の分子結合力は非常に強く、たとえば水素と酸素を分離しようとすると非常に大きな熱を加えなければなりません。水は液体状態ですが、その中の少しの水分子は蒸発して空気中や蒸気中に飛び出ていきますが、分子構造は変わりません。

地球上のようなほとんど一定の圧力では、その蒸発量は温度により変わります。しかし、外へ飛び出してもエネルギーが十分にないので、周りの物質に熱（エネルギー）を奪われると、すぐに水（露）に戻るということです。つまり一定圧力の時はそこに含まれる蒸発量には限度があります。

空気中の水蒸気量の保有には限度はあり、それがその温度の飽和蒸気量と呼ばれるものです。その量の蒸気が含まれている時は１００％湿度（湿気）の状態です。

湿度計はその圧力における蒸気の水分量を示しますが、それを「相対湿度」と呼び、一定の温度と圧力（気圧）に含むことのできる湿分量に対する割合を示しています。だから温度が下がると飽和量が減るので水滴ができます。冬の部屋内温度が高いときに、空気中の蒸気（湿分と呼ぶ）が窓のガラスに当たって冷やされ、結露になるのもこの現象です。

要点BOX

- ●氷に熱を加えると固体内分子振動が激しくなる
- ●融解して水になる
- ●空気中の水蒸気量の保有には限度はある

温度・湿球温度・相対湿度の相互関係を表す計算図表

計算図表の使い方例
(a) 温度= 30℃、湿球温度= 20℃
ならば相対湿度= 40%
(b) 温度= 20℃、相対湿度= 24%
ならば湿球温度= 10℃

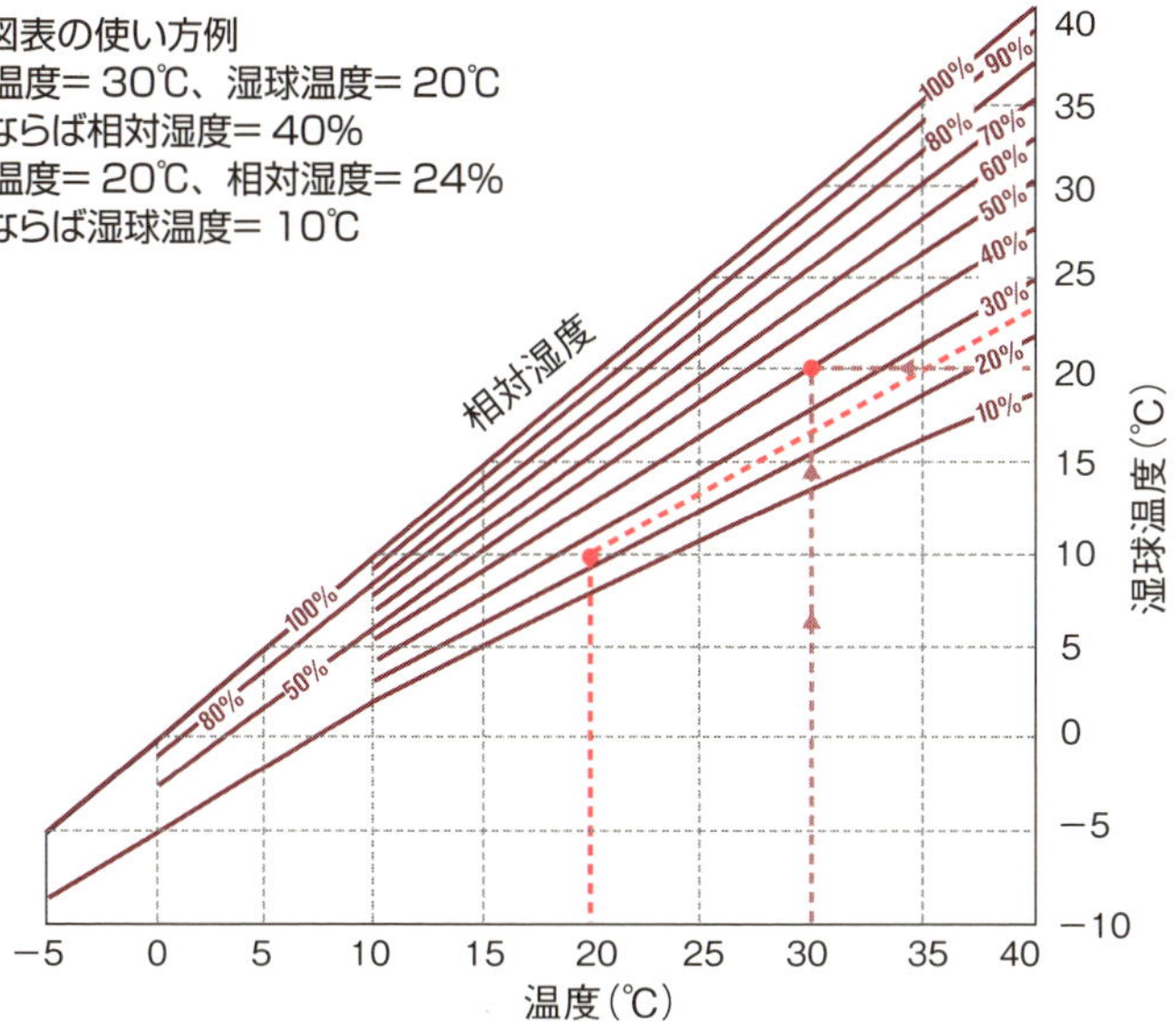

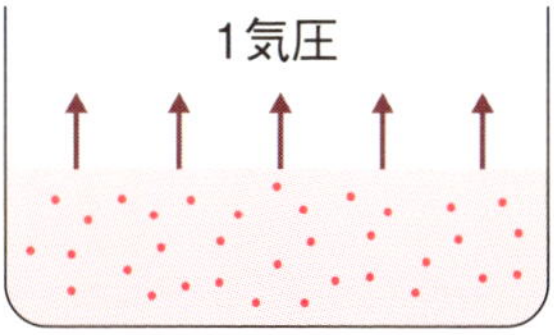

水の分子は勝手に動いている。水の中から外に飛び出るものもあるがエネルギーが十分ではない。大気中の水蒸気の入り込める最大量は温度ごとに自然に定まっている。この最大量と実際の蒸気量の比を「相対湿度」と呼ぶ。

$$相対湿度=\frac{実際の蒸気量}{最大(飽和)蒸気量}$$

湿度計で測ると乾球と湿球の温度差で湿度がわかる。

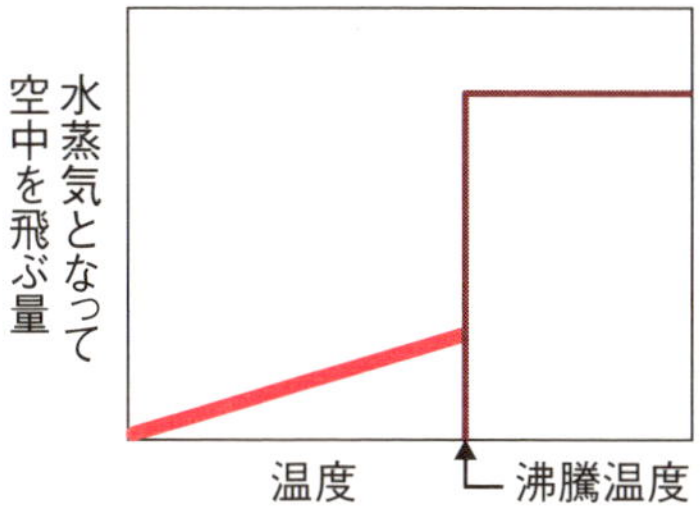

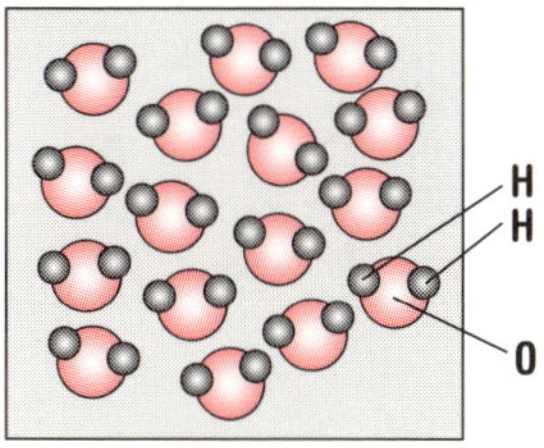

流水のときの分子

用語解説

相対湿度：一定の温度と圧力(気圧)に含むことのできる湿分量に対する割合。

6 蒸発とは液体の表面から気化が起こる現象

温度が高いほど蒸発が激しい

　圧力を一定に保ったまま水に熱を加えると徐々に温度が上がります。やかんに水を入れてガスコンロで沸かすようなところでは水は徐々に温度が上がるとともに、空気中に水が蒸発していきます。蒸発すると蒸気、すなわち気体となりますが、分子はお互いに結合されておらず、不規則に飛び回って他の分子と衝突を繰り返しています。これは空気のない、水ばかりの状態、たとえば蒸気タービンプラントのように、閉空間での変化でも挙動は同じです。

　水だけの系の場合には、すべての圧力は蒸気圧力ですが、空気と蒸気が混在する場合には空気と水蒸気の圧力は同じで、しかし分担している圧力が異なっていることになります。このような違った状態でも水は安定して同じような動きをします。

　空気はその主要な成分は窒素と酸素ですが、それらも同様に安定していますから、周りの条件が多少変わっても水の動きに変化が起きないということです。

　水だけの系で圧力が一定に保たれていると、加熱した熱量によって水と水蒸気の量が変わっていきます。水だけのときは変化は少ないのです。水の温度が上昇していき最終的に飽和液温度に到達すると、温度は一定で徐々にすべての水が蒸気に変化します。つまり水に与えられたエネルギーは、最初は水の温度上昇に使われ、そのあとに蒸発を発生させるための熱になります。

　圧力は一定に保たれているから水（液体）から蒸気（気体）に換わる量は、加えられたエネルギーに比例して蒸発が起こっていきます。水と蒸気が混在する領域の蒸気を「湿り蒸気」と呼びます。そしてすべてのエネルギーが蒸発に使われる状態に到達した状態が「飽和蒸気」で、この状態で、この境界を「飽和蒸気線」と呼びます。加熱が水中の強烈に起こるときに水中で蒸発が激しく起こりますがこれが「沸騰」と呼ばれる状態です。

要点BOX

- ●蒸発すると気体となる
- ●閉空間での変化でも挙動は同じ
- ●飽和線はすべての水が蒸気になる境界

等圧のときの水と蒸気の状態変化（空気の蒸発）

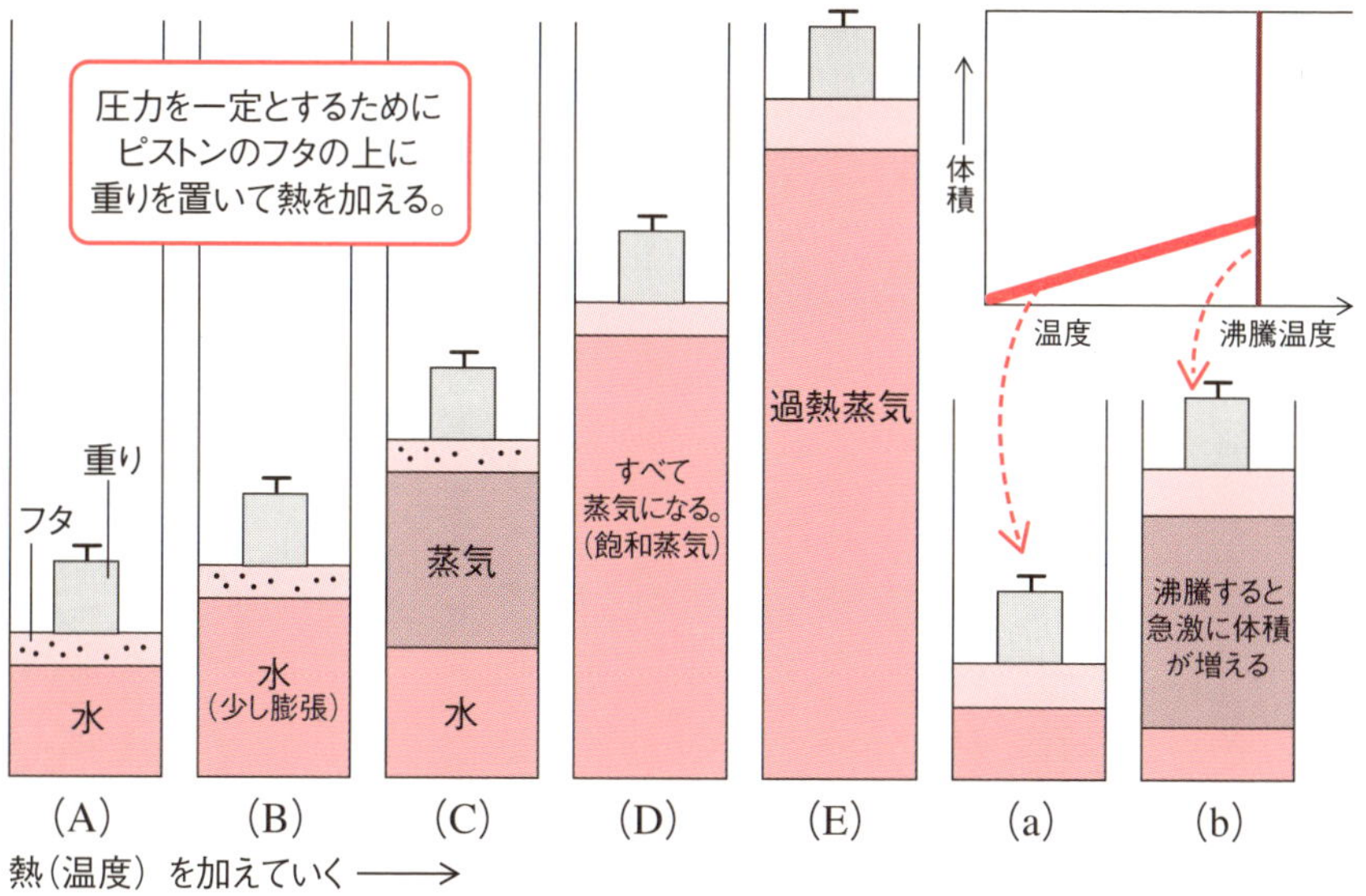

水・蒸気の圧力と体積の状態

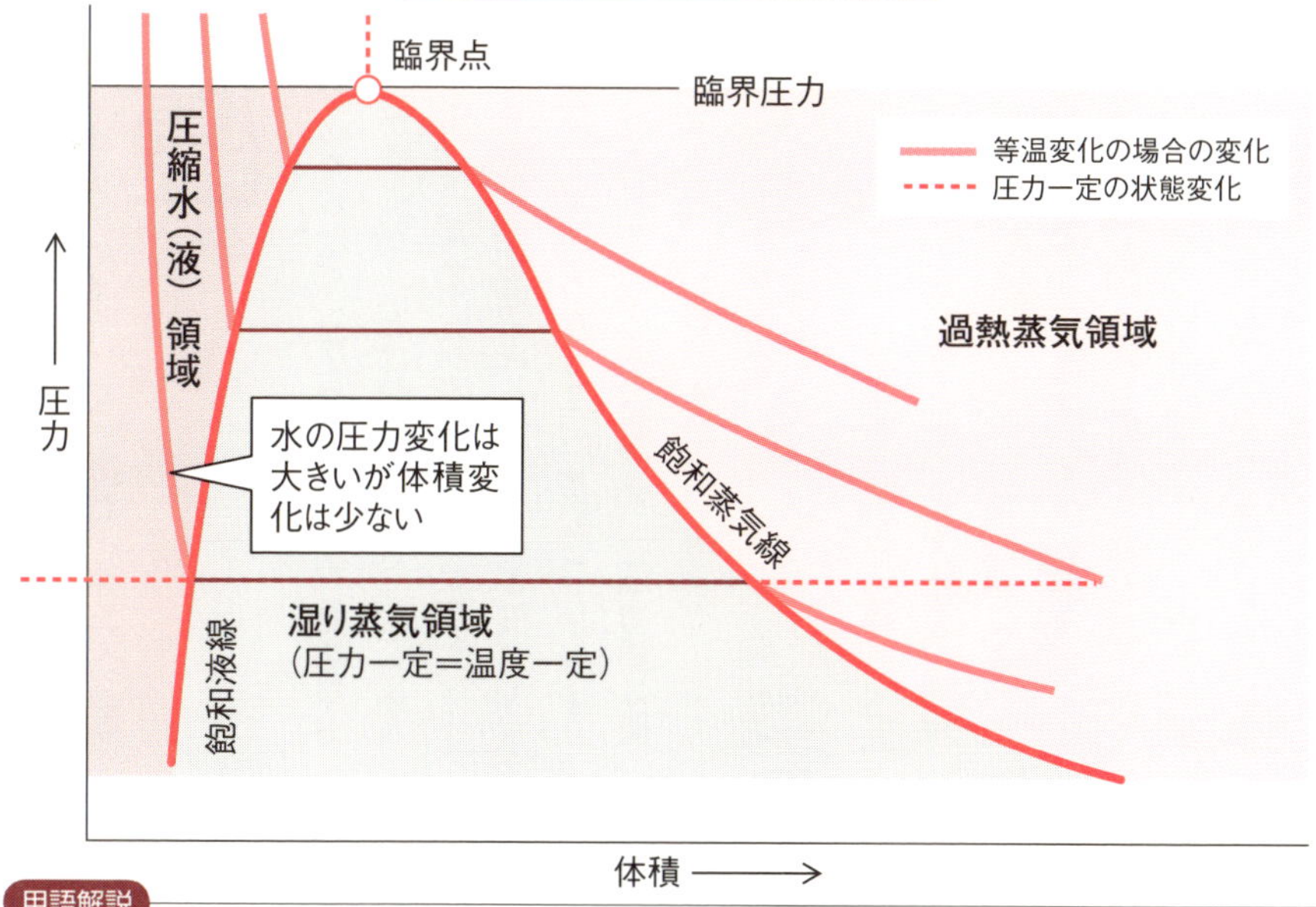

用語解説

湿り蒸気：水と蒸気が混在する領域の蒸気。
飽和蒸気：すべてのエネルギーが蒸発に使われる状態に到達した状態。

7 水中で蒸発が激しく起こるのが「沸騰」

沸騰がはじまると危ないので注意

水の温度が圧力によって決まる飽和温度になると、水を気体にするのに必要なエネルギーをもらったことから、水の一部が空中に飛び出します。蒸発は水面でのみ発生するのではなく、加熱が急速であるときに液（水）の内部からも蒸発を行って気泡を発生し、それが液中を上昇するときに液面を躍動させます。これが「沸騰」です。

一般的には飽和温度に到達して蒸発が開始した状態を沸騰と呼びますが、蒸発発生の状態と沸騰の現象は少し違います。通常は全部の水が一挙に蒸気になるわけではなく、すべての水が沸騰を含めて蒸発が終わるまで温度は一定に保たれます。これは空気中で水を加熱させても、蒸気に充満された容器の中でも同じです。

圧力が決まると、その飽和（沸騰）温度は一義的に決まります。今までの話は通常の大気圧中、つまり空気中に置かれた水の話ですから、圧力については一言も触れませんでした。しかし圧力が変わると沸騰する温度が変わるということは簡単に経験しています。よく話に出るのは「富士山の上で水を沸かすと、圧力が低いから沸騰の温度は100℃にならず87℃くらい。だから美味しいご飯が炊けない」といったことです。

これを逆に活用するのが圧力鍋です。圧力鍋は蓋を密閉することで火にかけると徐々に温度が上昇します。すると逃し弁の設定圧力まで上昇し、飽和温度が上がります。

先に説明したとおり、一定の圧力における蒸発温度は変わらないのですが、逃し弁が吹き出す圧力の飽和（沸騰）温度まで上がります。だから鍋の中に入れた野菜や肉を大気中で料理するよりも火がよく通るといった現象が起き、野菜や肉が柔らかくなります。もちろん圧力は火をかけていると増加して、内部の圧力が上昇するので、鍋を破壊することのないように逃し弁が機能して安全に調理することができます。

要点BOX

- ●蒸発発生の状態と沸騰の現象は少し違う
- ●圧力が変わると沸騰する温度が変わる
- ●これを活用するのが「圧力鍋」

各圧力時の飽和温度の変化

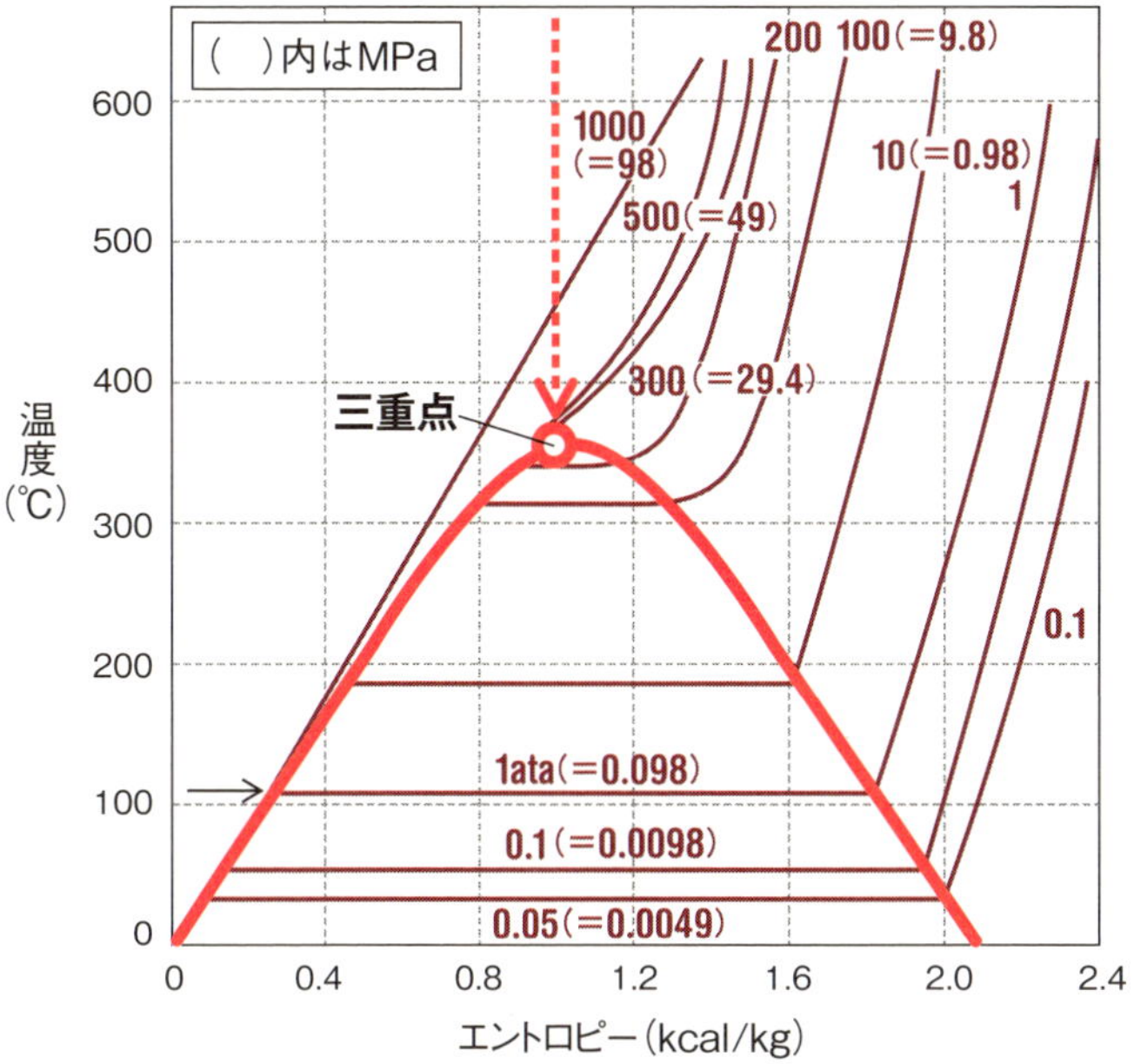

各圧力時の飽和温度の変化を示している。圧力が上がると飽和温度が上がる。大気圧1ata では 100℃、復水器内圧の 0.05ata では 33.1℃、100ata で 309.53℃、225.56ata（22.12MPa）（臨界点）で 374.15℃。
富士山の山頂での圧力は 0.65(0.0658MPa)気圧くらいだから 87.3℃くらいである。圧力鍋の圧力は鍋によって違うがおおよそ 1.8ata くらい。だから、沸騰温度は 120℃くらいである。

用語解説

飽和温度：水の温度が圧力によって決まる一定の値。

8 蒸気（水蒸気）は水が気体になった状態

蒸気はいろいろな分類法がある

蒸発（沸騰）した水が蒸気です。蒸気は水が気体になった状態で、その圧力で飽和温度、つまり蒸気になる温度が決まります。もし容器を密閉したままで熱を加えると圧力が上昇し続けます。圧力が約22・12MPaになると、蒸気と水がはっきりわからなくなります。これは水と蒸気が比重も同じになり、どちらに分類するのか区別できないところになります。この状態を「水の臨界点」といいます。

通常は臨界点の蒸気や水を使うことがないので馴染みはないのですが、蒸気力学の中では、特に大型陸上発電では効率向上のために重要な点です。臨界圧力以上の圧力を用いている蒸気プラントを「超臨界圧力プラント」と呼んでいます。あとで少し詳しく説明します。水蒸気の状態は日本機械学会の発行している蒸気表、蒸気線図を参考にするとわかりやすく、工業的にも重要です。日常では大気中の、つまり空気中で蒸発されることがほとんどですが、工業用は一般生活の蒸気や水の話と状況が異なります。蒸気を工業用に使ういわゆる蒸気工学では、蒸発も凝縮もすべて閉ざされた空間で行われます。この閉鎖された系の中に、空気やほかの上記以外の不純物と呼ばれるガスなどが入っていると機械を故障させる原因になります。

大型の火力発電所も原子力発電所も、原理的にはやかんでお湯を沸かすのと基本的には同じでが、それらのすべてが密閉の中で行われています。しかしその規模が大きいことと閉ざされた系で、工業的には蒸気は空気と混合することのないような空間で使用されています。

蒸気はいろいろな分類をしますが、水と蒸気の混合している領域で湿分がある蒸気を「湿り蒸気」、すべての分子が蒸気の状態に到達したところを「飽和蒸気」、飽和蒸気をさらに加熱して温度を上げた時の状態を「過熱蒸気」と呼びます。

要点BOX

- ●水と蒸気の混合している領域で湿分がある蒸気を「湿り蒸気」という
- ●飽和蒸気をさらに加熱すると過熱蒸気

蒸気(水蒸気)の分類

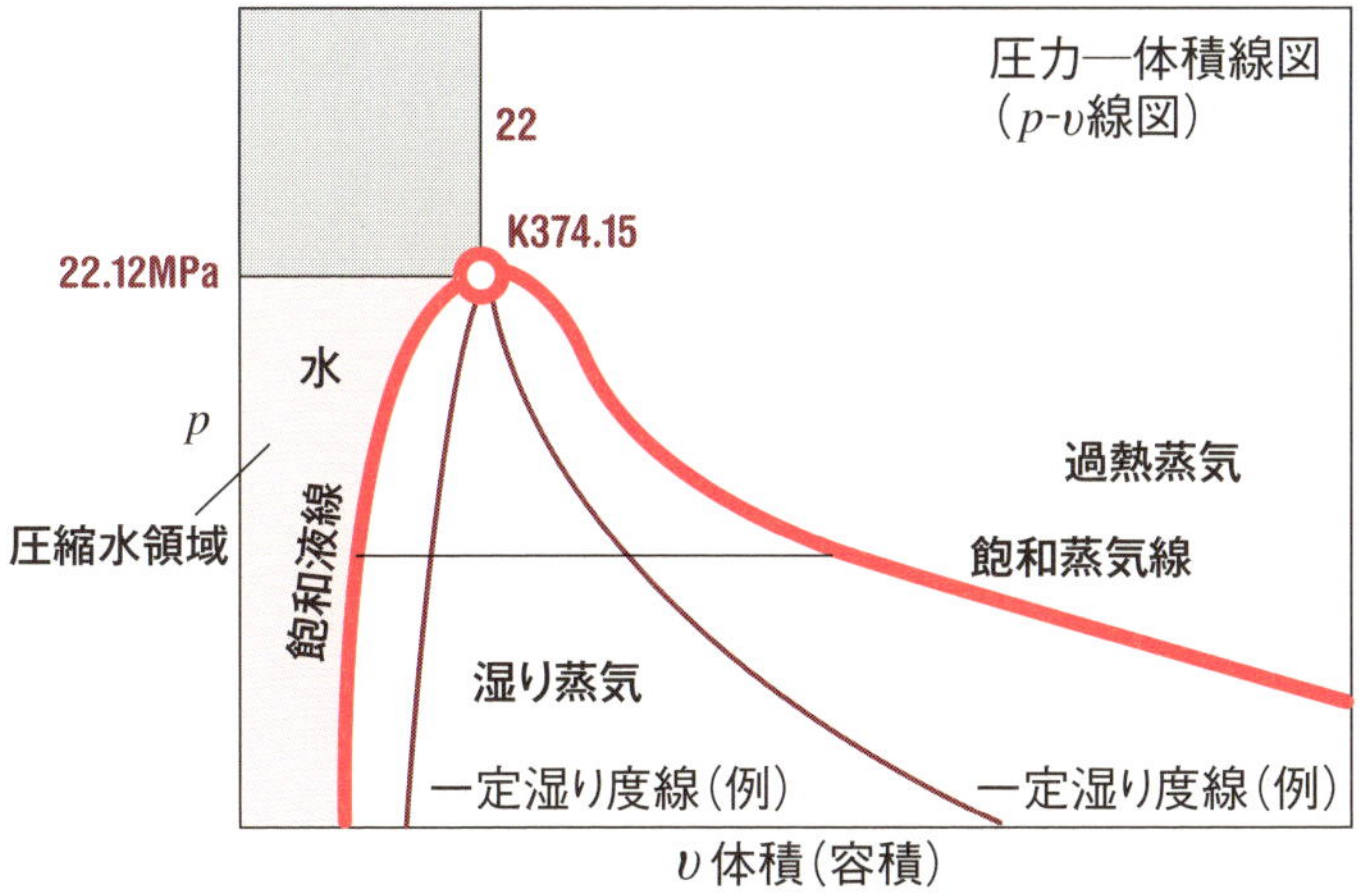

蒸気の p-υ線図

エンタルピ―エントロピ線図

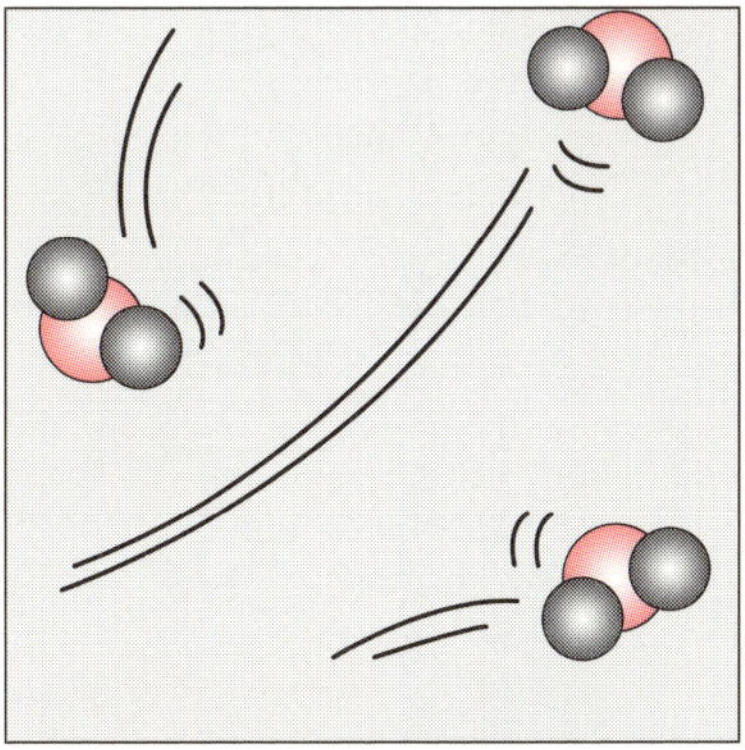

気体の時の水分子

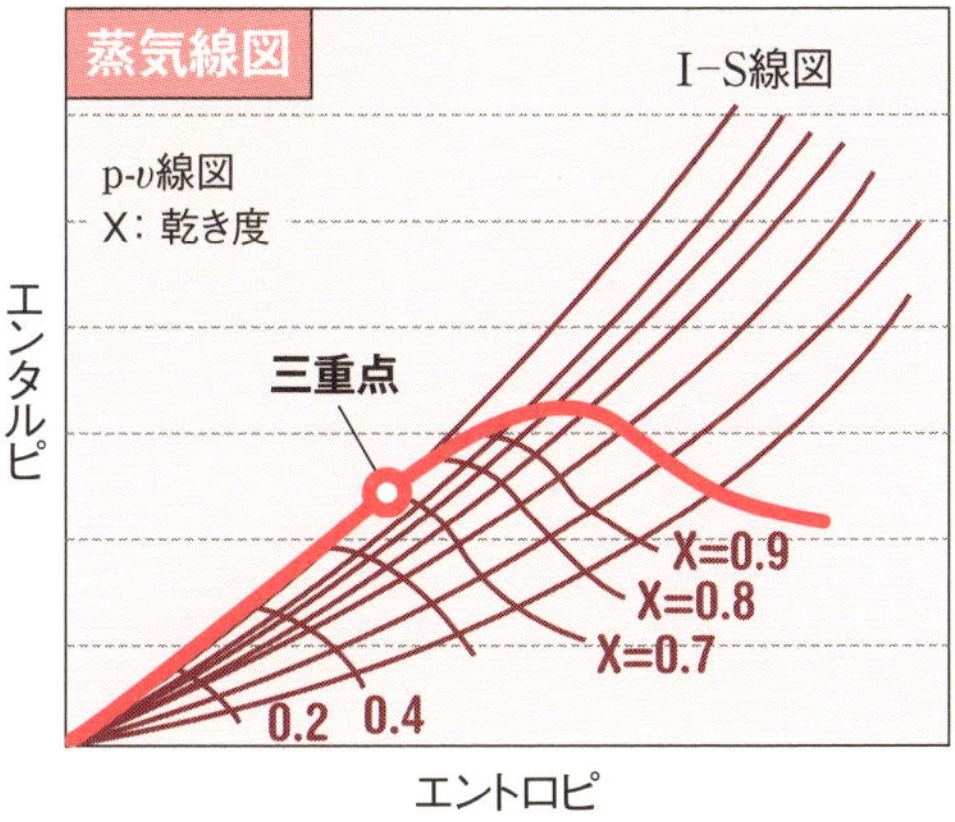

- **湿り蒸気** ➡ 飽和蒸気+水分が含まれている
- **飽和蒸気** ➡ すべての分子が気体状態に到達したときの蒸気
- **過熱蒸気** ➡ 飽和蒸気をさらに加熱した状態で、理想気体的な挙動を示す

用語解説

水の臨界点：水と蒸気が比重も同じになり、どちらに分類するのか区別できないところになる点。
超臨界圧力プラント：臨界圧力以上の圧力蒸気を用いている蒸気プラント。

9 飽和蒸気はもっとも身近な蒸気

すべての水が蒸気になってしまった状態

飽和蒸気はもっとも身近な「蒸気」です。飽和とはいっぱいになったという意味ですが、蒸気工学では、「ある圧力において水の温度が一定になり蒸発を始め、水と水蒸気が共存している状態」をいいます。別の表現をすれば、「蒸発する速度と凝縮する速度は異なるが、潜熱の中で変動している状態」です。ボイラでは最初に飽和蒸気ができます。つまり水に熱を加えるとエネルギーが水中運動する以上に増えて空中に飛び出し蒸気になります（この飛び出した蒸気の温度は水の温度と同じ）。空気中に飛び出した水蒸気は他の水分子や壁面に衝突して熱を奪われ、再び水に戻ってしまいます。つまり蒸気がせっかくもらった熱は水に吸収され、水に与えられた熱は水を蒸気に変えるのに使われます。

このような状況を繰り返しながら加熱が進むと蒸気が増えていき、すべての水が蒸気になるまでは同じ温度に保たれます。飽和水と飽和蒸気の混合比を水の方からは「湿り度」といい、蒸気の方からは「乾き度」といいます。このような状態の水を（さらに熱を加えると蒸発（沸騰）が発生する状態）「飽和水」（Saturated Water）といいます。つまり飽和状態とは、物質がその現在の状態を保てなくなることです。飽和水とはこれ以上エネルギーを受けると液水を保てなくなった状態、飽和蒸気とはすべての水が蒸気になってしまった状態で、ここからは水なしの変化を発生させる状態をいいます。

それ以上に熱を加えると過熱蒸気になります。飽和蒸気は、もし熱を取られるとすぐに水に戻ります。だから水と蒸気の混在する蒸気領域を「湿り蒸気」と呼びます。この状態は日常の空間でも発生します。特に梅雨の季節や冬の暖房時にもっとも多く発生しますが、水分が家の中などで発生し、そこの温度が高いとカビなどができやすくなり、健康上の問題になることがありますので注意が必要です。

要点BOX

- ●液体水と水蒸気が共存している状態
- ●蒸発する速度と凝縮する速度が同じ
- ●水なしの変化を発生させる状態

飽和蒸気の性質

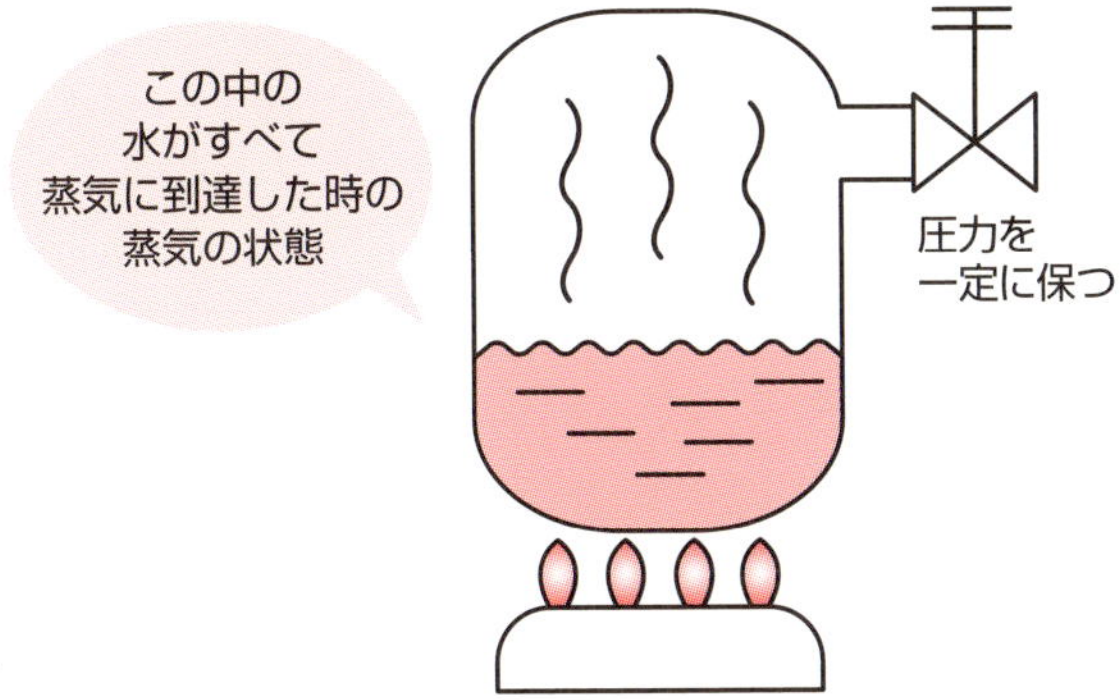

すこし熱がなくなると湿り蒸気
(飽和蒸気に液体分子の水がまざる)

液体分子の水の量を**湿り度**という
飽和蒸気分子の量を**乾き度**という

用語解説

飽和状態：すべての水が蒸気になるまでは同じ温度に保たれる状態。

10 飽和蒸気をさらに加熱すると「過熱蒸気」

主として動力用途に使用される

密閉された空間の中で水を蒸発させ飽和蒸気をつくり、それにさらに熱を与えて、つまり飽和蒸気を過熱して温度を上昇させた状態が「過熱蒸気」です。普通は密閉空間で行われますが、短時間の場合には開空間でも過渡的に発生します。

たとえば私たちの日常生活では過熱蒸気を経験する（この言い方は微妙です。つまり非常に熱い蒸気を体験することはないでしょうし、また離れて実験するといっても透明で見えない）ということはないと思います。もし、やかんで水が沸騰してなくなるまで加熱したときは、やかんの材料を加熱していることになります。つまり空焚きの状態になっています。

過熱蒸気は主として動力用途に使用され、熱交換器を用いる加熱用途にはあまり使用されません。

その主な理由は以下のとおりです。

①過熱部分は潜熱がないから蒸気が冷却され、加熱中に、温度変化が発生し、品質への影響する。

②圧力が変動しやすいから圧力変死や温度が一義的に定まらないので圧力制御が使えない。

③熱伝達率が低く、伝熱効率が悪いので生産性・設備への投資効果が少ない。

しかし直接加熱用の熱源としての過熱蒸気を「高温ガス体」とすると、空気が入っていないから無酸素状態で加熱できるなどの点で、食品などの焼成・乾燥用途への活用が研究されています。

実際の過熱蒸気は、蒸気発電所や工場で温度の高い反応を起こさせるといった場合に用いられます。そしてボイラは飽和蒸気を汽水分離機能で水と蒸気に分離して蒸気のみを取り出し、その蒸気を過熱器に導き、必要な温度まで（空焚きをして）上昇させるわけです。

現在の最新型火力発電所ではさらに効率を向上させるため再熱の回数と、高温の材料開発が重要になってきています。

要点BOX

●普通は密閉空間で行われる
●短時間なら開空間でも過渡的に発生
●熱交換器を用いる加熱用途には使用されない

過熱蒸気の性質

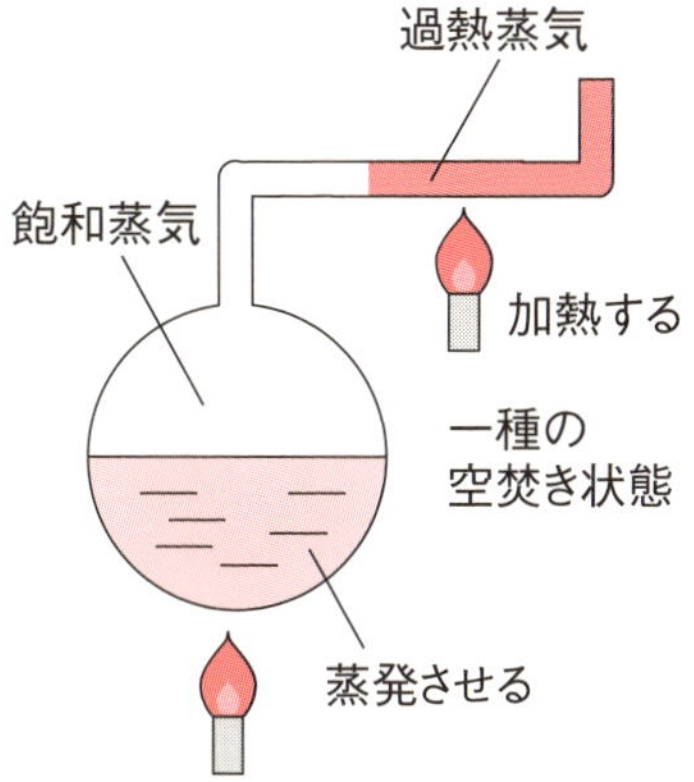

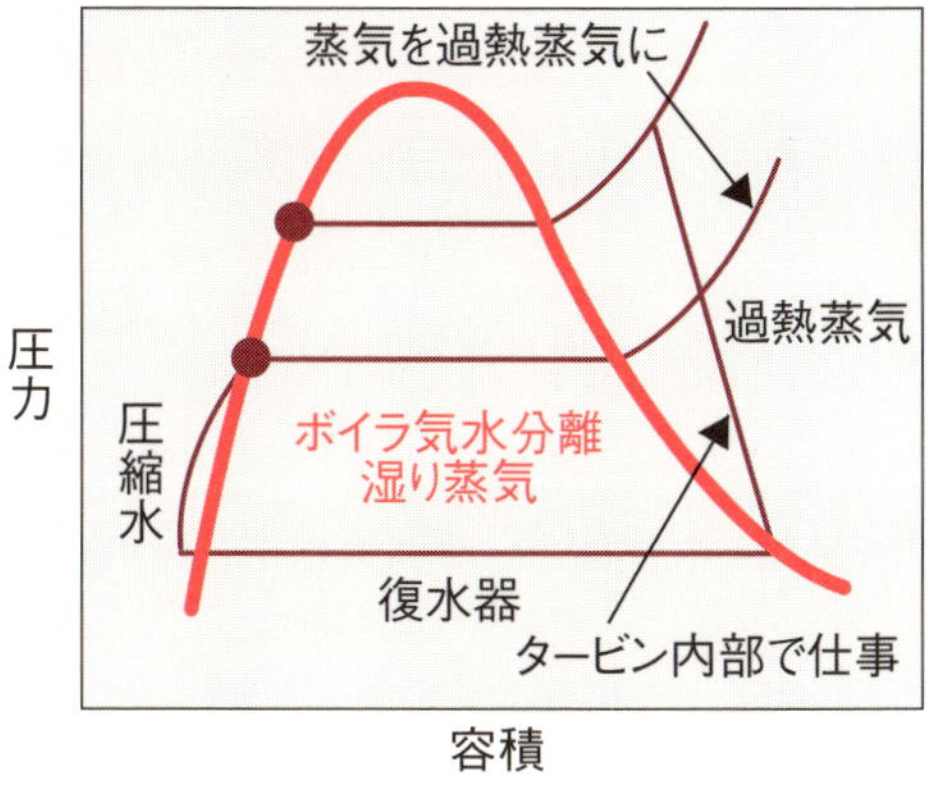

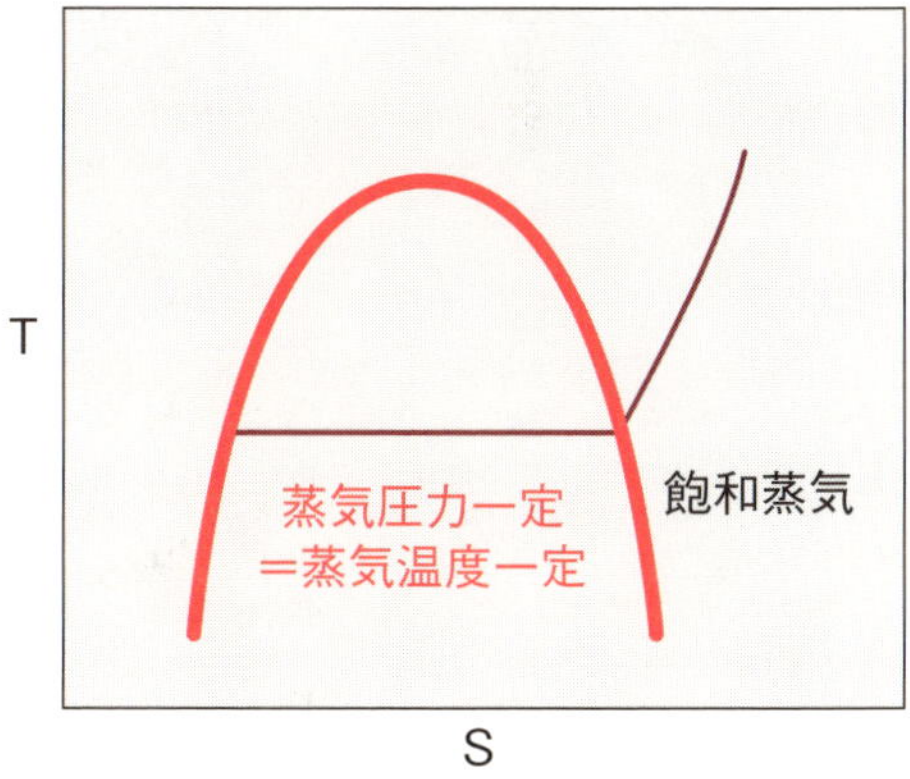

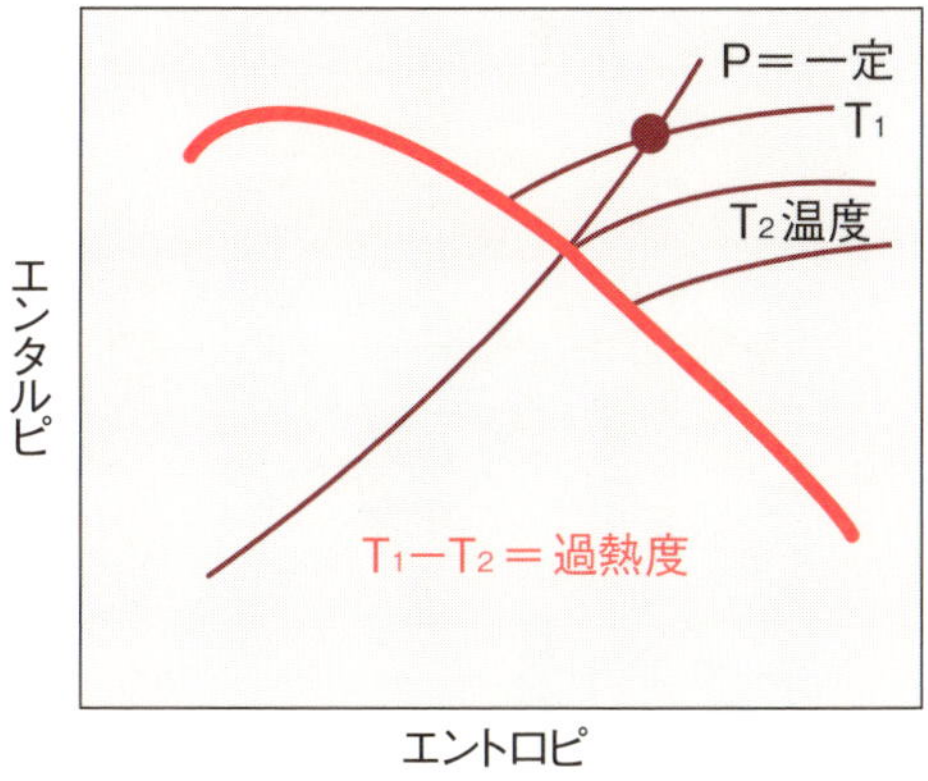

用語解説

過熱蒸気：密閉された空間の中で水を蒸発させ飽和蒸気をつくり、それにさらに熱を与えて、つまり飽和蒸気を過熱して温度を上昇させた状態。

Column

安全弁は最後のとりで

蒸気を沸かすことは非常に危険な作業であった歴史があります。特に蒸気機関が使われるようになり、ボイラが発明されて効率向上には圧力を上げることが良いことがわかってからは多くの機器が高圧化を図りました。しかし高圧化の進歩に伴って多くの事故が発生しました。

現在もボイラや高圧ガスの取り締まりは、特別な法律をもってその安全基準を示し、事故の撲滅に取り組んでいますが、それでも爆発事故が年に数回のレベルで発生していることは新聞やテレビで報道されています。

原点に戻ってみると、密閉した機器を誤って過熱しすぎると内部圧力が上昇して、爆発に至ることがいまだに多く散見されます。

産業革命以降、幾多の事故を経て安全を確保するために、各種の設計条件や試験方法が整備されてきましたが、最後の安全へのとりでが「安全弁」と称する内部圧力逃し弁です。この方法はボイラのような高圧の機器だけではなく、家庭用の圧力釜にも適用されています。このような安全弁は単に蒸気を扱う施設だけではなく、たとえば原子力発電所の水素爆発防止用にも逃し弁が使われていたことは、福島の事故の時にも広く報道されました。

近年ではガスボンベや清涼飲料水、それに缶コーヒーなど、多くの密閉した容器が保存性や携帯性の点から広く使われていますが、直射日光で爆発するとか間違えて直接加熱したといったことでの事故が絶えません。使い方を間違えることのないように注意が必要です。

家庭で使う圧力釜では、安全弁（逃し弁）は常に圧力が上昇すると蒸気を噴出して、圧力と温度を一定の値以内にしていますが、多くの工業的な使い方では通常はまったく使われる機器ではなく、逆説的にいえば他の機器が故障したときに最後に使われます。ですから万が一の時にきちっと機能が発揮できるように常に保守と点検を行っておくことがもっとも重要なことになります。

第2章

意外と身近にある蒸気

11 日常生活の中のお湯と蒸気

水蒸気は本質的には透明な気体

通常、私たちが目にする蒸気は空気と混在する状態がほとんどですから、たとえばやかんでお湯を沸かすときに白く見える蒸気、蒸気機関車から排出されるもうもうとした白い蒸気、発電所の煙突から冬になると白く見える蒸気、青い空を見上げると見える雲、飛行機の飛んだあとの飛行機雲、温泉地で地下水が熱せられ山の中に白く見える湯気といったようなものが蒸気です。

しかし水蒸気は本質的には透明な気体です。では目に見えているのは何だろう?ということになりますが、それは空気中に水蒸気が混ざった中で周辺の温度に冷やされて水滴、それも小さな水滴ができ、広がったものです。それを見る私たちには水蒸気が見えたように思いますが、蒸気が微細な水になり、光を反射して、その光を見てはじめて水蒸気がある、正確にいうと水蒸気があった、ということが理解されたわけです。

一方、料理の時に、やかんや鍋に水やその他の食物を入れて火にかけることということは、適切な温度に保ち食物の変化を与えて人々が食べられるようにすることです。しかし水の中で煮るということは直接火にかけるということと大きな違いがあり、水のもっている微妙な変化の進み方、つまり温度は火の加減で決まること、周辺への熱の逃げる量、加熱する量、食物の変化に使われる量が微妙にバランスしていることになります。加えて水は通常は加熱とともに徐々に温度が上がりますが、100℃で保たれます。すぐに全量が水蒸気になるのではなく、時間が適当に(適切にというべきか)長くなるから、その間に変化する時間が確保され均一になるといった微妙なことができるわけです。

このような水を蒸気に変換するときは、エネルギーが蓄積されていることになりますが、その性質を保温性が良いということができます。その性質を利用しているのが工場などで水や蒸気を加熱源として用いる理由なのです。

要点BOX

- ●透明な気体なのになぜ見える?
- ●水滴になった状態を見ている
- ●100℃で水の水蒸気への変化が始まる

身近にある蒸気

用語解説

飛行機雲：飛行機の航跡に生成される細長い線状の雲。ジェット機などのエンジンから出る排気ガス中の水分、あるいは翼の近傍の低圧部が原因。

12 家庭での蒸気の利用

蒸気を使った調理法の代表は蒸す、蒸かす

家庭内では水と蒸気、夏になると氷のお世話になっていることと思います。通常は水を温めて熱をもたせることで食材を加熱し、煮物料理を作ります。夏の暑い時は冷凍庫で氷を作り、飲み物に入れて冷やす、病気になった時は氷枕を作って冷やすといろいろなところで水を利用しています。

蒸気を用いている利用例では調理や蒸し風呂、最近はサウナ風呂といいますが、広く使われています。蒸気を使った調理法の代表は蒸す、蒸かす調理です。茶碗蒸しや、餅をつくときにはお米を蒸かし、柏餅も同様に最後は蒸しています。洋の東西を問わず、各種のお菓子では蒸すという調理方法が上手に利用されています。これは蒸気が適切な温度と湿度が常に確保されるからです。具体的には下部に水を置いて加熱し、蒸気を常に発生させ、食材に湿分を与えながら変性させているというと何かおいしい料理には聞こえませんが。

現在ではレンジの中にも蒸す機能をもったり、過熱蒸気で調理をしたりするといった機能が付いたものがありますが、これらは水と水蒸気のもつ特性を活かした調理方法で、私たちが日常に水蒸気の特性を上手に使用している例です。このときは蒸気が白く見えることはありませんが、レンジのふたを開けると蒸気が白くなって出てくることでわかります。もう1つの蒸気の利用法がサウナ風呂です。サウナ風呂は蒸気の温度を100℃までは上げることはないでしょうが、けっこうな温度まで上昇させることで健康増進に利用されています。

通常のお風呂は40℃前後のものが多いのですが、蒸気であれば相当な温度まで上げてもヤケドはしません。それは水と蒸気の熱の伝え方に違いがあるからです。水は直接肌に接触して熱伝導がよく、水と人間の肌の温度差が小さく接触しているところはほとんど水の温度になります。

要点BOX

- ●茶碗蒸しや餅をつくときにはお米を蒸かす
- ●サウナ風呂でも蒸気は大活躍
- ●水と蒸気の熱の伝え方に違いがある

蒸気を使った調理法

昔は蒸し風呂、今はサウナ風呂

サウナでやけどをしない理由

暖かい（熱い）蒸気温度からの熱の移動には肌表面に徐々に温度が変化していく空気と蒸気層ができ、直接肌に高温の蒸気が当たらないようになるからである。

用語解説

蒸し風呂：蒸気により体を蒸らす風呂。日本では元来風呂という場合は蒸し風呂を指していた。

13 欧米やロシアで普及する地域暖房

蒸気が水に戻る時の熱を使う

地域の集中暖房用の媒体として蒸気は広く使われています。特に欧米やロシアでは冬はわが国より寒さがきびしいので、集中供給方式の暖房装置が広く使われています。

テレビなどで雪の欧州やアメリカの映像では、町の中で湯気が上がっているのを見ます。蒸気になっている水はその熱量は非常に大きく、その蒸気が水に戻る時の熱を使うと、大量の蒸気ではなくて暖房することが可能なのです。蒸気は水に変化して熱量を放出しますが、すべてが水になるためには、非常に大きな熱量を放出するので、暖房用の熱媒体としてこの変化を有効活用することで効率的な暖房システムができます。

水を沸かして蒸気をつくる時にまず温度が上昇し、次に蒸気が発生し、その後に沸騰して全量が蒸気になった状態までには大きな熱量を必要としますが、その逆の作用を利用しているわけです。また蒸気を冷やして（暖房に使うことで蒸気は冷やされたことになります）すべての蒸気が水に戻るまでは温度が一定なので、温度変化のない暖房源として使いやすいからです。

わが国は冬の寒さは海外の中心都市より少し南にあり、どちらかというと温暖なので、あまり集中暖房は普及していません。

工場や地域暖房に蒸気を使い時に気をつけなければならないのはドレン、すなわち蒸気が水になった後の処理です。水は蒸気の状態より重いので下の方に溜まります。すると配管の一部を塞ぐことになります。人体の血管の中にコレステロールが溜まり、血管が一部で細くなり、そのために高血圧になる現象と同じです。

工場の蒸気配管では、配管に傾斜をつけて一番低いところに蒸気の中の水分（ドレン）を分離する「ドレントラップ」を設けたりするなどの対策をほどこしています。

要点BOX

- ●蒸気は集中暖房用の媒体として使われる
- ●蒸気がすべて水になるためには、非常に大きな熱量を放出する

地域暖房

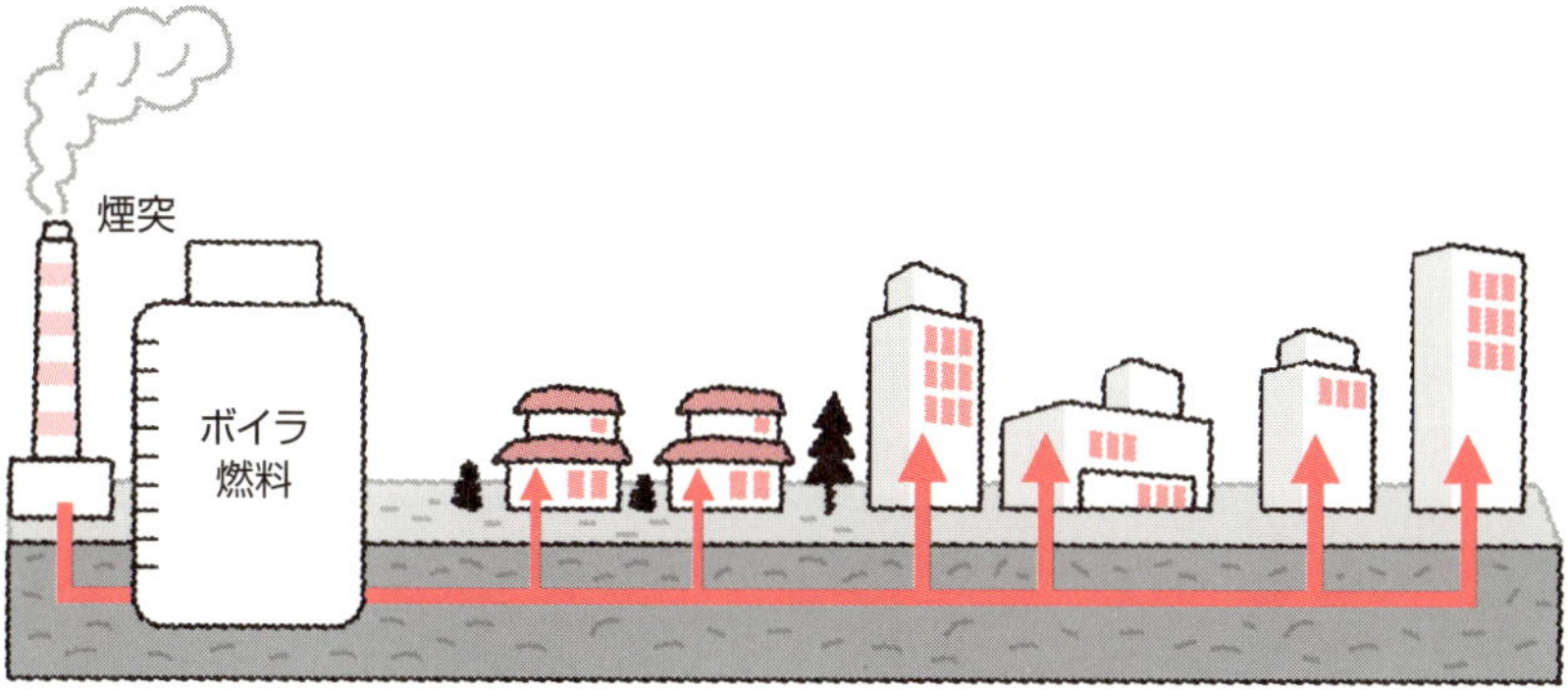

集中的にボイラで蒸気をつくり、地域に暖房用として供給する。

1. 各家庭
2. ビルや工場
3. 道路の連結防止のヒーティングなど

用語解説

ドレン：タンクや配管の底の部分に溜まった水のこと。ドレンバルブやドレンラップで抜き、液抜きにも使う。

14 捨てられている蒸気の再利用

ごみ焼却場にある蒸気タービンと冷暖房用蒸気

多くのごみ焼却場ではごみを焼却してその熱で蒸気をつくり、その蒸気でタービン発電機を回して電気をつくり、電力会社の送電網に接続して売電を行っているのが一般的です。しかし蒸気タービンの熱サイクルと呼ばれる変化は、水の特性上、大きな熱エネルギーを冷却水に捨てています。これは大型の発電所でも小さな発電所でも同じです。

この捨てられている蒸気を地域の冷暖房装置の熱源として使い、熱の有効活用を図っている例が広くみられます。日本は世界の寒冷地と比較してそれほど寒くないので（北海道や本州の山沿いは、冬はけっこう寒いですが、ロシアや東欧のような寒さはありません）、それほど広くは普及していません。

これらの国においては冬が長いことでこのような蒸気による地域暖房システムが発達しています。13項の地域冷暖房装置と同じですが、冬のこれらの国々の映像や写真を見ると、町の道路わきから湯気が上がっている光景が広くみられますが、これは蒸気による暖房の配管から漏れた蒸気が少しずつ漏れているためです。日本もコミュニティで一括にこのような分散型発電システムと給湯システムを連係させ、暖房システムを用いると、熱効率が上がり、省エネにも貢献できます。最新の燃料電池も温水ができますから、これを家庭用の熱源としてお風呂などの熱源に使用することで熱の有効活用が行われています。

工場の蒸気システムで有名なのはサトウキビ工場における「バガスボイラ」です。砂糖をサトウキビから収穫するのには、圧搾して砂糖分を絞り出しますが、その茎をボイラで燃焼する熱で蒸気を発生させ、蒸気タービンで回収するシステムです。ある砂糖工場の方が「こうすることでサトウキビの有効回収率は95％以上である」と言っていましたが、バイオ燃料であるとともに茎の活用ということで素晴らしいシステムでした。

要点BOX

- ●熱の有効活用を図る
- ●ロシアや東欧では普及している
- ●省エネにも貢献

ごみ焼却場にある蒸気タービンと地域暖房

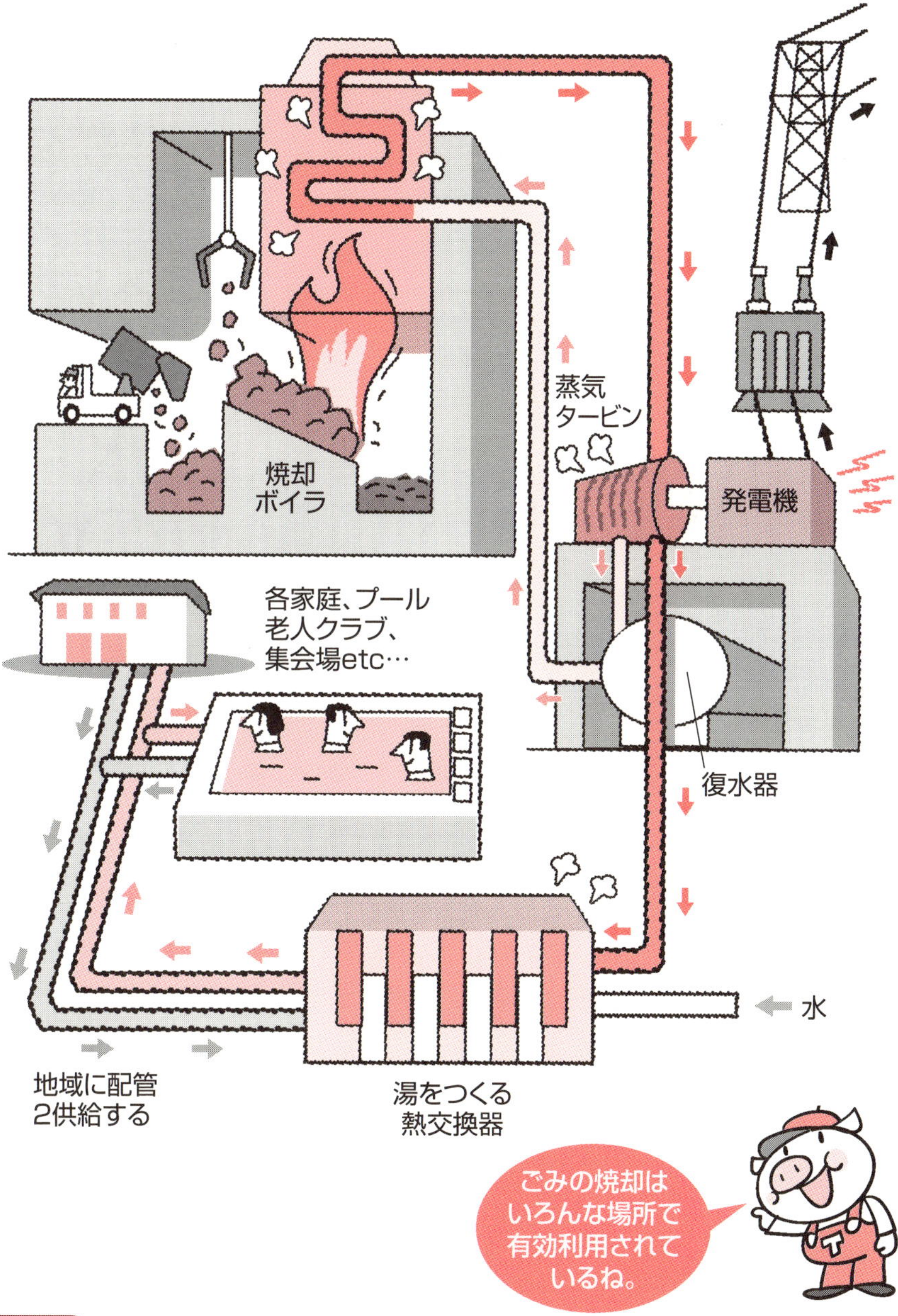

用語解説

バガス：製糖プロセスにおいて、サトウキビ圧搾時に生じるバガスはバイオマス燃料として利用価値がある。

15 気象の中の蒸気と水の循環

「水循環社会」への変革

水や蒸気は日常生活の中以外にも大気中に存在することで大切な役割を担っています。

地球上の水と蒸気と氷の循環はまさしく気象変化となって表れます。寒い地域では一年中氷がはっていますが、地球温暖化で南極や北極回りの氷や、山岳地域の氷河が徐々に溶け出しています。これらの原因が二酸化炭素濃度の上昇に起因するといわれています。今までは炭素と二酸化炭素の循環社会であったものを、水循環社会に変革していく必要があることが強く叫ばれています。

日常では空気中の蒸気量を「湿度」と呼び、夏の蒸し暑さや冬の乾燥した状況などで広く報道され、一般生活でも馴染まれています。海で太陽の光を受けると海水が蒸発します。つまり水分が蒸気に変換して空気中に放出されることになります。これが、蒸気が空気中に水分を溶け込ませる一番大きな原因です。

具体的に地球上の水の循環を見てみると左下図に示すように、海洋と陸上で蒸発が起こっていますが、圧倒的に海上の蒸発量が大きいことがわかります。しかしながら降水と蒸発のバランスを見ると陸上では降水が多く、その不足分の水は上空における水蒸気輸送によって補充されています。海洋の水が少なくなる分は、陸から海に水が流れることで地球全体でのバランスが取れています。このバランスが、現在は温暖化の影響で少しずつずれ出している状況であることを理解する必要があります。加えて地球は丸くて回転しており、かつ、その回転中心軸が太陽の方向に直角ではなく、少しずれているので、四季ができますし、地方ごとに異なった気象状況になっているのです。

気象予報は地表の気象状況を予測するものですが、それを決める大きな要素の1つが湿度です。つまり水蒸気の空気中に含有する割合です。

要点BOX

- ●地球温暖化解消の決め手は「二酸化炭素循環社会」から「水循環社会」への変革
- ●「水素社会」をいかにつくるか

気象の中の水の循環

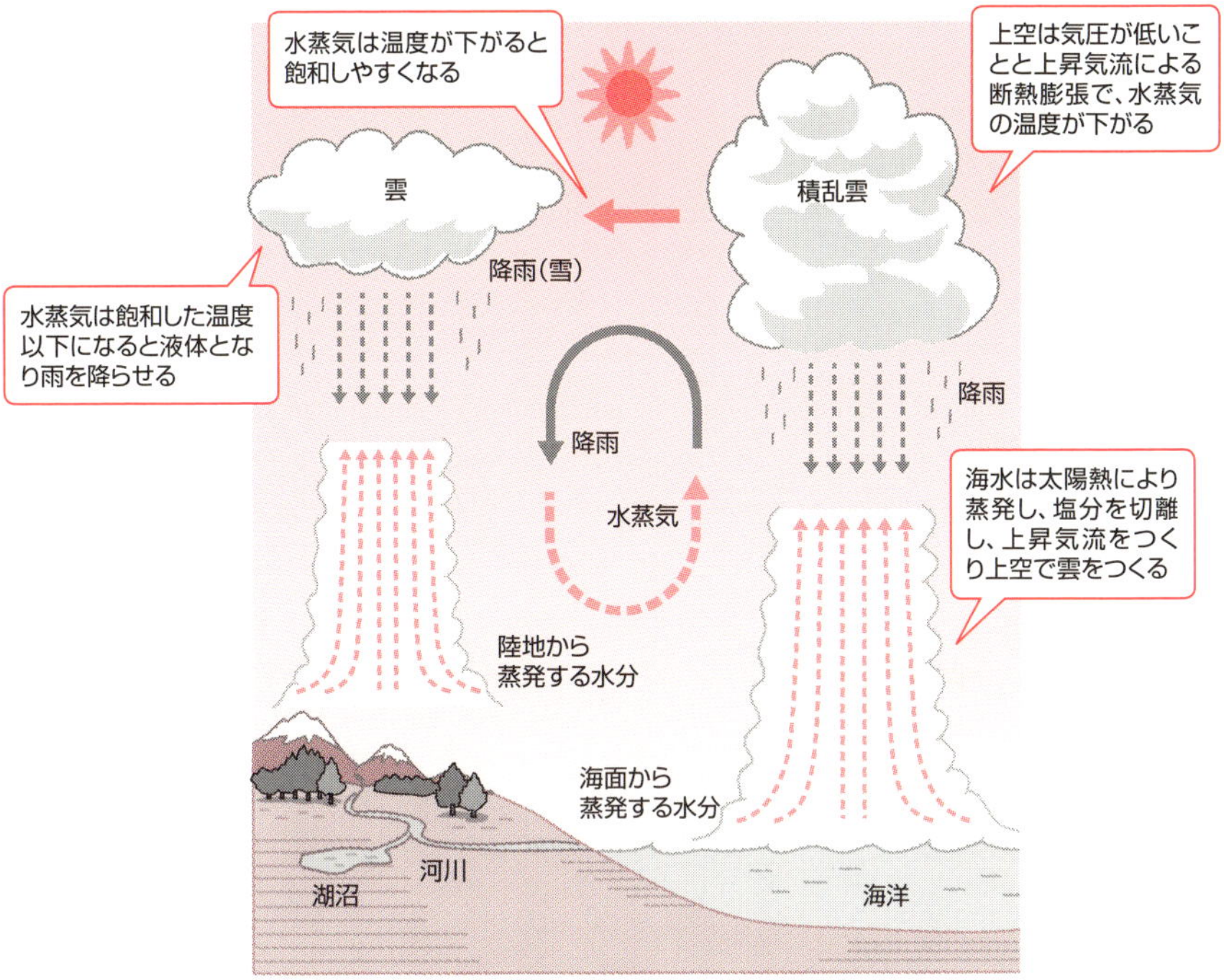

地球上の水の循環

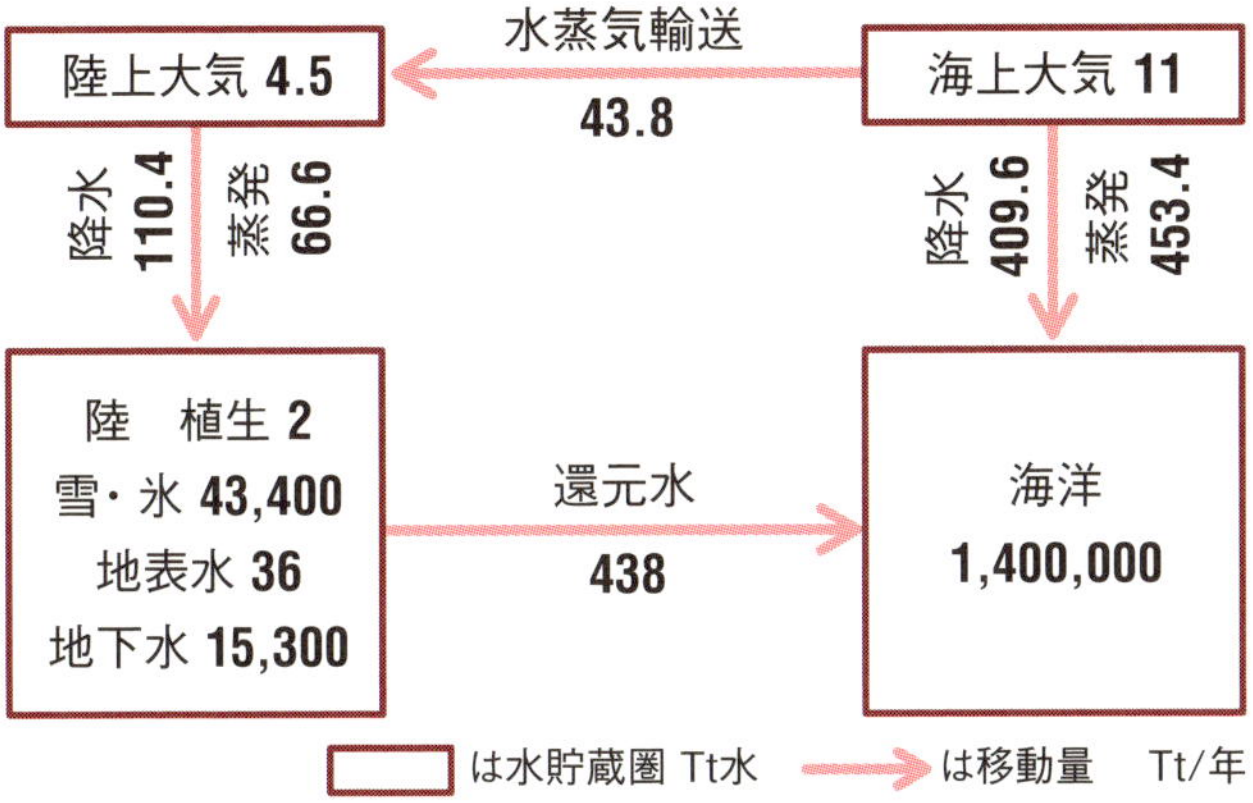

用語解説

水素社会：水素は化石燃料に代わる次世代のエネルギーとして期待を集めており、水素発電システムや燃料電池、燃料電池車(FCV)の開発、水素ステーションの整備など、水素社会の実現に向けた研究開発や実証事業が日本を含む世界各国で行われている。

16 気象に影響を与える水と水蒸気と氷

空気中の水蒸気（湿分）で天気が変わる

空気中に溶け込んだ水蒸気は、風に乗っていろいろなところに移動します。通常は海洋の温度が高く、水が蒸発して蒸気が発生します。この温度上昇により圧力が上がり、日本でいえば南風の発生の要因になります。この空気は湿度の高い風で、北の冷たい空気がぶつかり合うところが「前線」と呼ばれるところです。海洋で蒸発した水蒸気が陸上に移動するのは15項で説明した水蒸気輸送です。

ここで飽和蒸気圧（力）を考える必要があります。つまり空気に溶け込むことができる水蒸気の量が決まるからです。ある温度のもとで溶け込んだ水蒸気を含む空気が、他の冷たいものに接触すると冷やされるとか、上昇気流に乗って上空で断熱変化（周りの温度などの影響を受けずに圧力が下がる状態と考える）で温度が下がるといったことから、水分量含有限界値が下り、蒸気の一部が液体になります。そして上昇気流がもっと強い場合には、さらに上昇して温度が下がり、氷点以下になると水から氷もしくは氷晶となります。これらが上昇気流に逆らうほどの重さになる（大きくなる）と地表に降下してきます。途中で温度の高いところを通過すると、氷晶が融けて雨になります。また周囲の温度が高くなければ、氷晶のまま地表に落ちてきます。これが雪であり雹《ひょう》であり、霰《あられ》です。

空気が冷やされるメカニズムは、日光が当たらない地域で冷やされるほかに、雲のできるように上昇気流で上空の低圧力に強制的に移動させられることで断熱効果により冷やされると、通常は説明されます。また、冷たい空気に暖かい空気が接触する前線付近で暖かい空気が水蒸気を含んでいても、冷やされて雨になります。また南の地方では天気の良い日は太陽光が強く地表などに当たり、周辺温度上昇が空気を加熱して軽くするから空気の上昇を起こします。このような雲のでき方はすでに説明しましたが、この時の雲が積乱雲と呼ばれる入道雲です。

要点BOX

- 空気中の水分（蒸気）は風に乗って移動する
- 空気の温度が一定の場合なら、その空気に溶け込むことができる水蒸気の量は一定

気象に与える水と蒸気と氷の影響

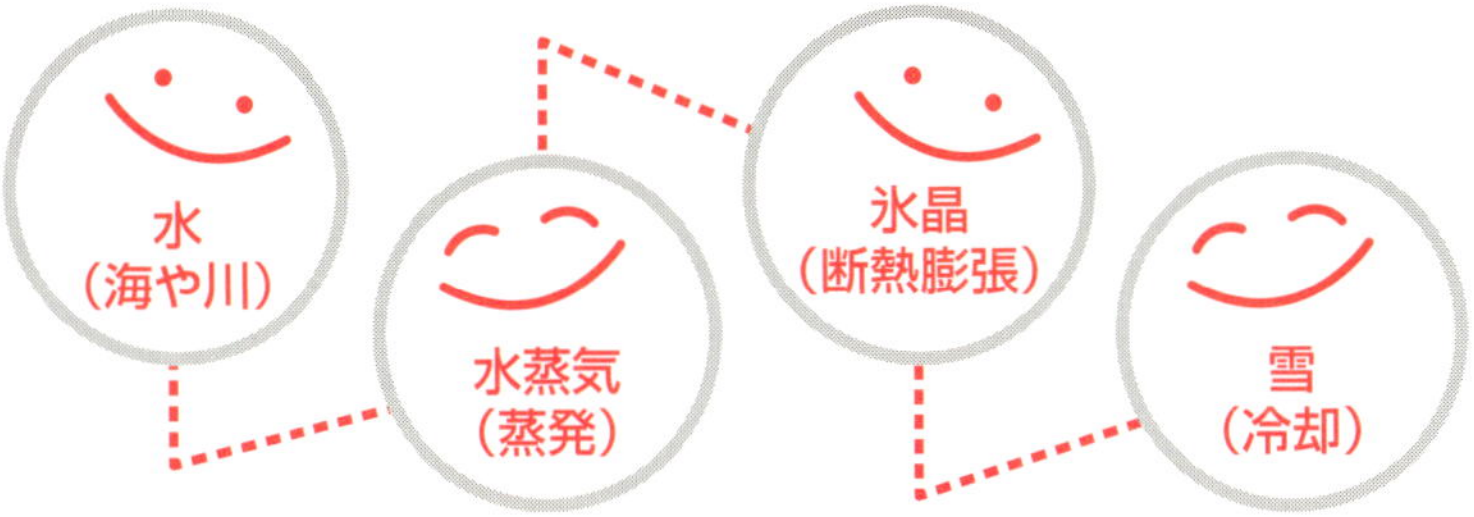

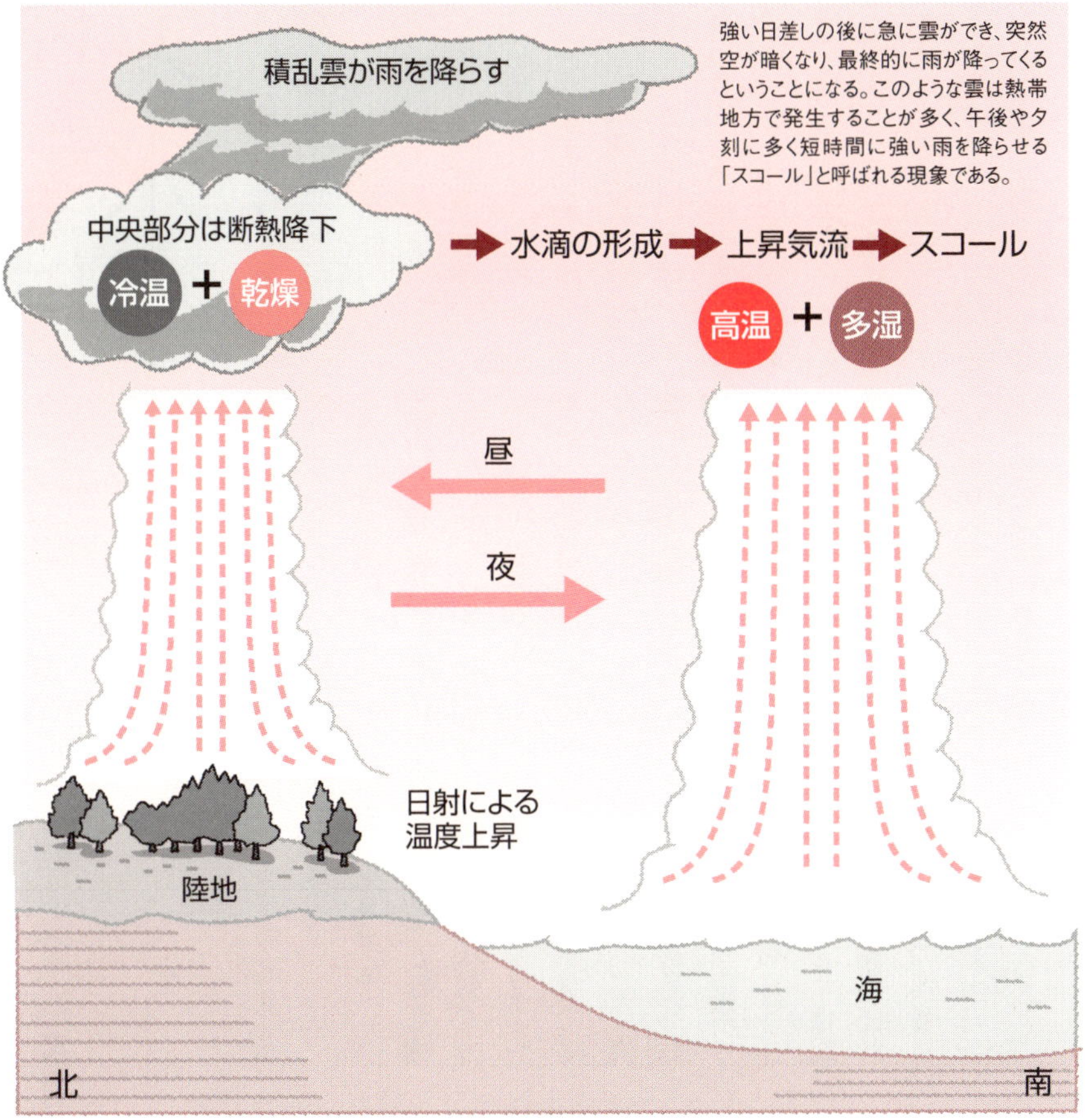

風はこのような原因のほかに上空のジェット気流、貿易風、偏西風などが吹いている。
台風時や低気圧発生時も同様である。

用語解説

断熱変化：周りの温度などの影響を受けずに圧力が下がる状態。

17 雲、雨、雪は蒸気と水と氷

「雨や雪の始まり」のしくみ

水蒸気が気象学で重要な理由の1つは、地球大気に存在する温度の範囲内で、気体・液体・固体と形を変えるからです。

16項で説明したように、雲の中心付近で、上昇した気流が断熱膨張すると温度が下がり、相対湿度が下がって、湿度が100%を超えた過飽和状態（飽和状態を超えて湿度が増えること）になります。すると空気中の細かな塵や浮遊物を核として水滴（雲粒）ができます。これが雨の始まりです。それらの小さな水滴が少しずつ集合しながら成長します。雨滴の大きさと上昇気流の強さがバランスしていると、空中に浮遊しています。上昇気流が強いとさらに上昇し、温度は下がり、雨滴が大きくなります。上昇気流による力より重力加速度による下向きの力が大きくなった時に、雨となって地上に落ちてきます。

水の中でもっとも特徴的で、多くの人が知っている状態が雪です。雪は大気中に溶け込んでいる水蒸気が、温度が下がった時に生成される氷の結晶で、空から落下してくる天気の状態をいいます。

また、その氷のでき始めの状態を「氷晶単体」といいますが、特に雪片と呼んだり、降り積もった雪を積雪と呼んだりします。積雪と雪が降っている状態を区別するために、降雪と呼び、区別する場合もあります。

氷の中でも雪になって地上に落ちてくると雪の結晶になり、きれいな形をしています。氷の結晶は無色透明で六方晶系が多いのですが、ほかの結晶形もあります。通常の圧力（大気圧）のもとで氷が融解するときには、潜熱として1kgあたり約80Kcal（335KJ）の熱を周囲からもらいますが、このエネルギーは同じ量の水を0℃から80℃まで温めることができるほどの熱量になります。つまり氷を解かすときの熱量は非常に大きいということで、逆にいえば、水が氷になる場合には非常に大きなエネルギーを排出することになります。

要点BOX

- 水蒸気が気象学で重要な理由
- 雲の中に水滴（雲粒）ができると雨
- 雲粒が凍結して氷晶になると雪

雲の発達

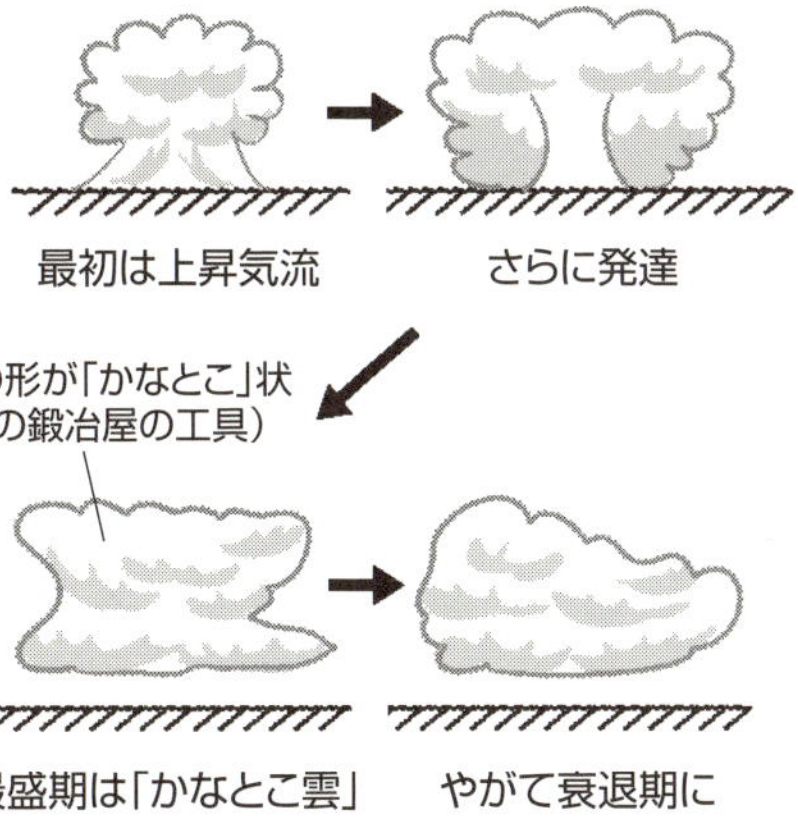

いろいろな雪の結晶

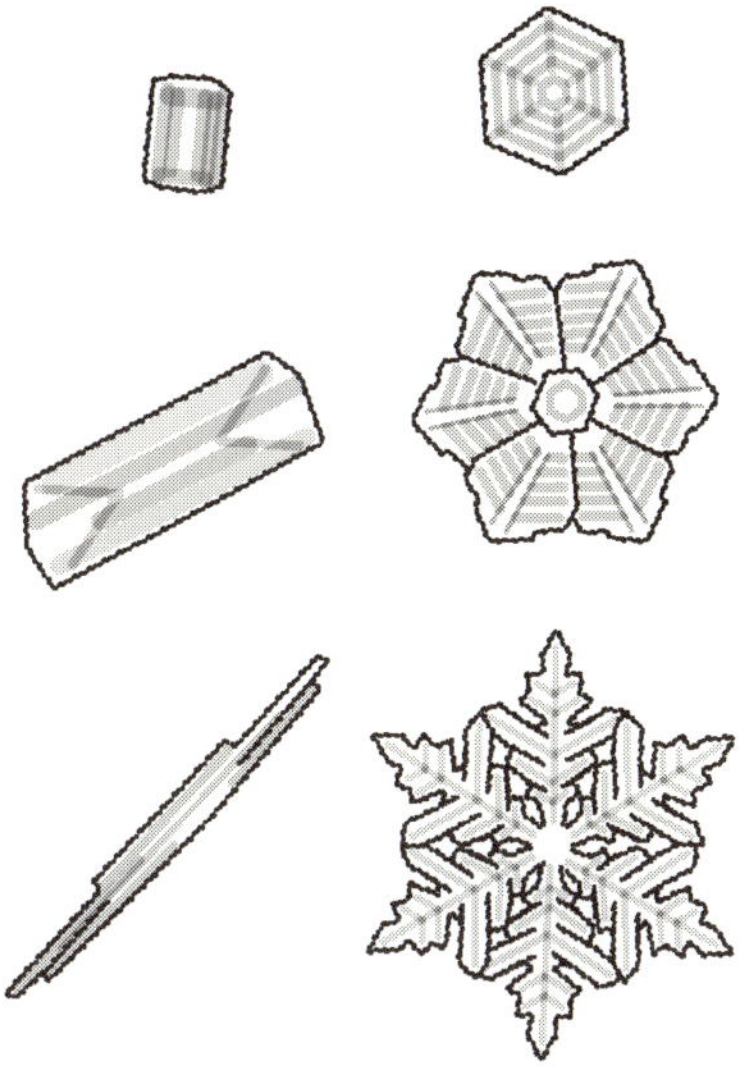

前線の形成

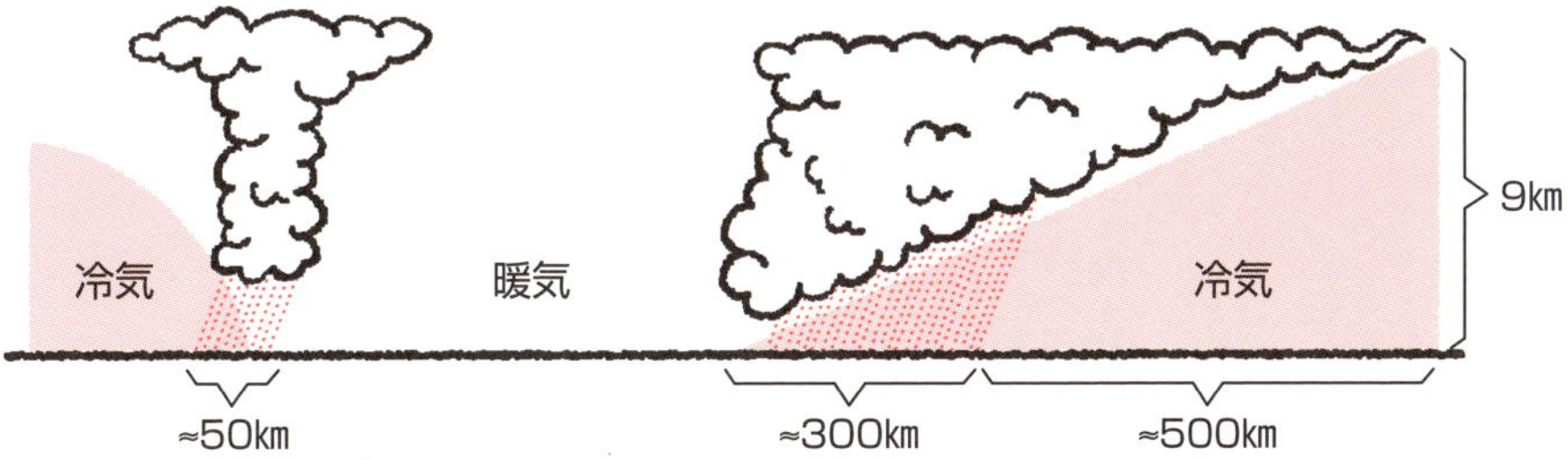

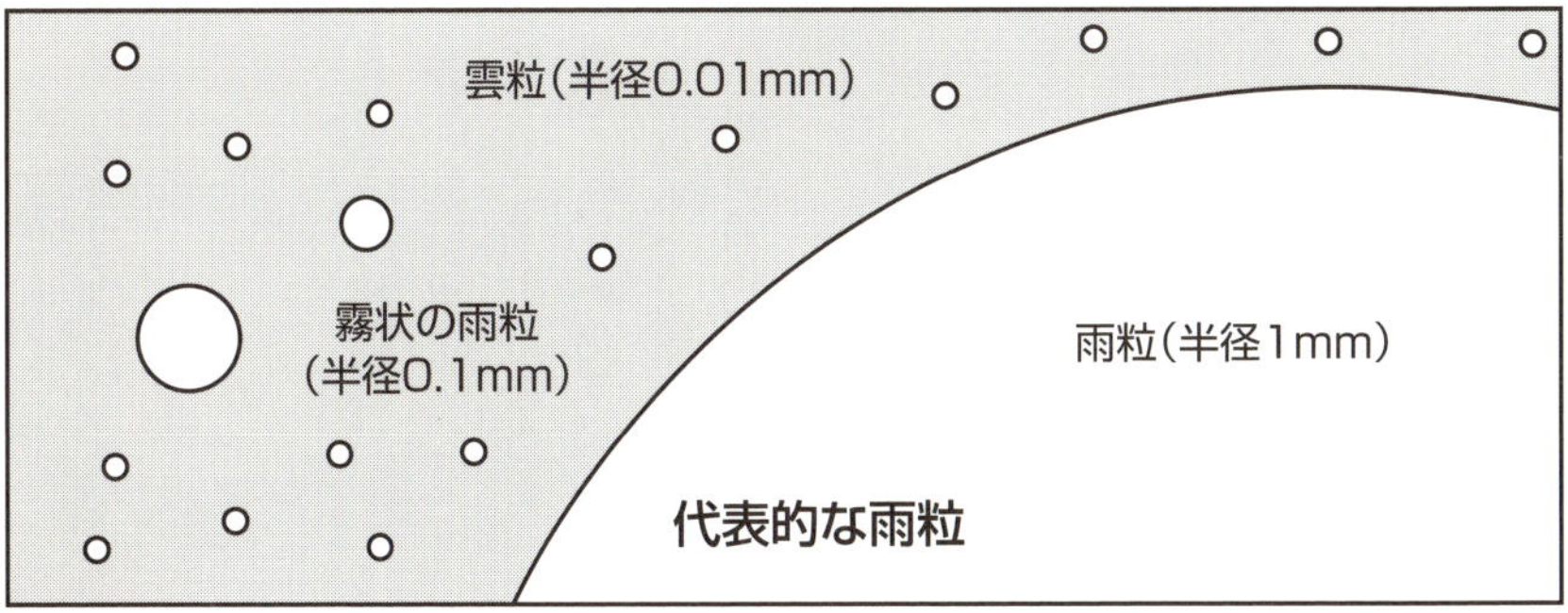

用語解説

過飽和状態：飽和状態を超えて湿度が増えること。

18 煙突から出る大量の蒸気

真っ白な煙には水蒸気が多く含まれる

冬空の煙突からモクモクと排出される、真っ白な煙のようなものを見たことがあると思います。煙に見えるようなものの中には水蒸気が多く含まれています。一番その状態を見ることができるのは冬の発電所で、それも天然ガスを燃焼している発電所です。というのは天然ガスの主成分はメタンやエタンガスで、炭化水素の燃料ですが、その主成分はメタンCH_4やエタンC_2H_6なので燃焼して発生する排気ガスはCO_2とH_2Oができますが、分子数の数から主成分は水素なので、主に水蒸気ができるわけです。もちろん二酸化炭素が含まれています。したがって煙突から排出され、白く冬空に見えるのは水の蒸気すなわち水蒸気なのです。

最新鋭のコンバインド発電所も通常は天然ガスを焚いています。天然ガスをガスタービンで燃焼させて発電し、その排気ガスを蒸気発生器に流して蒸気を発生させて熱回収をしています。ガスタービンの排気ガスで、蒸気発生器を用いて蒸気を発生させ、排気ガスは煙突から大気中に排出され、蒸気は蒸気タービンに送って発電を行い、最後まで膨張させて最終的には冷却することで復水し、水として回収しているのです。

煙突はいろいろなところにあり、排気ガスを排出していますが、その燃料または高熱の熱供給物質には水素が含まれているのです。

その他の原動機、すなわちほとんどのエンジンもその燃料を燃焼させているから、水素の含まれている燃料であれば同様に水蒸気が発生しています。自動車の燃料もガソリンもディーゼル用の軽油も、そして航空機のジェットエンジン（航空機の飛んでいる上空は何時も温度が低い）も燃料には水素を含んでいますから、周囲の温度が下がると水素が燃焼して酸素と結合して水をつくり、それが低い周囲温度に熱をうばわれ氷晶をつくるから白く見えるのです。白い排気ガスはほとんどが水蒸気です。

要点BOX

- 天然ガスの主成分はメタンやエタンガス
- コンバインド発電所も通常は天然ガスを焚く
- 高熱の熱供給物質には水素が含まれている

発電所からの白煙は水蒸気

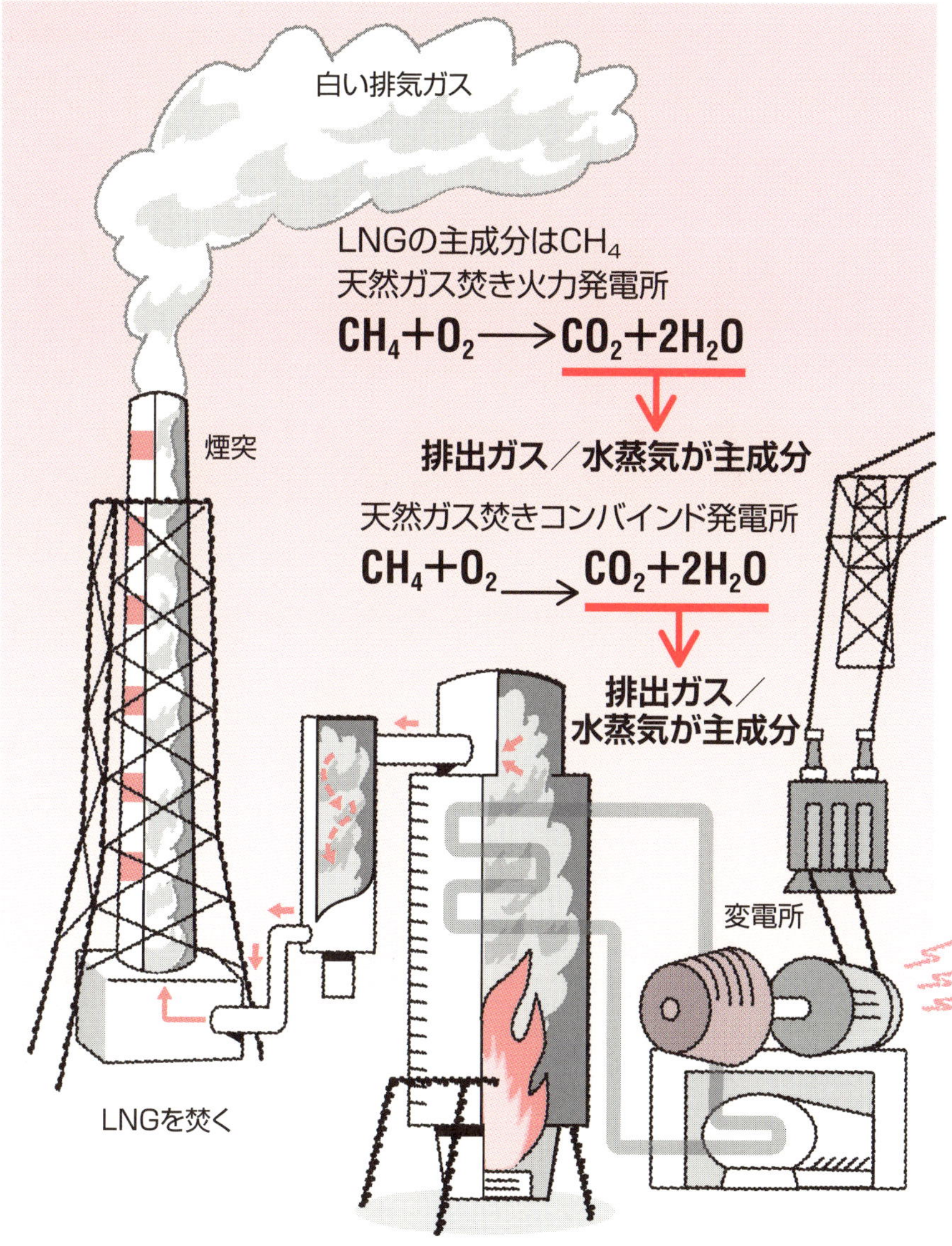

用語解説

コンバインド発電：ガスタービンと蒸気タービンを組み合わせた発電方式。最初に圧縮空気の中で燃料を燃やしてガスを発生させ、その圧力でガスタービンを回して発電を行う。その後に排ガスで蒸気を発生させて蒸気タービンを回して再度発電する。

19 温度のある蒸気を利用する地熱発電

蒸気が地熱の回収を手助けする

温泉地などでは、地中の熱エネルギーをお湯として使うほかに、その蒸気を利用した「地熱発電」が行われています。地熱のエネルギー回収を行う媒介が蒸気です。つまり地熱発電は、地下のマグマ上部にできた水だまりが熱されて高圧になり、蒸気をつくった時にその圧力と温度のある蒸気を利用しています。

火山性の地熱地帯で、マグマの熱で高温になった地下深部（地下1000〜3000m程度）にこのようなエネルギー源は存在します。地面に降った雨や雪が地下の深くまで浸透して、高温、高圧の流体が溜まり「地熱貯留層」をつくります。

地熱発電は、地熱貯留層より地熱流体（高圧水や水蒸気）を取り出し、タービンを回転させて電気を起こします。単純に蒸気を用いることもできますが、蒸気と水分を分離させる「フラッシュ方式」が、主に200℃以上の高温水蒸気使用法として一般的です。最近は「バイナリー発電」と呼ばれる方法もあります。

シングルフラッシュ方式は、①地熱貯留層に生産井《せい》を掘り、地熱流体を取り出し、②気水分離器（蒸気と水を分離する装置でボイラの汽水分離ドラム）で地熱流体を蒸気と熱水に分離し、熱水は還元井から地下に戻し、③分離された蒸気でタービンを回転させ、発電を行い、④発電した蒸気は復水器で水に戻し冷却塔で冷《さ》ました後、復水器に循環して蒸気の冷却に使用します。通常、地熱発電所は冷却水がないところが多いのでこのようなシステムにしていますが、冷却水が近くにある場合にはもう少し簡単なシステムになります。

ダブルフラッシュ方式は、セパレータで分離した熱水をフラッシャ（減圧器）に導入して低圧の蒸気をさらに取り出し、高圧蒸気と低圧蒸気の両方でタービンを回す方式です。高温高圧の地熱流体の場合に採用され、シングルフラッシュよりも約20%出力が増加します。この方式は国内の発電所で採用されています。

要点BOX

- ●地下深部に存在するエネルギー源
- ●地熱流体が溜まっている「地熱貯留層」
- ●「フラッシュ方式」が一般的

地熱発電（シングルフラッシュ）のしくみ

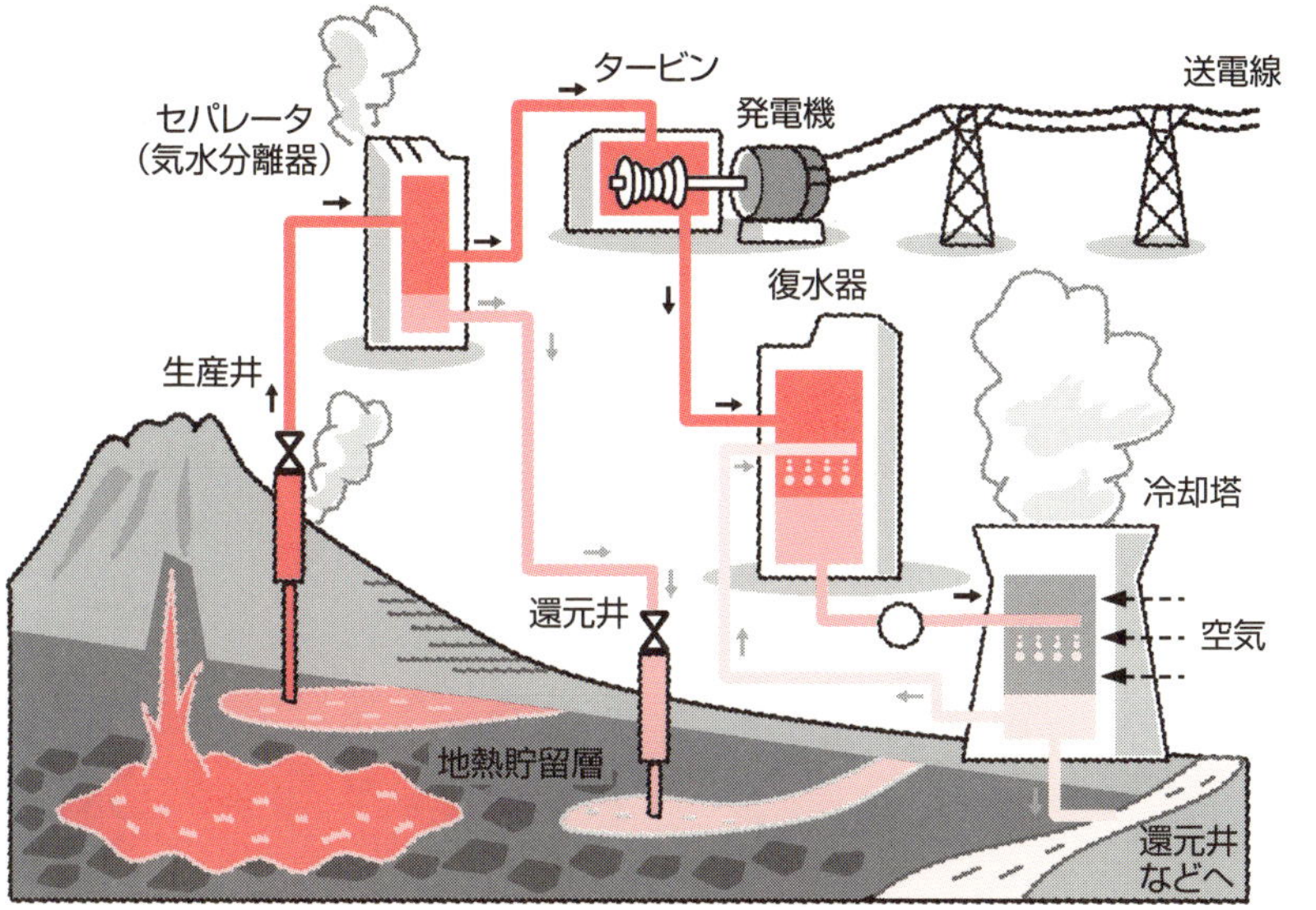

地熱発電（ダブルフラッシュ）のしくみ

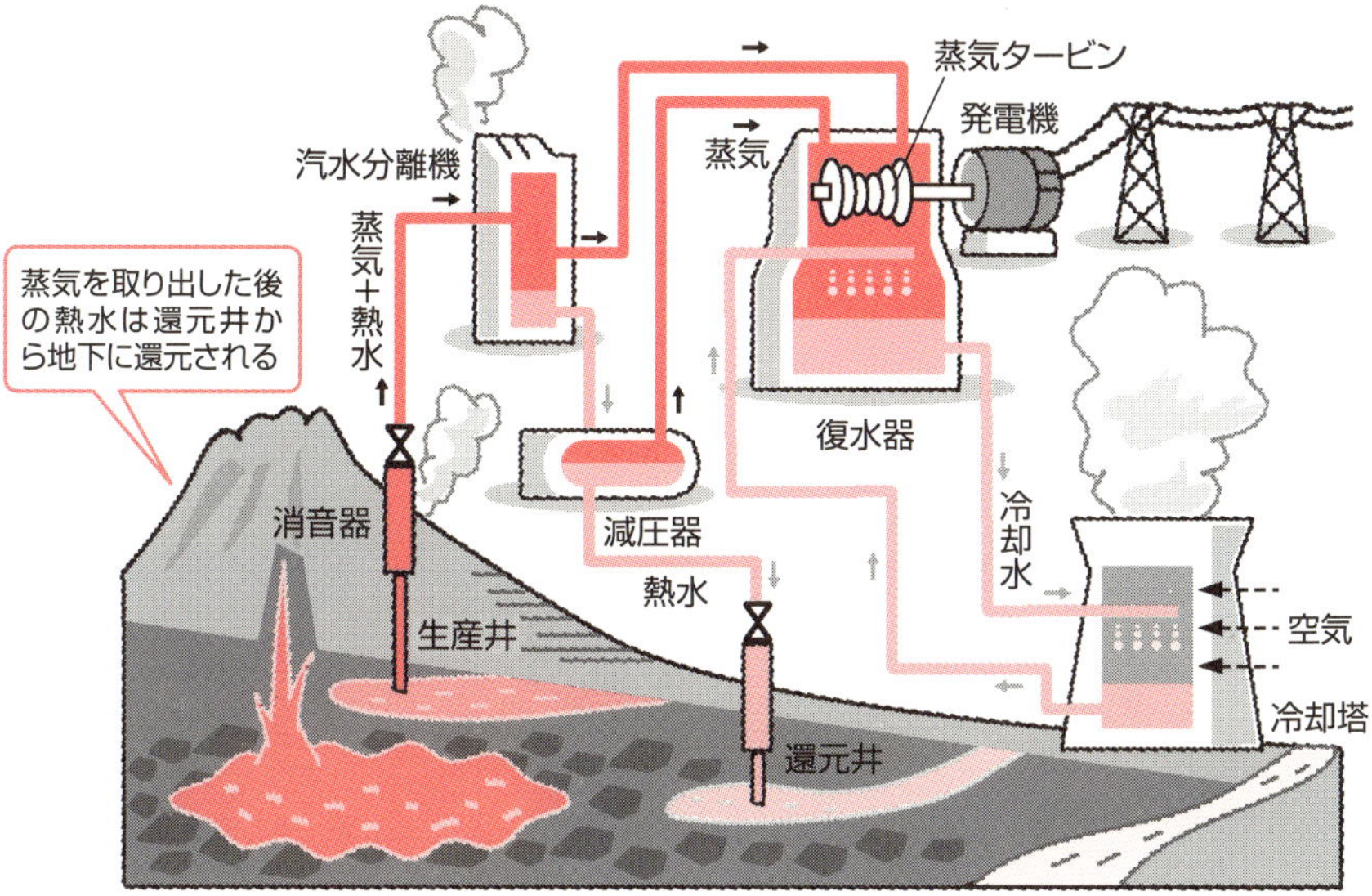

用語解説

バイナリー発電：地下から取り出した蒸気・熱水で、水より沸点の低い液体（ペンタン・イソブタンといった有機物質、代替フロン、アンモニア・水混合液など）を加熱・蒸発させ、その蒸気でタービンを回す方式。 ➡63項

20 「臨界圧力」ってどんな状態？

水なのか蒸気なのかがわからない状態

すでに7項で簡単に説明しましたが、容器を密閉したまま圧力を上昇させて熱を加えると、圧力は上昇し続け、約22・12MPa（218気圧＝225.1kgf/cm^2）になると、水と蒸気がはっきりわからないような状態になります。これは先にも述べましたが、比重が液体も気体も同じになる状態で、水の方向から変化していっても、気体の方から変化していっても同じものになることがわかっています。この状態を「水の臨界点」とか「臨界圧力」といいます。

左図を見ると一目でわかりますが、飽和水の状態を保ちながら圧力を増していくときの変化と、飽和蒸気（すべてが蒸気に変化したとき）の状態を保ちながら圧力を増していくと、圧力が同じ圧力のところで一致します。

水はもともと膨張率が小さいことは感覚的にもわかりますが、蒸気は気体ですから膨張率も大きいのですが、圧力が高くなると徐々に小さくなります。つまり蒸気なのか水なのか明瞭に判別できなくなった状態が臨界圧力です。

これ以上に圧力を上昇させるということは、それぞれの状態変化が判然としないまま発生します。この性質は非常に重要で、通常はこのような蒸気の状態は経験することはありませんが、大型の火力発電プラントでは、その熱力学的な効率の向上のためにこの圧力を超えたボイラを作っています。

熱力学的には圧力を上げ、温度を上げることで高効率化が得られますが、費用対効果が低くなるので、通常は大型の発電所でのみ適用されています。

またこのような場合には、蒸気発生装置であるボイラの設計にも大きな影響を与えます。簡単にいえば汽水分離装置の部分が不要になるわけです。なお超臨界圧力状態の蒸気の状態や利用法などについては多くの研究が進んでいますが、本書ではこれ以上の取り扱いはしないこととします。

要点BOX

- ●225.7（22.12MPa）気圧では水と蒸気がはっきりわからない
- ●水と蒸気の区別

p-v線図

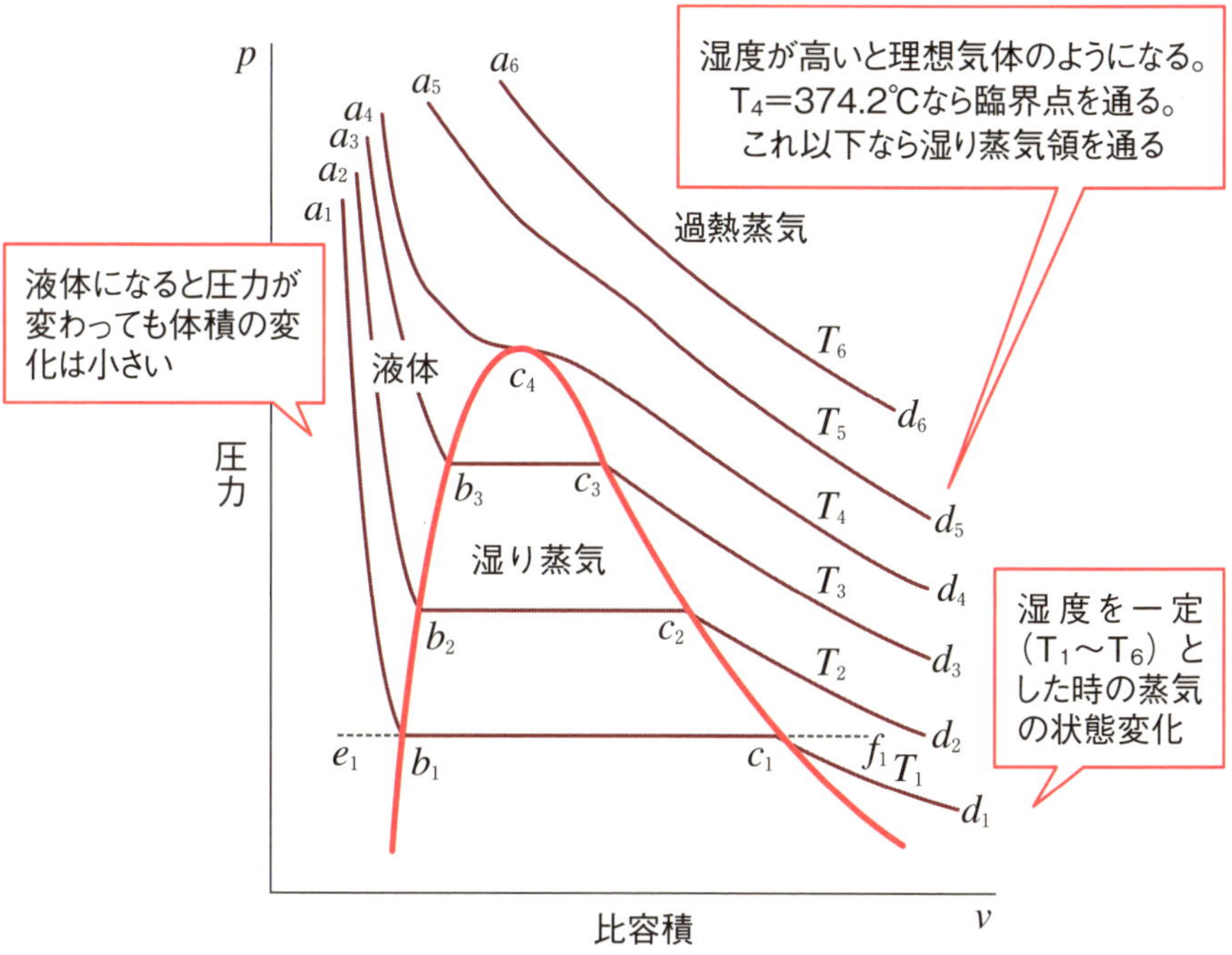

（出典：日本機械学会「蒸気表」より）

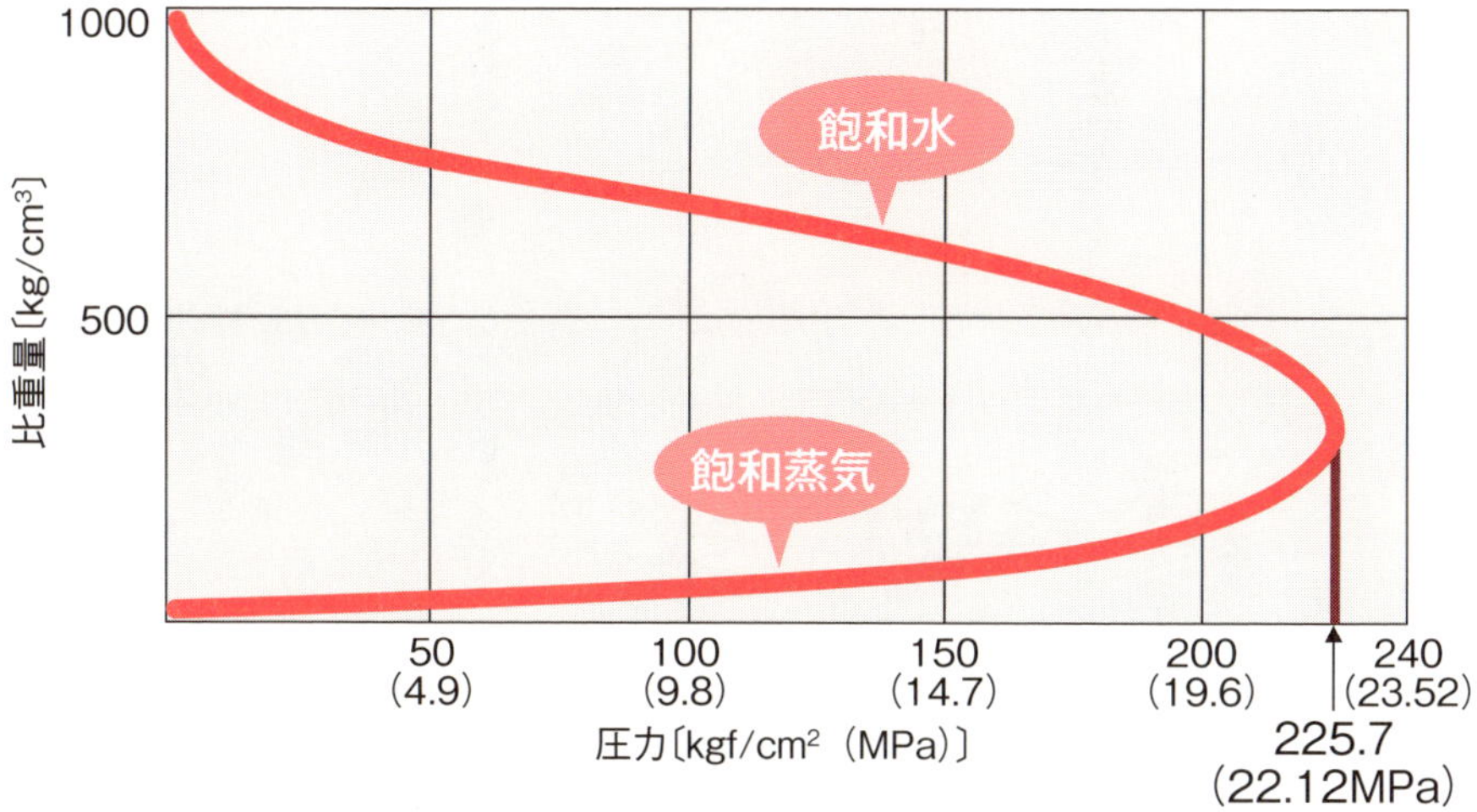

用語解説

汽水分離装置：蒸気機関などの水蒸気中の水滴を取り除くための装置。

Column

原子力空母のカタパルトは蒸気式

原子力空母、原子力潜水艦はいずれも主機械と呼ばれる推進機関は原子力です。原子炉で発生した熱を水で冷やす、つまり水を蒸発させることで蒸気をつくり、その蒸気を蒸気タービンに送ってプロペラを回転させるシステムで、通常の船舶用蒸気システムとの大きな違いは、ボイラの代わりに原子炉を用いているだけです。なお世界の原子力船には原子炉で発生した蒸気を用いて蒸気タービン発電機で発電し、主機械としての推進機には電動モータを用いている船舶もあります。

原子力船の特徴としては、燃料が核物質であるため非常に小さくて済み、燃料補給の間隔が長いから長期にわたって長い時間航行できることです。一方、蒸気システムがあるということで、船内での必要な動力や加熱機器に蒸気が使われることが多いです。たとえばお風呂やシャワーの水、ご飯を炊くときの熱源として蒸気を用いている場合があります。それらの艦内機器の中でも特筆すべきものに「航空母艦のカタパルト」があります。カタパルトというのは、航空機を母艦から発艦させるために、航空機に必要な長さの滑走路が得られないので、最初に加速をつけてやる機械です。急速に飛行機を加速するには、大きな動力を瞬時に与えてやる必要がありますが、その動力源として航空母艦では蒸気を使っています。もちろんほかの方法、たとえば火薬を用いるとか、航空母艦の発進方向の甲板を少し上向きに作って上方に離艦させるといったことが行われています。

テレビなどで米軍の航空母艦の戦闘機の発進の映像が流れますが、その際に飛行機とともに湯気が流れていくのが見えます。あれは蒸気式のカタパルトを使用して、飛行機を押し出した際に蒸気の一部が大気中に放出されたときの映像です。英国やロシアの航空母艦は甲板を上方に向けて設計し戦闘機を発進させています。

第3章

蒸気工学を学ぼう

21 蒸気の性質と圧力、体積と温度

蒸気を効率的に活用する方法を考える

水蒸気の簡単な性質や挙動については、今までの話でわかってきたと思います。ここからは工業的にどのように使われているかを、水や蒸気の状態を考えながら話を進めていこうと思います。究極的には蒸気を効率的に活用する方法を考えることです。少し面倒ですが、まずは蒸気の特徴・性質を少し理解しましょう。

蒸気工学の先駆者はジェームス・ワットです。ワットは蒸気を利用して動力を取り出そうとした実質的に最初の人で、蒸気利用のための他の技術開発、たとえば重鎮式ガバナーの発明なども行っています。産業革命が英国で始まった大きな要因は「大きな動力を往復式の蒸気機関によって得られた」からといっても過言ではありません。

ここで蒸気の性質を工学の点から見てみましょう。高圧で小容積の蒸気をシリンダ内で膨張させ、その力をピストンに伝えると力が得られます。大きな動力を得るには圧力を高くし、その力でピストンを押し下げます。ピストン頂部を押す力と、動き量を掛け合わせた量が「動力」で、物理学的にいう「仕事」です。この力と移動量を連続的に取り出す装置の効率を考え、機械として成立させたのがワットです。

圧力と容量と温度の関係は一般的（理想気体ではというべきですが、本質的には各物質もこの式修正を与えたものです）には$PV=RT$という簡単な式で示されます。

これでわかることは温度を一定に保つとすると（T＝一定の温度）、式の右側は一定になるから、圧力が上がれば容積は減少するということですし、容積を一定（V＝一定）にしておくと、圧力が上がれば温度も上昇するということです。

水蒸気はその特徴がここで表れます。つまり、私たちが使いやすい温度や圧力の領域で動力を得ようとするときには各状態の特性を考える必要があります。

要点BOX

- ●蒸気工学の先駆者はジェームス・ワット
- ●蒸気は圧力を上げると体積は小さくなる
- ●動力を得るときには蒸気の状態を考える

ジェームス・ワットの蒸気機関

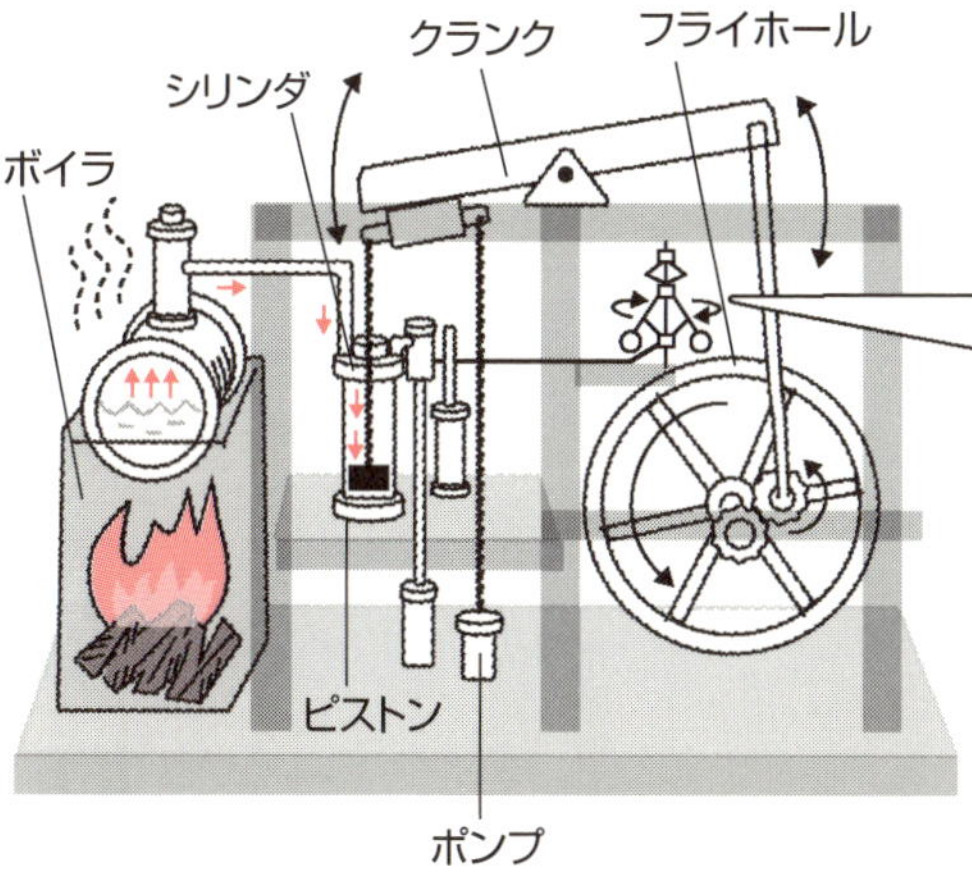

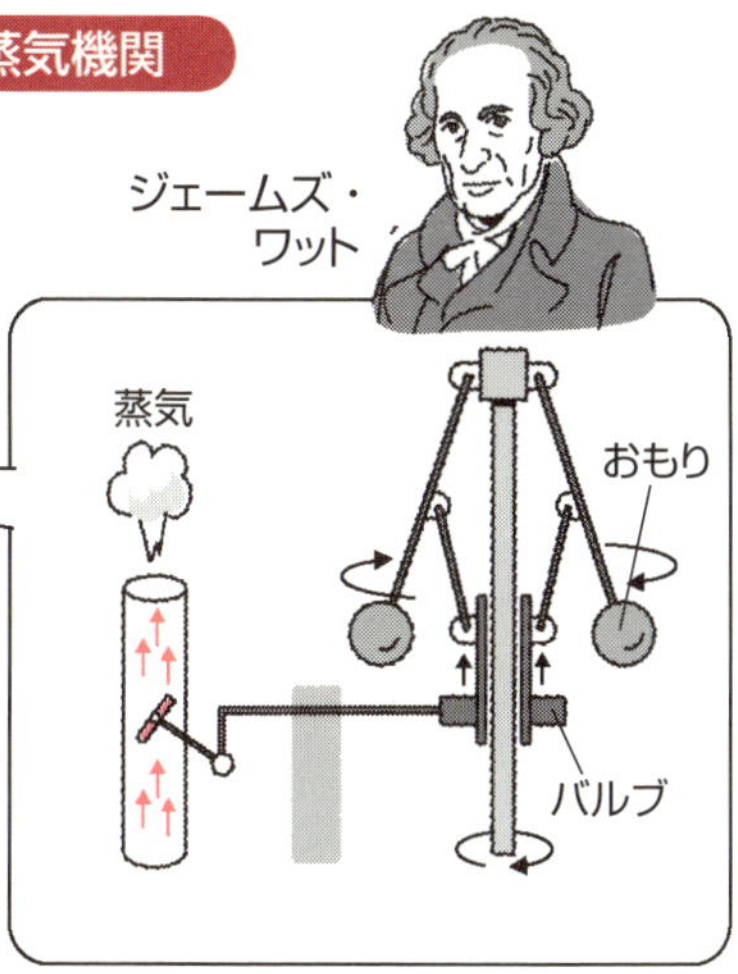

水の状態変化を示す*p-v*線図

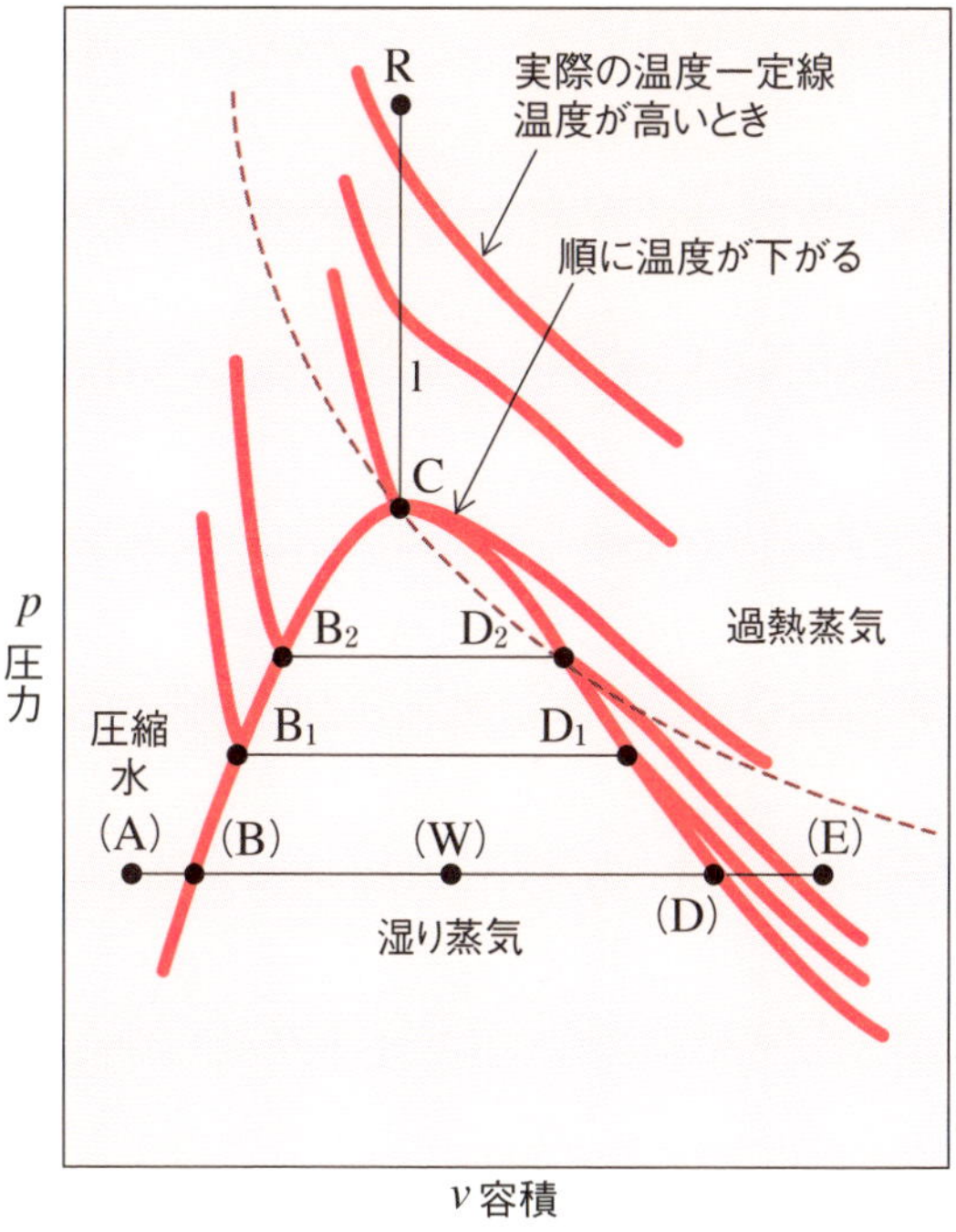

用語解説

ガバナー（Governor）：機械において回転などの運動の速度を自律的に調整するしくみである。調速機ともいう。

22 蒸気の状態とエネルギー量

エンタルピとエントロピ

蒸気の状態は21項で説明してきたように、その圧力と温度からいろいろな状態になり、各状態でそのエネルギーが決まります。水のすべてが水蒸気になるには大きなエネルギーが必要です。蒸気工学では、簡単にそれらを説明する指標として「エンタルピ」と称する数値を導入しています。エンタルピは「水のもつエネルギー量に、蒸気のもつエネルギーを加えたもの」として定義されています。

蒸気線図でi-s線図と呼ばれる線図が、蒸気の状態と、その時のエネルギーの保有量を理解するのには便利です。この線図は縦軸がエンタルピでエネルギーの値を示しています。横軸はエントロピで状態変化の進み方を示す指標です。エントロピが増加しない状態変化は、損失ゼロの理想状態です。

i-s線図を見ると、蒸気の各状態のエネルギー保有量や、変化の熱的な出し入れを示しています。この線図（チャート）で蒸気タービンの熱の動きのサイクルを示します。まず水を蒸気に変える蒸気ボイラに水を入れて火をつけて加熱します。実際の加圧は給水ポンプで行います。拡大線図の3から4に当たるところです。この時の熱量の増加は非常に小さいです。加熱源は燃料ですが、時代によって変化してきました。最初は木材の時もありましたが。産業革命以降大量の石炭が使われ、続いて石油が発見されてから主力となり、原子力エネルギーや天然ガスへと代わってきました。

ボイラで加熱された水は蒸気になります。この過程が4から1に示す変化です。飽和線を越えて蒸気の温度が上がっていますがこの領域が過熱蒸気です。エネルギー量が大きくなった蒸気はタービンに導かれ、タービンの翼車と呼ばれる回転体を回し、その力で発電機やその他の機器を駆動しますが、その際に圧力と温度を減少させ（1～2）、最後に冷却され水に戻ります（2～3）。

要点BOX

- ●蒸気のいろいろな状態における熱量をエンタルピという
- ●エントロピは状態変化の進み方を示す指標

蒸気の状態とエネルギー

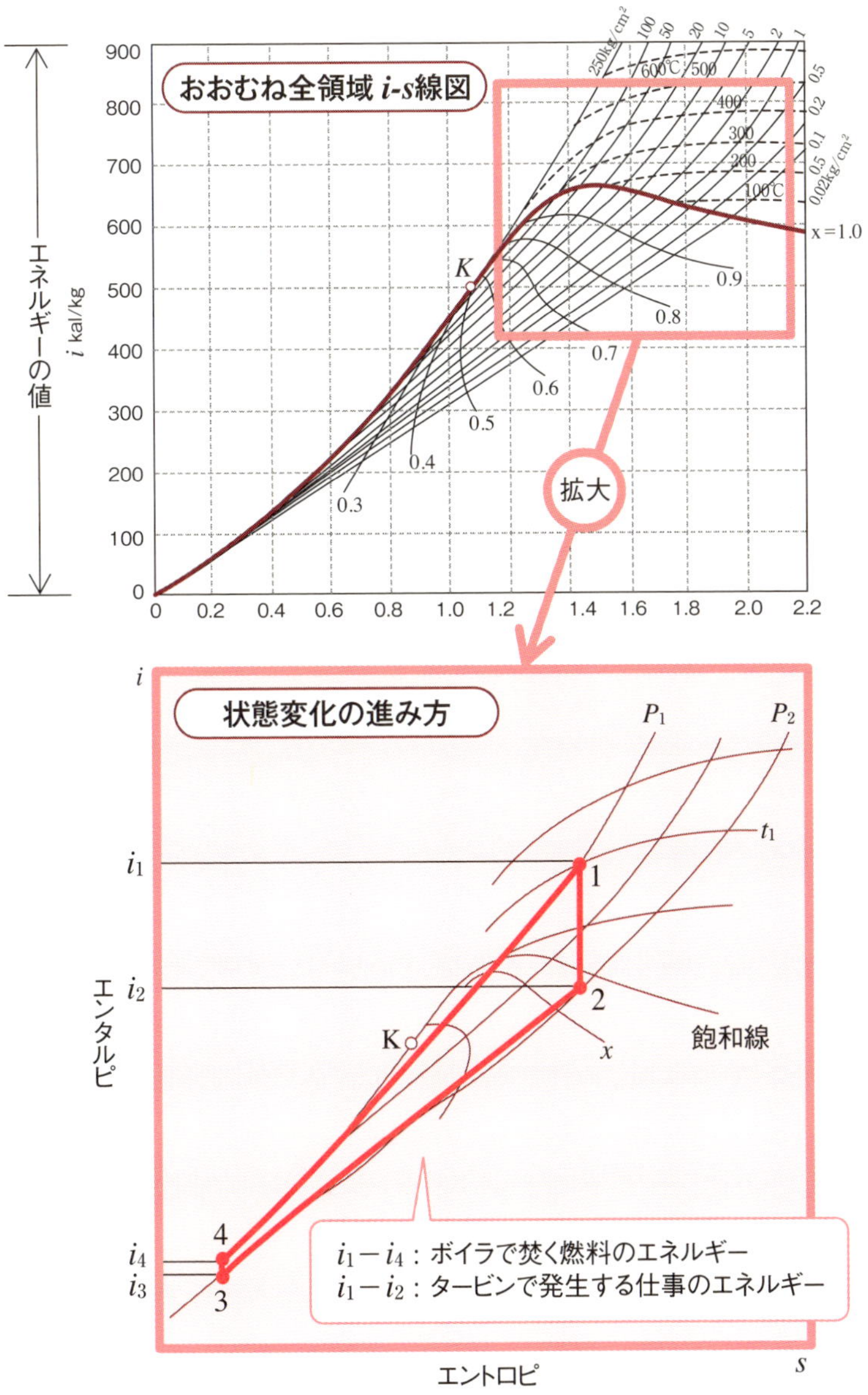

用語解説

エンタルピ：水のもつエネルギー量に蒸気のもつエネルギーを加えたもの。

23 蒸気線図と蒸気表

蒸気の特性を詳しく示している

蒸気を取り扱うには、詳しい状態を示す線図と、詳しい各状態を示した蒸気表が役に立ちます。日本機械学会の蒸気線図がもっとも広く使われています。なお、水蒸気以外の蒸気表も存在しますがここでは取り扱いません。水蒸気線図と蒸気表にはいろいろな種類の線図と表（用途によって便利な縦軸と横軸を変えた各種のもの）があります。ここではT－s線図、h－s線図、それにT－v線図を示しています。

気体を扱おうとすると、まず理想気体という架空の気体が出てきます。理想気体とは「人が簡単に考えるのに便利な気体」という意味だと思っておけばよいのです。つまり$pV=nRT$という状態式を満足する気体で、温度が上がれば圧力と体積が増えるという単純な気体です。一次近似として見当をつける時には役立ちますが、実際の蒸気はそんな単純ではありません。特に水の変化は温度が下がれば氷になり、熱を与えると蒸気になるという理想気体からは大きく離れた性質があります。その蒸気の特性を詳しく示して、工業的に活用しやすくしたものが蒸気表であり蒸気線図です。蒸気表は上述の線図集を数値化したもので、ここには飽和水蒸気圧表の一部を示しています。

前述の日本機械学会蒸気表には国際蒸気骨組蒸気表、圧縮水および過熱蒸気の比容積、圧縮水および過熱蒸気のエンタルピ、温度基準飽和蒸気表、圧力基準飽和蒸気表、過熱蒸気および圧縮水表などが細かく記載されており、蒸気工学的なプラントの検討や性能計算、機器設計などを行う際には役立つものと考えます。

これらの道具を使って蒸気の特性を考え、それに適した機器を用いて、もっとも効率的で誰もが簡単に使うことができるように考えていくのが蒸気工学になりますし、その基礎資料として上記表や蒸気線図が役に立つわけです。

要点BOX

- ●理想気体という架空の気体
- ●pV=nRTという状態式を満足する気体
- ●実際の蒸気はそんなに単純ではない

蒸気線図と蒸気表

T-s 線図

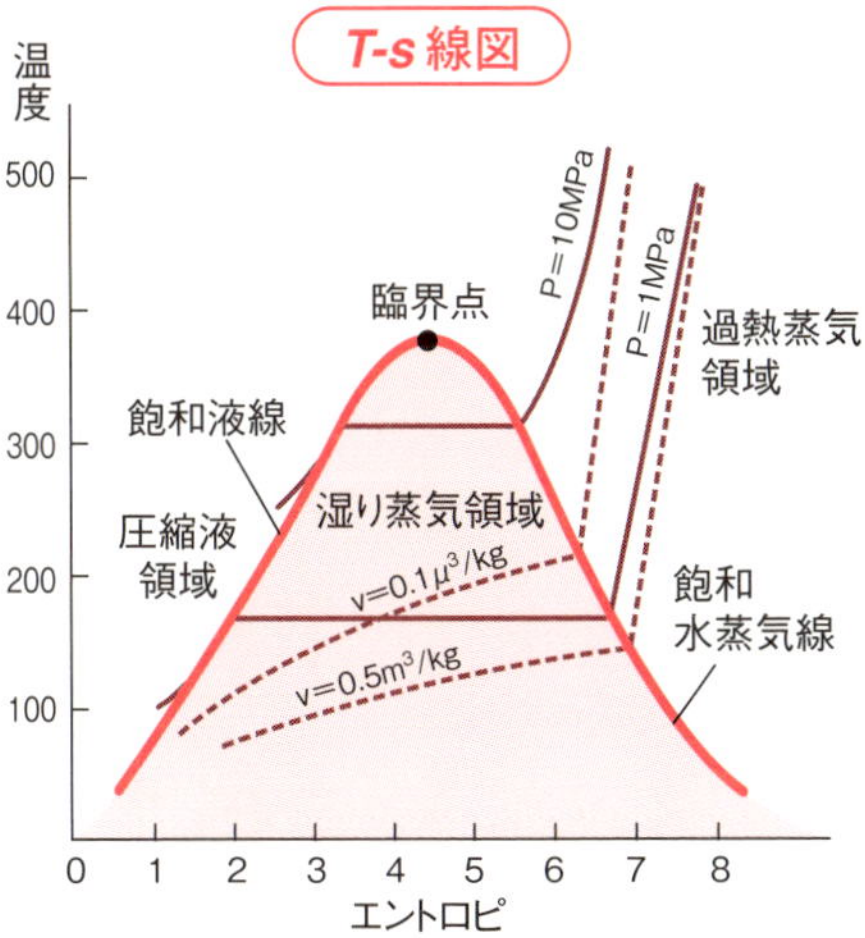

h-s 線図

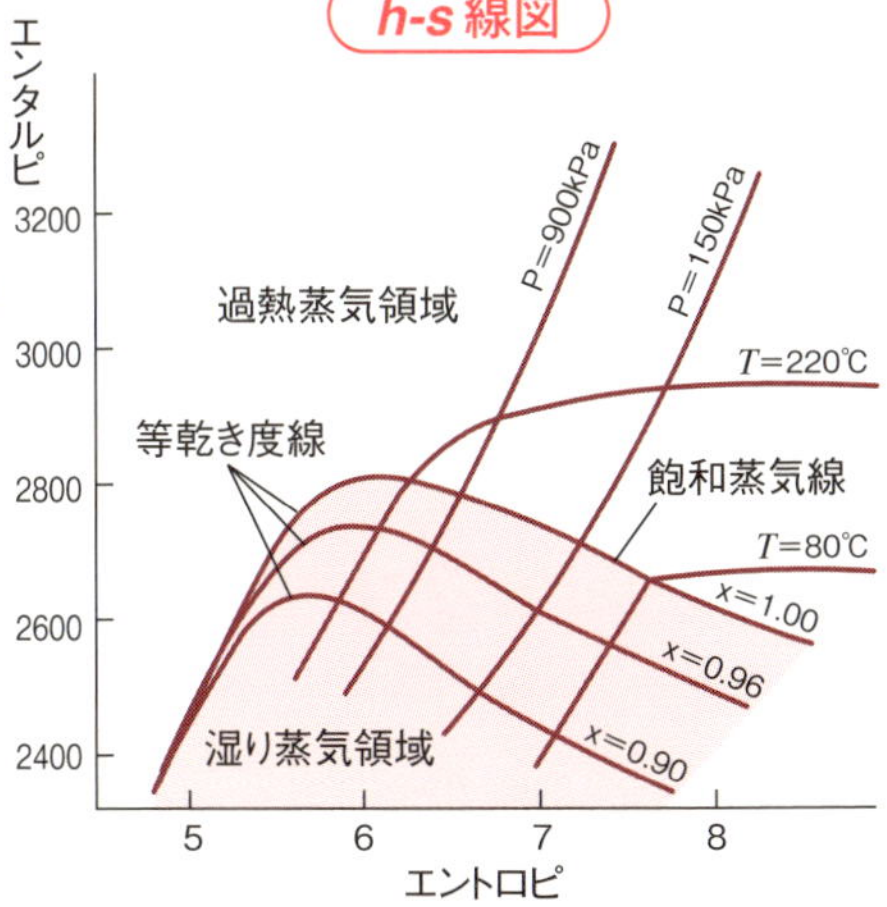

飽和水蒸気圧表

温度 Temp.	圧力 Pressure	比容積 Specific Volume	
℃	kPa	m³/kg	
		V'	V"
0	0.6108	0.00100022	206.3050000
5	0.8718	0.00100003	147.1630000
10	1.227	0.00100025	106.4300000
15	1.7039	0.00100083	77.9779000
20	2.3366	0.00100172	57.8383000
25	3.166	0.00100289	43.4017000
30	4.2415	0.00100431	32.9289000
35	5.6216	0.00100595	25.2449000
40	7.375	0.00100781	19.5461000
45	9.582	0.00100987	15.27620000
50	12.335	0.00101211	12.0457000
55	15.741	0.00101454	9.5788700
60	19.92	0.00101714	7.6785300
65	25.009	0.00101991	6.2022800
70	31.162	0.00102285	5.0462700
75	38.549	0.00102594	4.1341000
80	47.36	0.00102919	3.4090900
85	57.803	0.00103259	2.8288100
90	70.109	0.00103615	2.3613000
95	84.526	0.00103985	1.9822200
100	101.325	0.00104371	1.6730000
105	120.8	0.00104771	1.4192800
110	143.27	0.00105187	1.2099400
115	169.06	0.00105617	1.0362900
120	198.54	0.00106063	0.8915240

圧力 Pressure	温度 Temp.	比容積 Specific Volume	
kPa	℃	m³/kg	
		V'	V"
1	6.983	0.00100007	129.2090000
10	45.83	0.00101023	14.6746000
50	81.35	0.00103009	3.2402200
100	99.63	0.00104342	1.6937300
101.325	100	0.00104371	1.6730000
120	104.81	0.00104755	1.4281300
140	109.32	0.00105129	1.2363300
160	113.32	0.00105471	1.0911100
180	116.83	0.00105788	0.9772270
200	120.23	0.00106084	0.8854410
250	127.43	0.00106755	0.7184390
300	133.54	0.00107350	0.6055620
350	138.87	0.00107890	0.5240030
400	143.62	0.00108387	0.4622240
450	147.92	0.00108849	0.4137540
500	151.84	0.00109284	0.3746760
600	158.84	0.00110086	0.3154740
700	164.96	0.00110819	0.2726810
800	170.41	0.00111498	0.2402570
900	175.36	0.00112135	0.2148120
℃	MPa	m³/kg	
1	179.88	0.00112737	0.1942930
1.1	184.07	0.00113309	0.1773840
1.2	187.96	0.00113858	0.1632000
1.3	191.61	0.00114385	0.1511270
1.4	195.04	0.00114893	0.1407210

（出典：日本機械学会「蒸気表」より）

T-v 線図

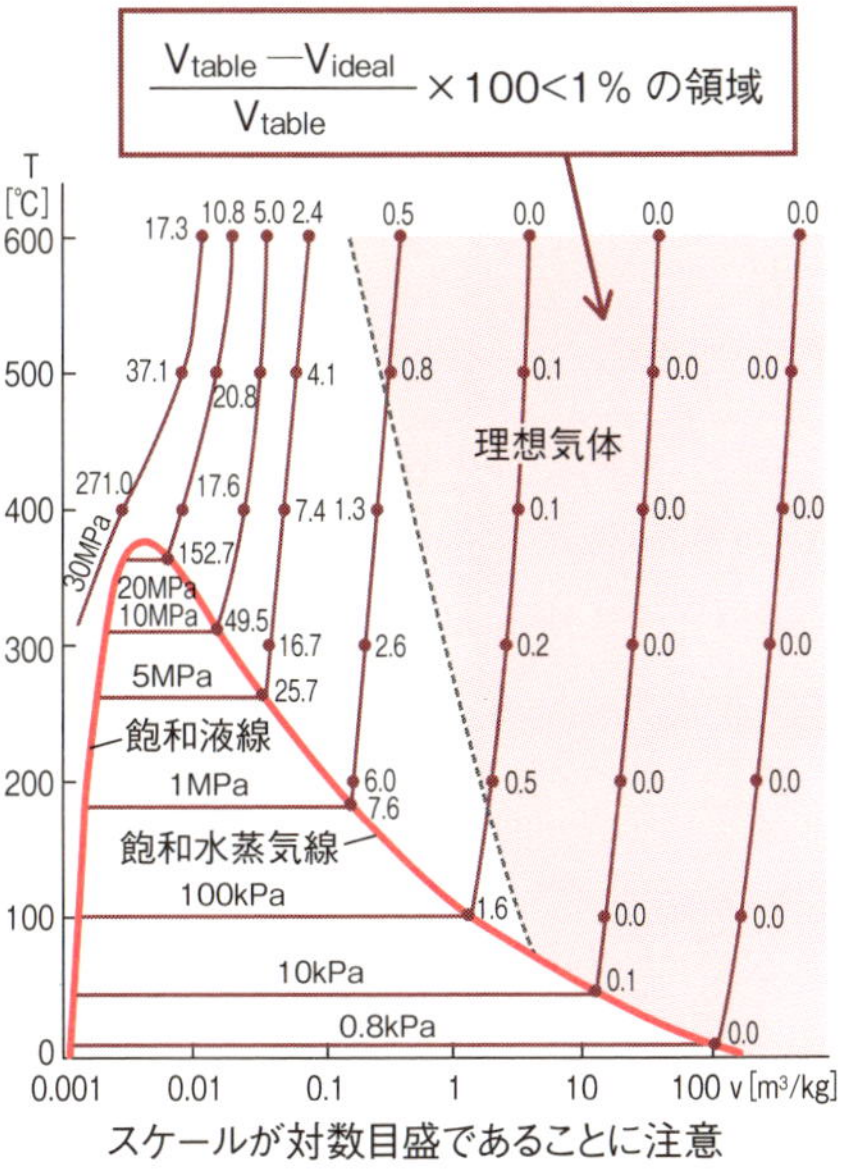

用語解説

理想気体（ideal gas）：完全気体（perfect gas）ともいう。現実には存在しない理想的な気体。

24 状態変化と有効仕事

力と移動量を大きくすると大きな仕事が得られる

工業的には仕事とは「力×移動量」で定義されるものです。ここでいう移動量とは力を与えられながら動いた距離をいいます。

腕立て伏せをすると体重を手で支える力が大きく必要ですが、動き量は手の長さですから数十㎝ですから大きな仕事にはなりません。しかし階段を上がるということは、同じ体重を受けながら階段を上るのですから大きな仕事になります。

このように力と移動量を大きくすることで、大きな仕事が得られるようになるわけです。このような大きな仕事を最初に行ったのがジェームス・ワットで、彼は蒸気機関で人間以上に大きな力を得る機械を作るという夢を実現させたのです。今では自動車、船、電車、飛行機と形は変っても仕事を行うための装置、すなわちエンジンをもっていますが、その起源は蒸気機関なのです。このことを蒸気プラントで利用する給水ポンプと空気圧縮機で考えてみます。水はちょっと押しても体積は変わりません。シリンダに水を詰めてピストンで押すと、すぐにその圧力は上昇するし伝搬します。ところが気体（水蒸気）では水と同じようにすると、ピストンの移動量は桁外れに大きくなります。水の圧力を上昇させる仕事は小さいが、気体（蒸気）の仕事は大きいということがわかります。

このように作動物体と仕事の方法を選ぶことで、取り出す仕事を効率的に行うことができるようになります。蒸気のもつエネルギーを有効に活用することが必要で、その指標になるのが「有効仕事」と呼ばれる「取り出すことのできる仕事の量」ということになります。そして有効仕事量の蒸気が与えられたエネルギーに対する比を「効率（熱効率）」と呼びます。理想的な熱サイクルは「カルノーサイクル」と呼ばれる熱サイクルです。左下図にそのサイクルを示しますが、右下図に示すとおり、温源TとT_0間での最大効率は$\eta = Qa / (Qa+Qo)$で示されます。

要点BOX

- ●仕事とは「力×移動量」で定義
- ●理想的な熱サイクルは「カルノーサイクル」
- ●水はちょっと押しても圧力は変わる

状態変化と有効仕事

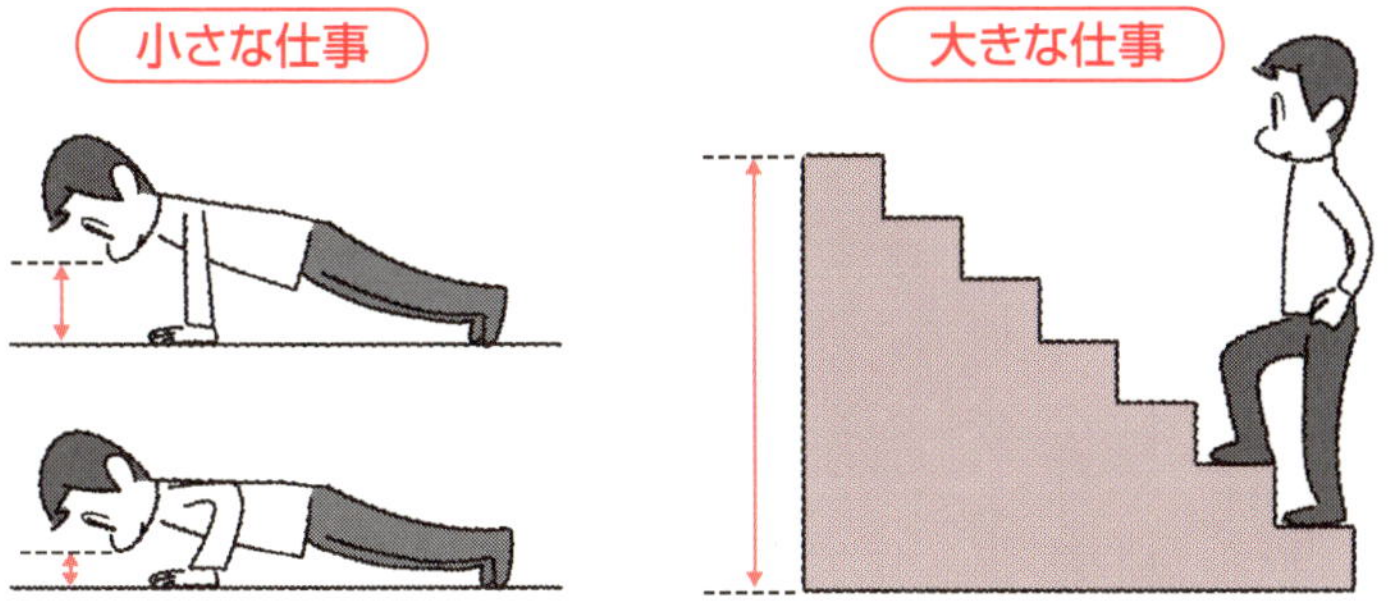

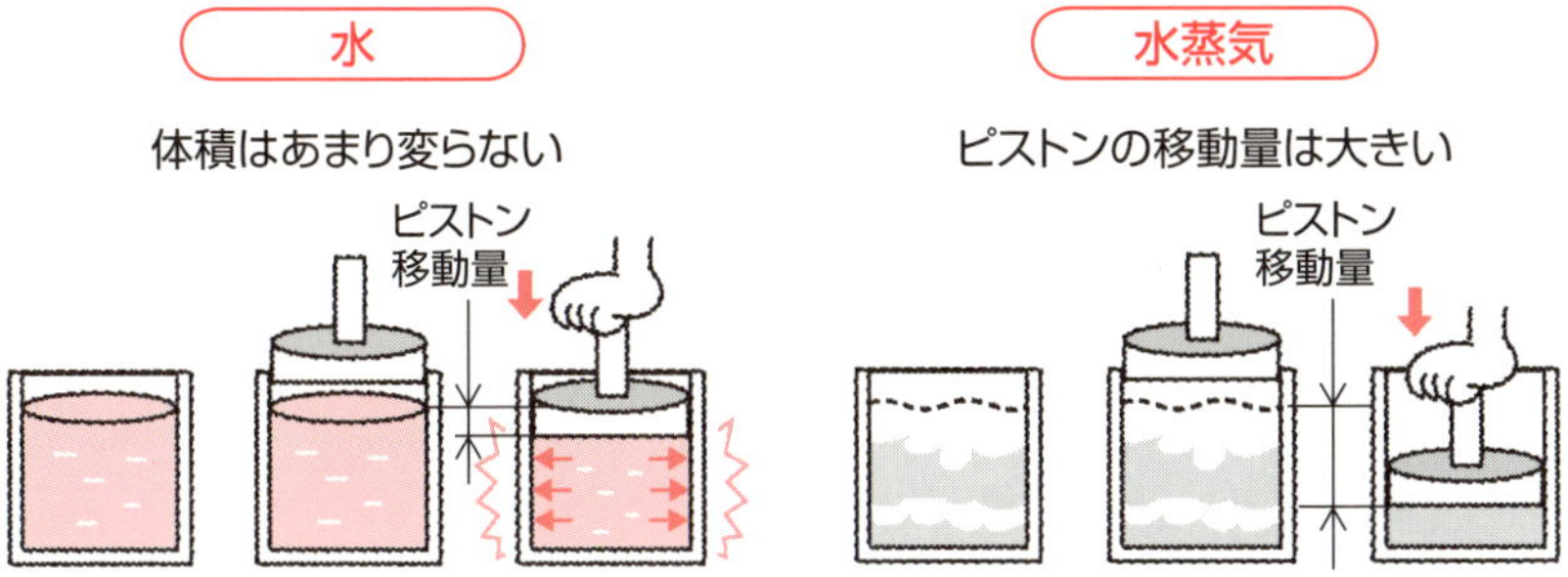

サイクル

熱サイクルは動力を発生したり動力をもらって作業を行う動作物体のくり返しである。

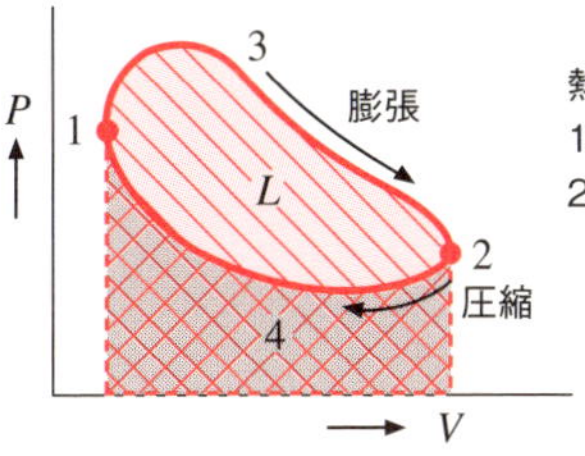

熱サイクルは膨張と圧縮のくり返し

1−3−2：膨張時に外部になす仕事

2−4−1：圧縮時に外部から受ける仕事

差 L：作動物質が外部になす仕事 L

カルノーサイクル

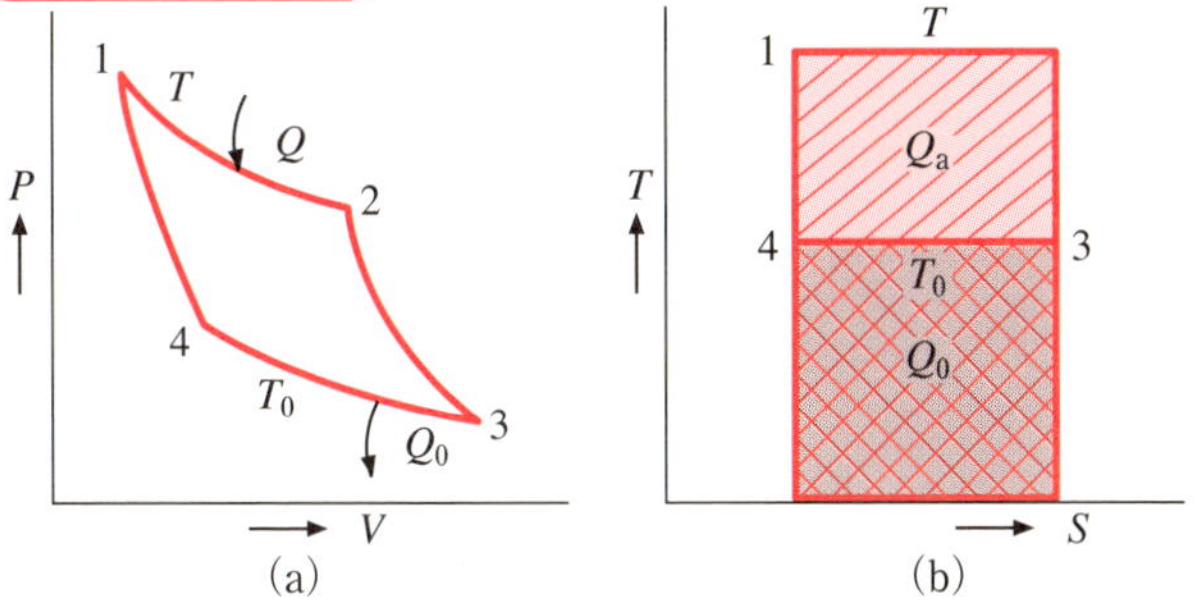

(a)　(b)

Q は外部から加えられた熱量

Q_0 は外部に取り去られた熱量

$Q_a = Q - Q_0$ は外部に与える仕事の熱量

用語解説

カルノーサイクル(Carnot cycle)：温度の異なる2つの熱源の間で動作する可逆熱サイクルの一種。

25 排気圧力を下げていくと効率は上がるが…

有効仕事である出力を増加させる大きな手法

24項で述べたとおり、蒸気サイクルの排気圧力を下げると効率が上がります。排気圧力は冷却水温度によって変化していきます。温度が零度になると氷になるので、水の成分が完全に凍ると圧力はなくなるはずですが、実際には「完全圧力ゼロ」にはなりません。工業的には圧力を下げるということは、有効仕事である出力を増加させる大きな手法で、蒸気を最初に使ったニューコメンの蒸気機関の欠点を、ジェームス・ワットが改良した着眼点です。

蒸気を用いた原動機では、普通は大気圧力より非常に低い圧力にします。左頁下の蒸気の*h-s*（エンタルピ・エントロピ）線図で見るとわかりますが、排気圧力を下げると非常に大きなエネルギーが得られます。しかし実際は機器の冷却装置に用いる冷却水温度と、各蒸気圧力の飽和温度の関係で使用できる限界が発生します。蒸気タービンプラントなどで使用されている、もっとも低い圧力は約38㎜Hg（絶対圧力：大気圧を基準にすると、約《マイナス》0・95大気圧）という高真空な状態です。この値は0・051気圧ですから非常に低い圧力です。これだけの低圧力までエネルギーを回収するのは、前述したように大きなエネルギーが得られるからなのですが、この値以下の、もっと低い圧力になぜしないかというと、大きな蒸気凝縮装置（復水器という）が必要となり、冷却水温度を下げなければならないからです。

前述の圧力0・05ataでも、まだその飽和温度は33℃くらいです。そうすると、その冷却に必要な物質の温度は、それ以下でなければなりません。普通は海の水や川の水を冷却水として用いていますから24〜27℃くらいが大半です。また復水器の効率を考えると、冷却水と蒸気の飽和温度の間には適切な温度差を取る必要があり、全体のコストなどを考慮して設計条件としています。蒸気の特性を十分理解して機器を設計することが大切さを教えてくれます。

要点BOX

- 0℃でも「完全圧力ゼロ」にはならない
- 排気圧力を下げると大きなエネルギーが得られる
- 大きな蒸気凝縮装置の必要性

ニューコメンの蒸気機関とワットの改良機関

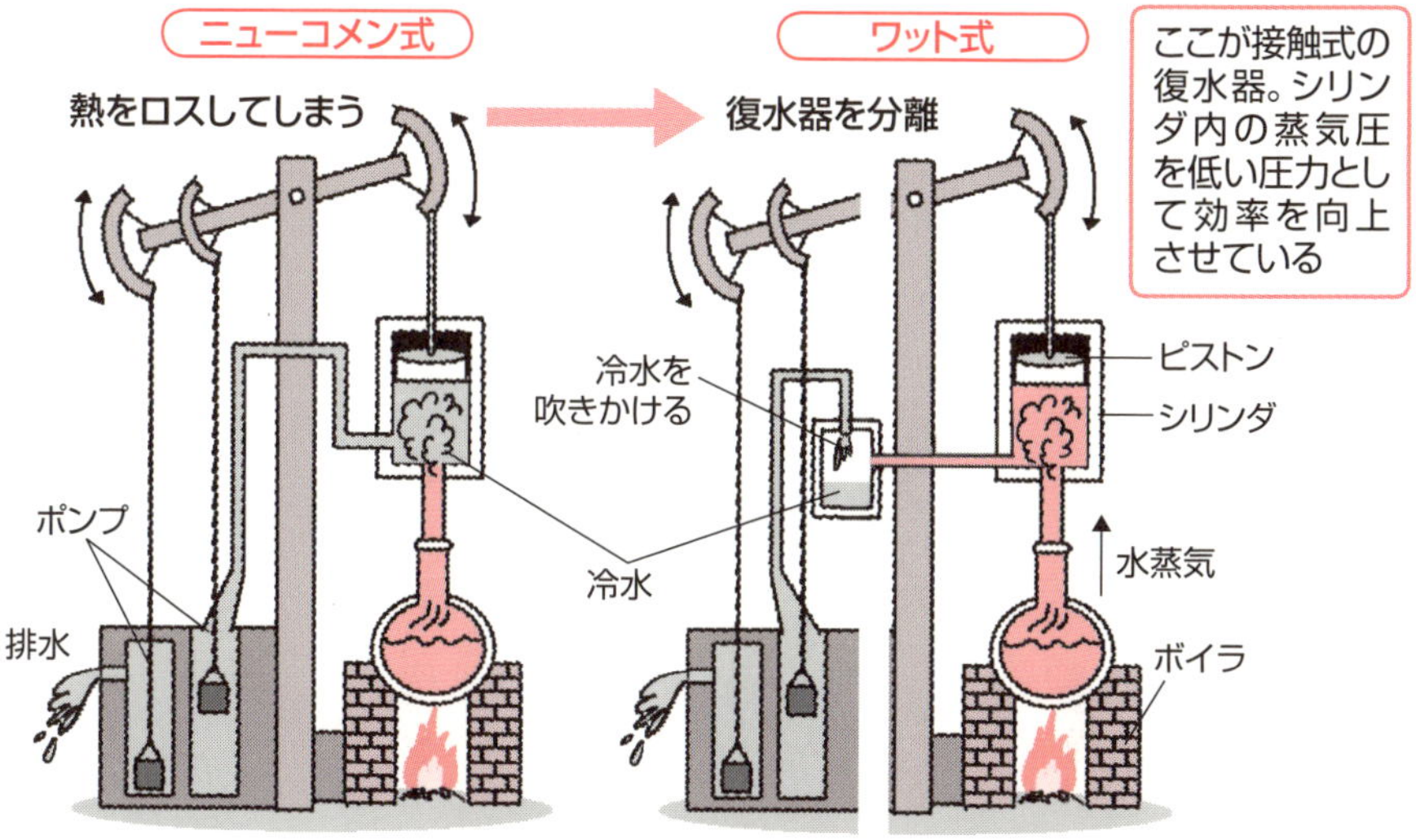

圧力を下げていくと

ランキンサイクルの効率向上
→蒸気機関の排圧を低く

復水器（表面復水器）
ほとんどがシェル&チューブ式
シェル側 タービン排気、チューブ側 冷却水

復水器（直接接触復水器）
冷却水とタービン排気をシェル内で混合させて凝縮させる。地熱発電所で多い。熱交換率も良い。

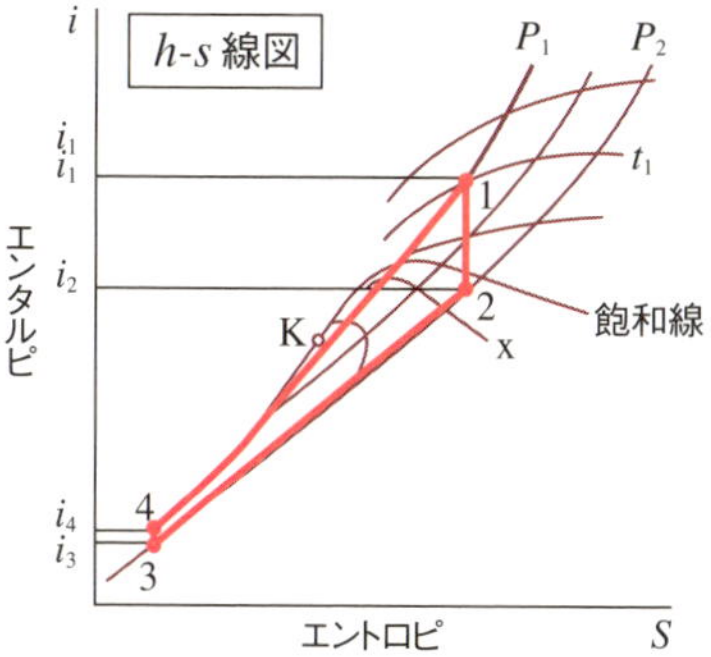

通常の復水器用冷却水温度（24℃前後：地域で異なる）

通常の復水器内圧力（0.005MPa）

大気圧力と飽和温度（沸騰温度）

圧力基準　水の飽和表

圧力（MPa）	温度（℃）
0.0010	6.983
0.0015	13.036
0.0020	17.513
0.0025	21.096
0.0030	**24.100**
0.005	**32.90**
0.01	45.83
0.02	60.09
0.03	69.12
0.04	75.89
0.05	81.35
0.07	89.96
0.10	99.63
0.101325	**100.00**
0.15	111.37
0.2	120.23
0.3	133.54
0.4	143.62
0.5	151.84
0.6	158.84

用語解説

トーマス・ニューコメン（Thomas Newcomen）：イギリスの発明家、企業家である。蒸気機関を改良し、鉱山の排水の用途で蒸気機関を商売として世界ではじめて成立させた（1664年～1729年）。

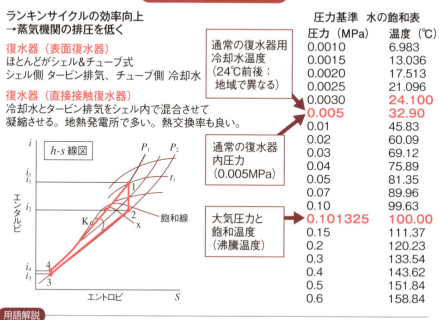

26 適切な蒸気選択とコスト

低圧力における蒸気

　本稿で述べている「低圧蒸気の意義」の意味は、発電所のような高温高圧蒸気や、排気の高真空の話ではなく、工場などで通常の温度よりは高い熱源としての需要があるときに使用されるものを意味しています。

　工場などでの加熱などでは、通常その特性から飽和蒸気が用いられますが、適切な蒸気選択とコストの観点から述べてみたいと思います。このような蒸気は、化学工学や食品工場など多くのところで使用されていますが、熱交換器や加熱温度の選択は、経済性を考えて最適化を考えることが必要です。その際には標準部品、コストの低い部品を使用して、最適なシステムを考えることが大切です。具体的に述べると配管に関する標準や、ボイラの選択といった点を考慮すべきです。

　工業的には配管圧力を基本に標準部品があります。ＪＩＳでは5K、10K、16K、20K、30K、40K、63Kの各圧力基準で標準があります。ここでKはkg/cm²gを意味していましたが、現在は圧力の表示単位が変わったので、直接それを示しているわけではありません。これらの圧力基準に温度を考慮して配管やフランジ、弁やボルトナットそれにパッキンなどを最適に選択することで、もっとも効率的な機器の選択が可能になります。低圧蒸気は導入実績がありますが、一方では経済的な選択を行うことが望まれます。

また、これ以上の高圧力の場合には、日本でも米国のＡＮＳＩ(American National Standard Industrial)やＡＰＩ(American Petroleum Institute)の規格が使われています。ＡＮＳＩではＡＮＳＩ９００、１５００、２５００でこれらの数値は９００、１５００、２５００psigの圧力を意味しています。これは単位換算すればわかりますが、それぞれ約63kg/cm²g、１０５・５kg/cm²g、１７５kg/cm²gになります。これらの米国規格を使用しているのは発電所、化学工場の高圧ボイラ、反応槽塔や蓄熱槽塔のようなところなので、一般の方の目に触れる機会は少ないと思います。

要点BOX

- ●工場などでの加熱は飽和蒸気が用いられる
- ●熱交換器選択は経済性を考えて最適化
- ●米国規格は馴染みがない

低圧力における蒸気

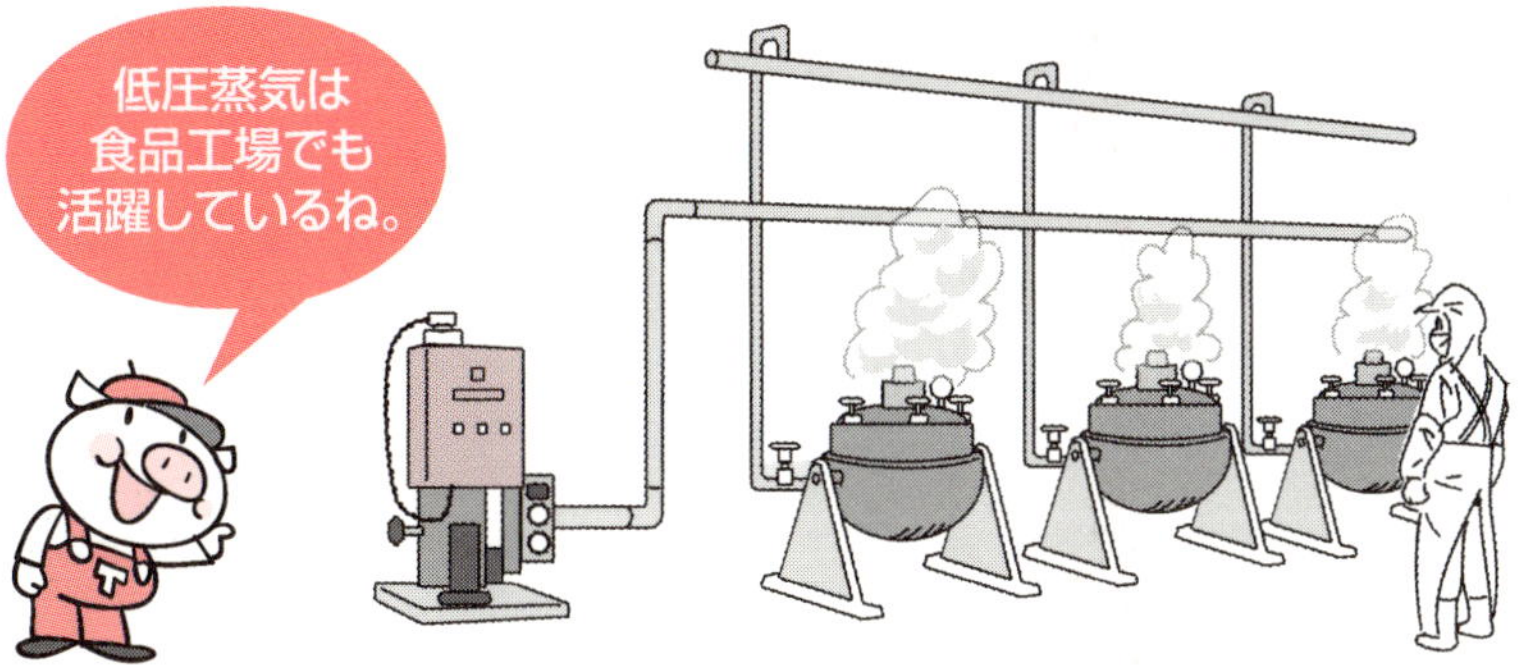

圧力基準　水の飽和表

	圧力（MPa）	温度（℃）
	0.05	81.35
	0.07	89.96
	0.10	99.63
大気圧と飽和温度（沸騰温度） →	**0.101325**	**100.00**
	0.15	111.37
	0.2	120.23
	0.3	133.54
	0.4	143.62
JIS B2220-2012 による最高使用圧力（推奨）5K →	**0.5**	**151.84**
	0.6	158.84
	0.8	170.41
同上 10K →	**1.0**	**179.88**
	1.2	187.96
	1.4	195.04
同上 16K →	**1.6**	**201.37**
	1.8	207.11
同上 20K →	**2.0**	**212.37**
	2.5	223.9
同上 30K →	**3.0**	**233.84**
	3.5	242.54
同上 40K →	4	250.33
	5	263.91
同上 63K ANSI 900 →	**6**	**275.55**
	7	285.79
	8	294.97
	9	303.31
ANSI 1500 →	10	310.96
同上 2500 →	17	

用語解説

ANSI（米国国家規格協会）：米国内における工業分野の標準化組織であり、公の合意形成のためにさまざまな規格開発を担っている。

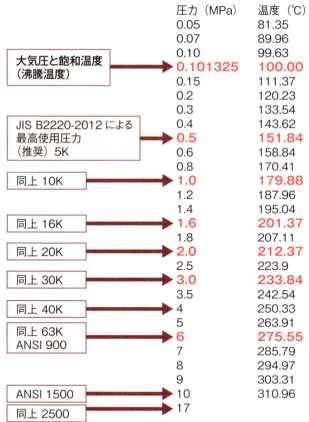

27 工場で蒸気を使用するときの注意点

蒸気は比較的安全

工場で使用される蒸気類にはいろいろなものがありますが、ここでは使用する際に注意する項目を主に述べていくこととします。

工場では温度を上げたり、冷やしたりという時に蒸気や水を使います。その大きな理由は、直接火を用いることがないので、比較的に安全であるということです。また水にしても蒸気にしても、比熱量が大きいため、比較的少ない量で大きな熱を伝達することができるので、機器をコンパクトに設計でき、スペース的にも経済的であることも理由の1つです。

工場で各種の温源として蒸気を用いる場合には、必要な温度に応じて配管やバルブそれに制御などを考慮して最適な圧力を選択して使用します。蒸気を用いる際の注意点は冷たい周囲に曝されると、冷却されて水になってしまうことです。たとえば起動時には配管や機器が冷却されたままなので少しずつ暖機を行い、温度を運転状態に近くなるまで温めることが必要です。その時に配管や機器の内部に水の溜まるところがないように事前に十分調査して設計する必要があります。

運転中も外部の冷気が触れたりすると蒸気の一部が水に換わるので、配管には傾斜を取ること、配管の最低部分には「ドレントラップ」という、水分が形成されたときに、それだけを取り除く水分除去機器を適正に取り付けておく必要があります。

飽和蒸気が種々の優れた特性をもっているので、100℃～200℃の加熱を行うために広く使用されています。それは以下の理由によるものです。

①潜熱加熱による高速かつ均一な加熱ができる。
②圧力と温度が一義的に決まるので、制御が容易。
③熱伝達率が高いから設備投資軽減が図れる。
④元が水なので安全で低コストである。ただし、放熱により蒸気自体が凝縮して水（ドレン）が発生するため、常に調整が必要です。

要点BOX
- ●蒸気は火を用いることがないので安全
- ●機器をコンパクトに設計できる
- ●スペース的にも経済的

熱膨張と蒸気洩れに注意

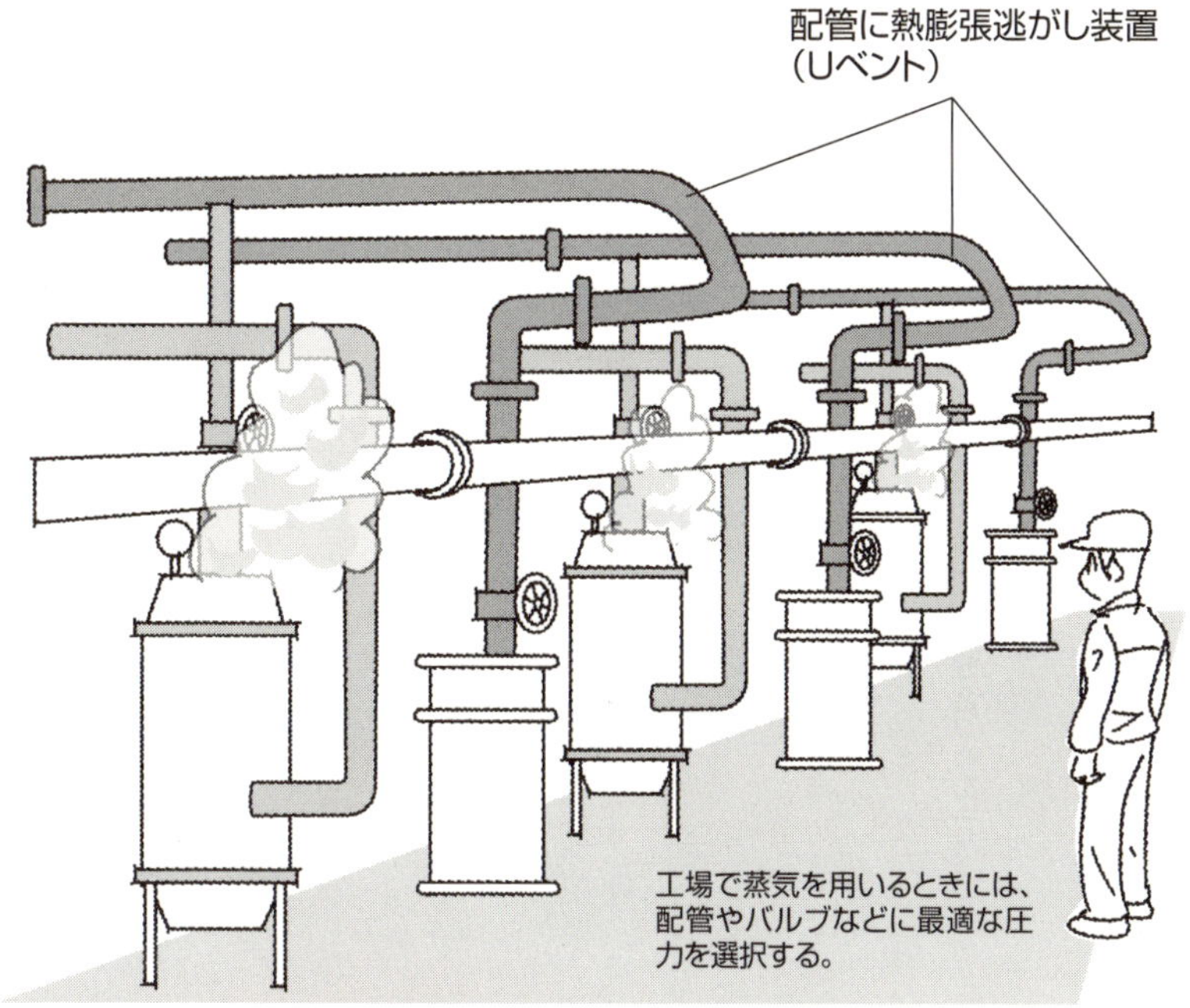

配管に熱膨張逃がし装置
（Uベント）
工場で蒸気を用いるときには、
配管やバルブなどに最適な圧
力を選択する。

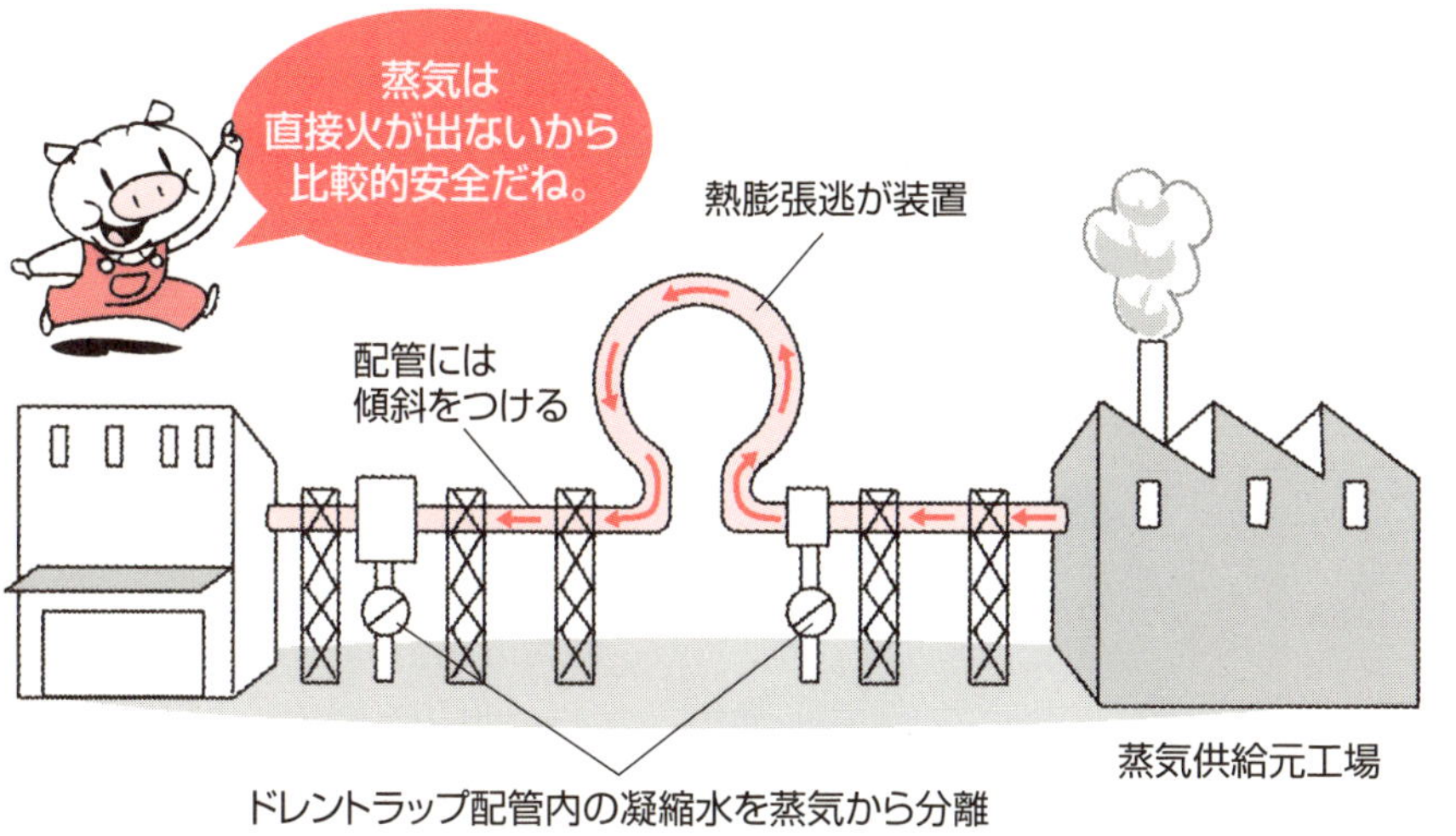

蒸気は
直接火が出ないから
比較的安全だね。
熱膨張逃が装置
配管には
傾斜をつける
蒸気供給元工場
ドレントラップ配管内の凝縮水を蒸気から分離

用語解説

ドレントラップ：水分除去機器。圧縮するときに発生したドレン（大気中にある水蒸気）などを溜め込み、水分のみを外へ排出する装置。

Column

蒸気爆発

火山が爆発した際によく聞く蒸気爆発。いったいどのようなことなのでしょうか。爆発とは言い換えると、変化が急激に起こるなかで、物質が急速に膨張して起こる現象ですが、蒸気爆発というのはどのようなことなのでしょうか。

火山など地下に熱源をもっているところでは、通常、地下の熱源はゆっくりと、しかし少しずつ活動しています。その時間的なレベルは長いものでは数百万年もあります。一番大きな動きでいえば大陸の移動といったレベルの非常に長いスパンでの移動もあります。しかし、一方でその安定した状態が突如として変化することもあります。一番至近な例が火山の噴火です。

他の自然現象もこのような変化の原因になります。たとえば雨が非常に多く降った場合に地中に水分が吸収されて保たれますが、ある一定のところ（限界または臨界）を超えると、その安定さが急激に無くなり崩壊が発生して山崩れが起こったりします。

このことと同様なことは地中でも起こっていると考えるべきでしょう。地中には水の溜まっているところ（地中池）があり、そこが周囲の高温源から熱を徐々に受けているときには少しずつお湯になり、隙間から高温の水（湯）が流れ出てくれる時には温泉となります。

ところが地中深くの熱源が急速に変動したり移動したりするときには周囲の温度が急速に変化します。岩が高温になれば、それは溶岩になって外に出てくることになるります。もしその周辺に地中池があれば、大きな熱が地中池に流れ込みます。すると地中池の水が蒸発します。水と蒸気の体積は簡単に考えると約1000倍くらい違いますから、水が蒸気になると地中池があった空洞の体積ではそれだけの大量の蒸気を蓄えることができなくなり、地殻を破って外に出ようとします。これが「水蒸気爆発」です。

第4章

蒸気の工学的応用

28 近代工業における蒸気の利用

蒸気エネルギーを活用するための機械の開発

近代工業の開始を「産業革命」と考えるのは常識的なことです。それまでは家内制手工業から工場制手工業が中心でしたが、大きく変わったのは燃料として石炭が使われだし、そのエネルギーを上手に活用するために多くの機械が発明されたからです。

昔の工業製品は鍛冶屋さん、板金屋さん、大工さんといった腕（技能）をもった人たちがその工業製品の中心でしたが、その際に用いられている道具のエネルギー源は人力であり、時には馬や牛の力を借りるものでした。自動車の代わりに馬車があり、臼（うす）を引くのにはロバ、そしてオランダでは風をそのエネルギー源としていました。

その工場制手工業を大きく転換したのは、ジェームス・ワットの蒸気機関の発明です。ワットの蒸気機関は往復式の蒸気機関で、いわば自動車のガソリンエンジンを蒸気で動かしているといったようなものです。この技術が広くいろいろなところに展開され、たとえば船の世界ではロバート・フルトンが蒸気機関を作り、スティーブンソンが蒸気機関車を開発しました。蒸気機関車は幾多の改良をされて、今でも私たちがイベントなどで目にすることができます。

この石炭の蒸気エネルギーへの変換とその活用は乗り物だけではなく、多くのところで使われるようになりました。今まで人力や馬や牛に頼っていた動力源が蒸気機関に変わったわけです。たとえば鍛冶屋さんのハンマーは蒸気式のプレス機械に、馬車は蒸気自動車から現在はガソリン自動車、ディーゼル自動車に、船は大きな動力を得られる蒸気機関が長く使われてきました。今では大型のディーゼルエンジンや蒸気を用いたタービンに代わっています。

しかし、その中で一番大きなものは電気をつくることができるようになったことでした。大型の発電機を蒸気の動力で回し電気をつくり、各工場や家庭に送るということができるようになりました。

要点BOX

- ●近代工業の開始は「産業革命」
- ●燃料として石炭が使われる
- ●最大の功績は電気をつくるようになったこと

近代工業における蒸気の利用

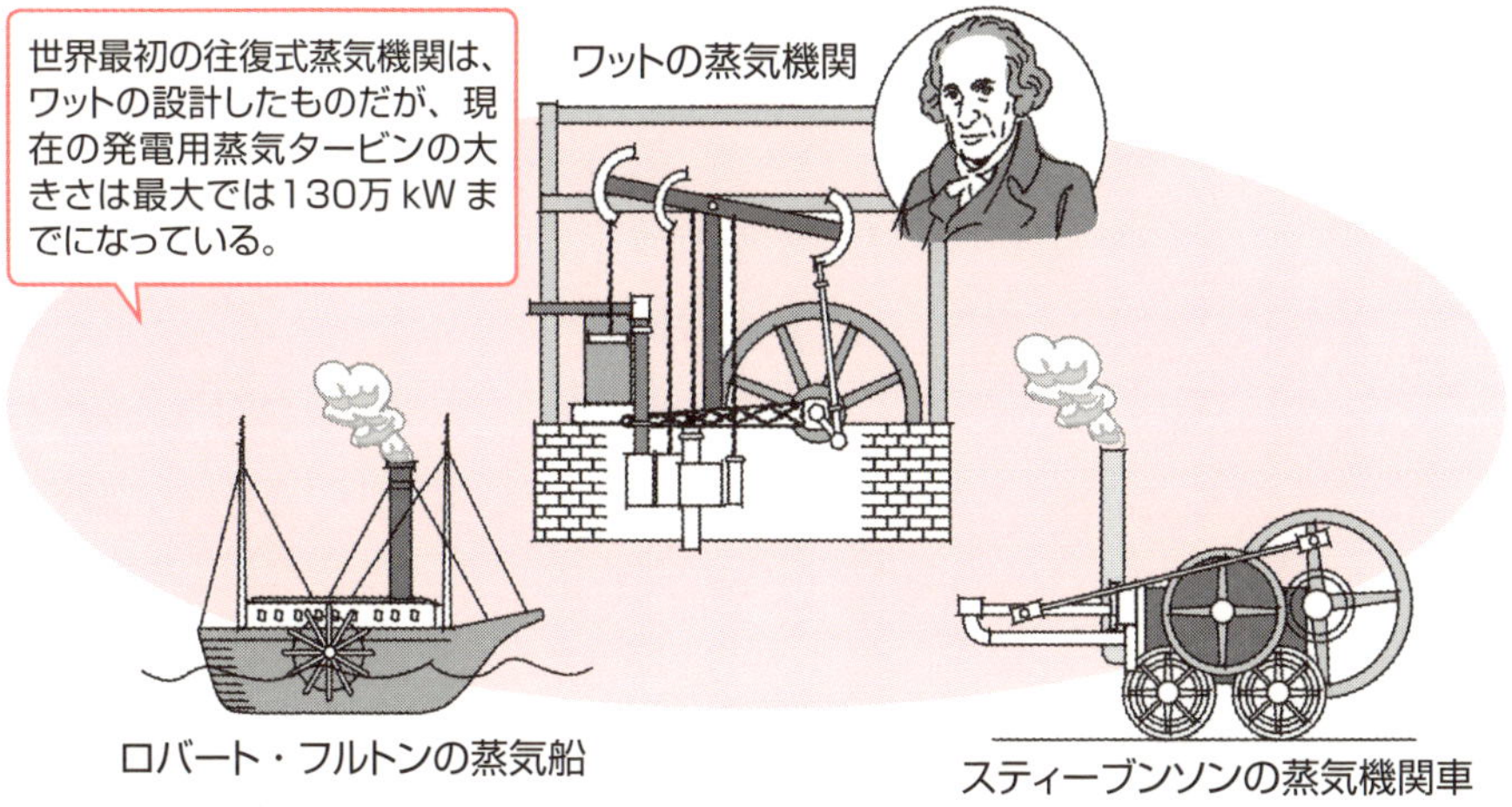

大型発電機で電気をつくる

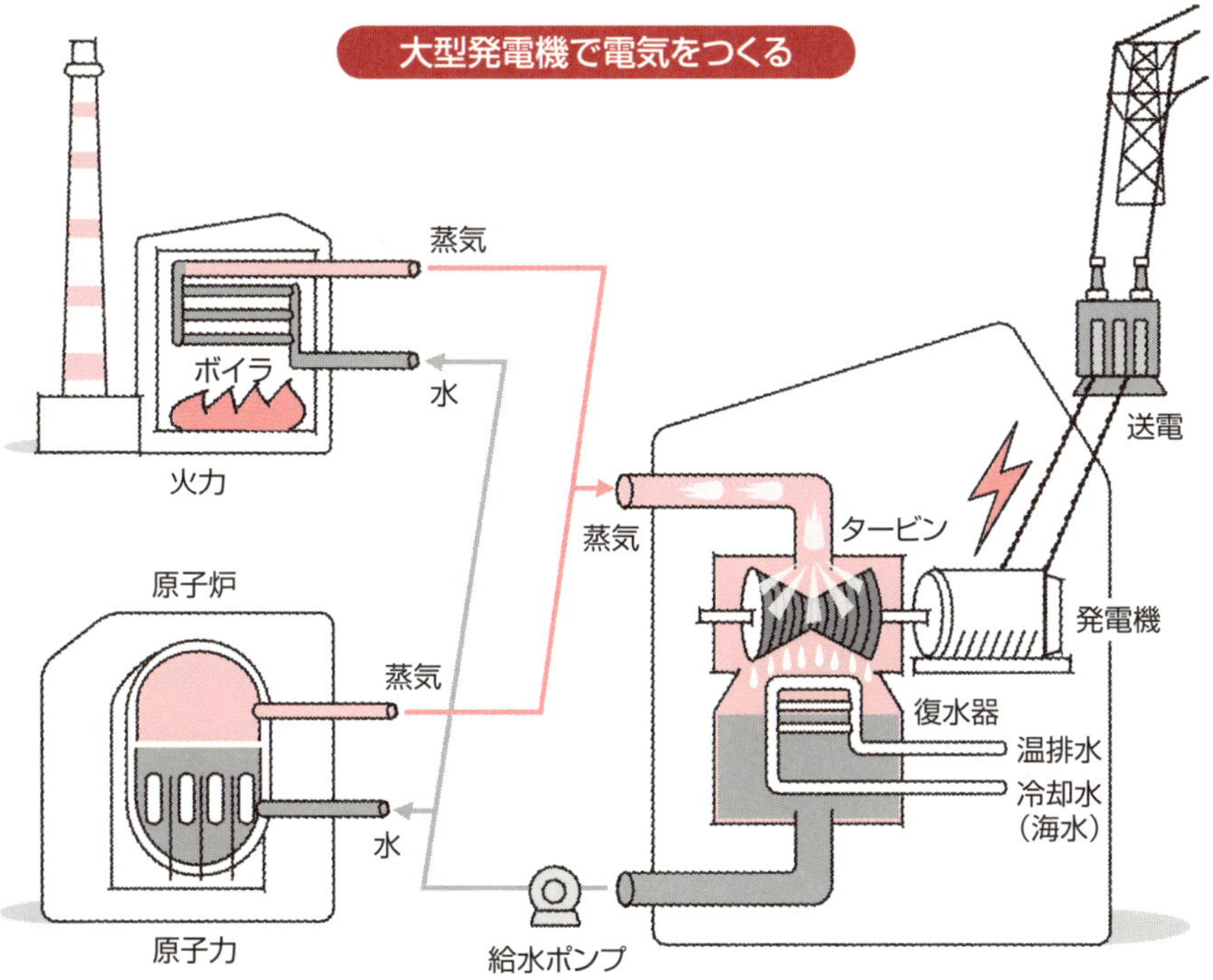

用語解説

ロバート・フルトン（Robert Fulton）：米国の技術者で発明家。ハドソン川で蒸気船の実験と実用化に成功し、世界初の潜水艦であるノーティラスを設計した（1765年～1815年）。

29 「ランキンサイクル」と熱機関

水と水蒸気の特性を活かしたサイクル

蒸気機関は往復式のものとタービン式の構造をもっているものがありますが、今ではタービン式のものがほとんどです。

エネルギー源から動力を取り出し、使いやすいものに換えるということから、今日では大きく分けて電気にするか、自動車や船舶のように独立した動力として使うかという違いはあります。独立して使う機械では、早くからガソリンやディーゼル機関が用いられてきました。

一方、蒸気を用いる機械はタービンが唯一残っています。これは高効率で大出力の機関がガソリンやディーゼル機関では作れないからです。ディーゼル機関でも、10万馬力（約7万3500kW）くらいですが、発電用蒸気タービンの最大機は130万kWです。つまり今日でも、大型発電所では蒸気機関（蒸気タービン）が広く使われているのです。そうなると蒸気タービンプラントの効率をどのようによくしていくかが大きな課題になります。

蒸気タービンプラントは、ボイラで燃料を焚いて蒸気を発生させ、それをタービンに導入することで出力を得る装置ですから、高効率なシステムを得るためにどのようにすればよいかが課題です。エネルギー源からのエネルギー回収を蒸気を用いて行う「蒸気工学」や「動力工学」といった学問はそれらを系統的に研究しているものです。

上図に示すように、蒸気プラントは、水①を給水ポンプで加圧し、それを②ボイラで熱して蒸気に換え、③その蒸気を蒸気機関に導入して仕事を行い（発電が一番多い）、④その蒸気を復水器で凝縮させて回収し、その水を再び加圧してボイラに送るという一巡する作業で、そのために蒸気サイクルまたは「ランキンサイクル」と呼ばれています。理想的サイクルは「カルノーサイクル」ですが、それと比較するとランキンサイクルは水と水蒸気の特性を考慮したサイクルです。

要点BOX

- ●蒸気機関は往復式のものとタービン式のものが使われてした
- ●今ではタービン式のものがほとんど

蒸気動力サイクル（ランキンサイクル）

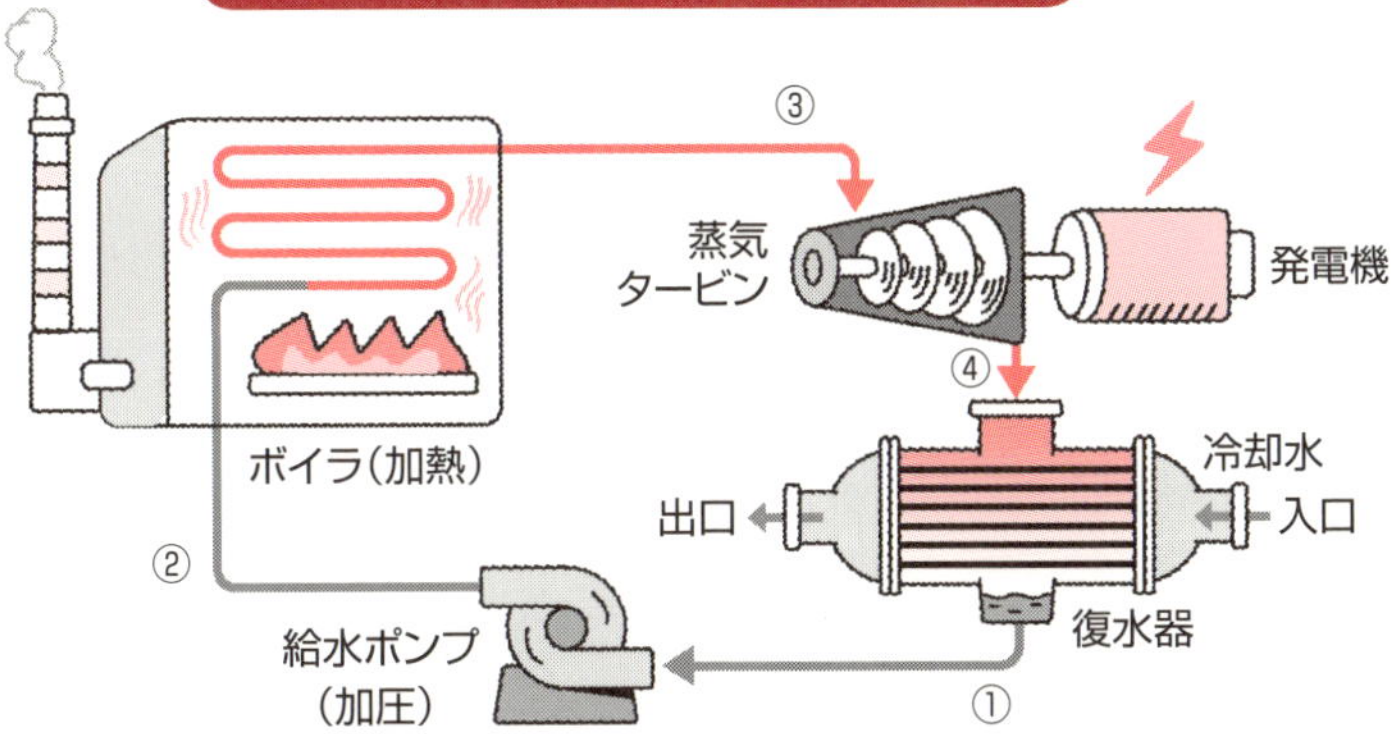

単純ランキンサイクルのT-S線図

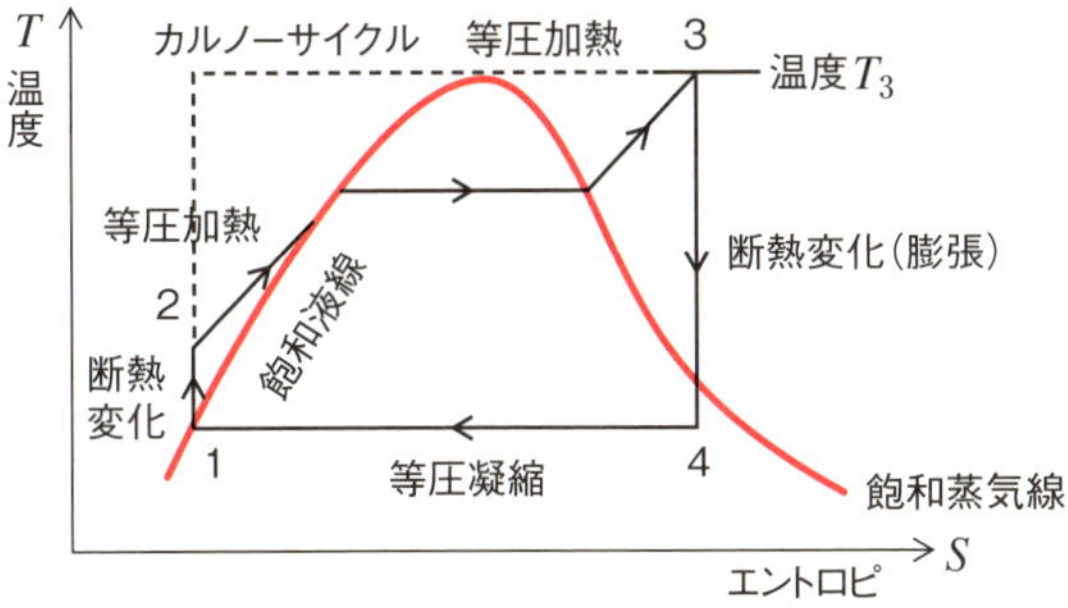

ランキンサイクルの*hs*線図

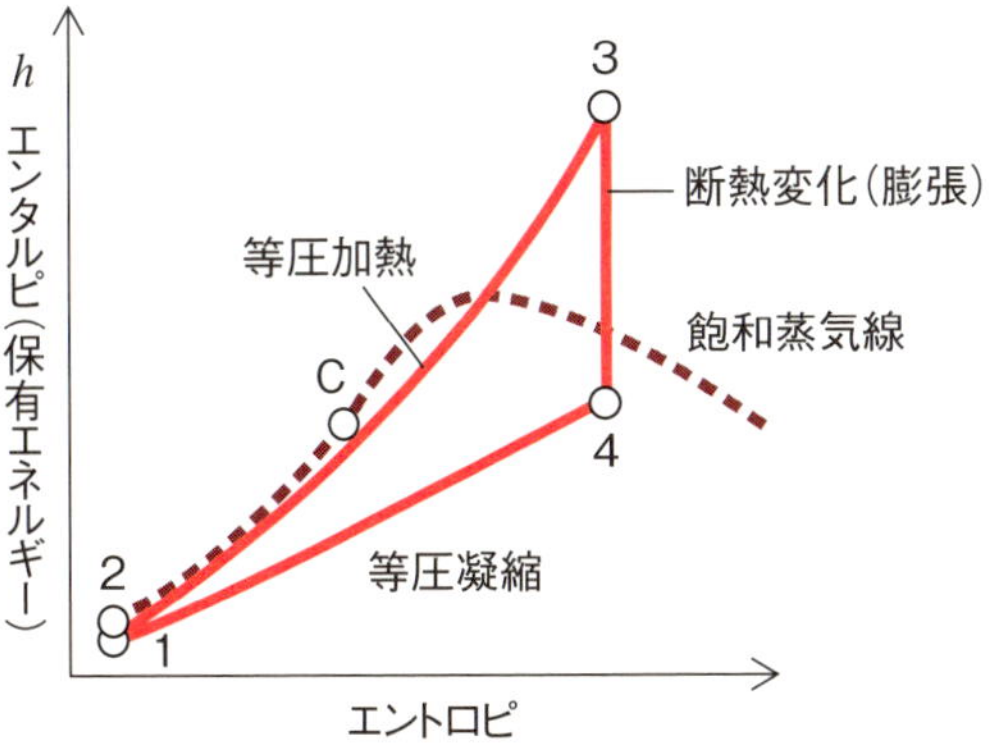

各種の線図にその動きを示したが、特徴は線図の中に常に飽和蒸気線があることで、これが蒸気サイクルの特徴。単純な気体や液体のサイクルと大きく異なっているのがこの点だが、一方でこの液体に変化することが取り扱いを簡単にしている。

用語解説

カルノーサイクル：熱機関の中でもっとも効率の良いエンジン。フランスの物理学者ニコラ・レオナール・サディ・カルノーによって考案されたため「カルノーサイクル」と呼ばれている。

30 ランキンサイクルの問題点

蒸気エネルギーを使い切ることができない

29項で説明したランキンサイクルは、高温高圧の蒸気をタービンに流して仕事を行いますが、その中で徐々に圧力と温度を下げることによりエネルギーの回収を図っています。

こういう説明を聞くと、入り口の蒸気条件である圧力と温度を上げ、排気側の圧力をどこまでも下げることで効率の改善が可能と思われますが、各種の線図を見ればわかるとおり、圧力上昇が大きく効率改善に結びつかないことがあります。

温度を上げていけばエネルギーが上昇しますが、実際の機器では高温に耐えることのできる材料に限界があります。したがって機械設計と材料選択の経済性から、入口蒸気条件を決めています。

次に排気圧力の問題です。

排気の圧力選択に関しての限界は、その蒸気の飽和温度で決まります。冷却用の物質が容易に得られるかということです。発電所の熱効率はせいぜい50％程度ですから、出力されるエネルギーと同量のエネルギーが、冷却水に捨てられていることになります。したがって非常に多量の冷却媒体（通常は海水や河川水）が必要になり、おのずと限界があります。加えて機械が大型化して経済的ではなくなるということがあります。

また運転領域が気水混合状態での運転になり、高回転で回るタービンのような場合には、湿り蒸気の水分が機械に当たり、コロージョンを発生させ、機械の寿命を縮めるということになります。

ランキンサイクルは最終的に蒸気を復水器で凝縮させて水に戻し、ポンプで圧縮し効率を上げていますが、一方で蒸気のもっているエネルギーを最後まで使い切ることができません。このために、蒸気タービンでも往復式蒸気機関でも、効率の改善をこれ以上革新的に改良できないということになります。これがランキンサイクルの最大の欠点です。

要点BOX

- 圧力を上げると臨界圧力を超え、圧力上昇が効率改善に結びつかない
- 高温に耐えることのできる材料に限界があ

蒸気サイクル（ランキンサイクル）の問題点

入り口蒸気条件の問題

- 圧力を上げても上昇の割にエネルギーが大きくならない。
- 温度を上げるとエネルギーが増えるが材料が耐えられない。不経済である。

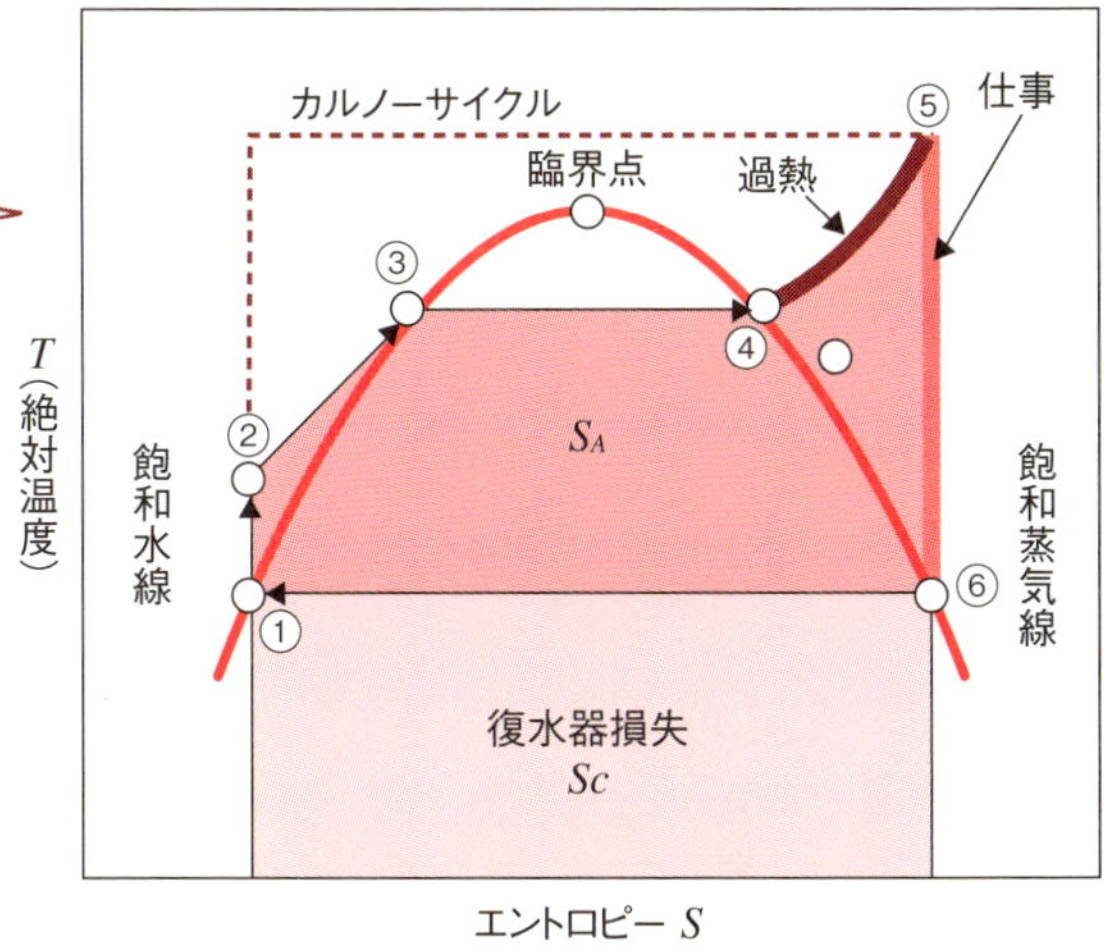

排気圧力の問題

- 排気圧力の限界は蒸気の飽和温度に影響される。
- 海や川の水を使用するから温度が決まる。
- 圧力が下がり大きな比容積で機械が大型化して経済的ではなくなる。
- 圧力が下がると湿り蒸気の水分量が増え蒸気の水分でコロージョンを発生させる。
- ランキンサイクルは最終的な排気蒸気を復水器で凝縮させて水に戻し、ポンプで圧縮するが、冷却水にもって行かれる熱量が非常に大きい。

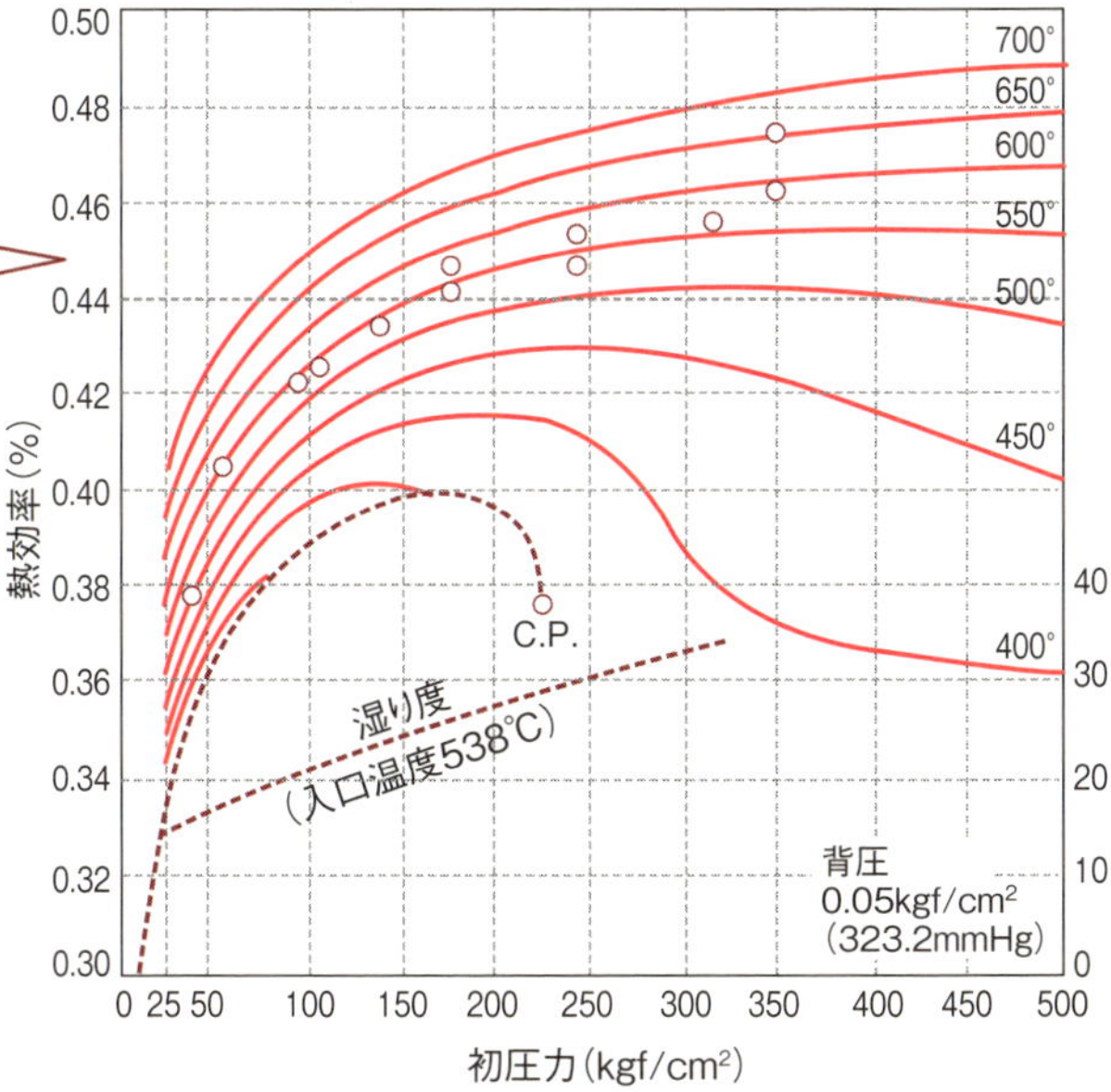

用語解説

コロージョン：流体が機械表面に当たり、キズをつくること。化学的なキズをつくることはエロージョンという。

31 ランキンサイクルの欠点を解決する「再生サイクル」

もっともバランスのよい効率的な方法

30項のランキンサイクルの欠点を解決しようと考えられているのが「再生サイクル」と呼ばれる方法です。

ランキンサイクルの基本的な蒸気の流れを見ているとわかるとおり、ボイラにはできるだけ温度の高い水を供給して燃料の量を減らし、タービンからはその排気を少なくして冷却水に捨てられるエネルギーを減らすことで効率改善につなげ、もっともバランスのよい効率的な方法の1つと考えられているのが「再生サイクル」と呼ばれる方法です。

具体的には、タービンの中を流れる蒸気の一部を途中から抜き取り（この蒸気タービンの途中から抜かれる蒸気を「抽気」といいます）、その蒸気を用いて復水器で凝縮された水（「復水」）を温めてやることで、排気に流れる蒸気量を減らすとともに、復水の温度を上昇させるという方法が再生サイクルです。

再生サイクルでは、入り口の蒸気量が増え、比容積の小さな蒸気量が増えることで、小さくなりすぎる機器を大きく作りやすくすることができるとともに、各部の隙間を小さくすることができて機器の効率改善につながります。

さらに、比容積が大きくなる圧力の低いところの蒸気流量を減らすことができるため、機械としてバランスのよい設計や製造が可能になります。

実際の蒸気プラントではこの給水加熱器を1つではなく、数個設置することで効率改善を図っています。大きなプラントでは6個から8個くらいの給水加熱器をもっています。また低圧の蒸気を復水した時に水の圧力は当然低いのですが、ボイラへの水を供給するために、圧力を上げるための給水ポンプが設置されています。

この給水ポンプ以降の水や蒸気は高圧になります。したがって圧力の高い方に設置する加熱器を「高圧加熱器」、それ以前の加熱器を「低圧加熱器」と呼んでいます。

要点BOX

- ●もっともバランスのよい効率的な方法
- ●バランスのよい機械設計や製造が可能
- ●給水加熱器は数個設置される

再生サイクル・蒸気サイクルの性能改善1

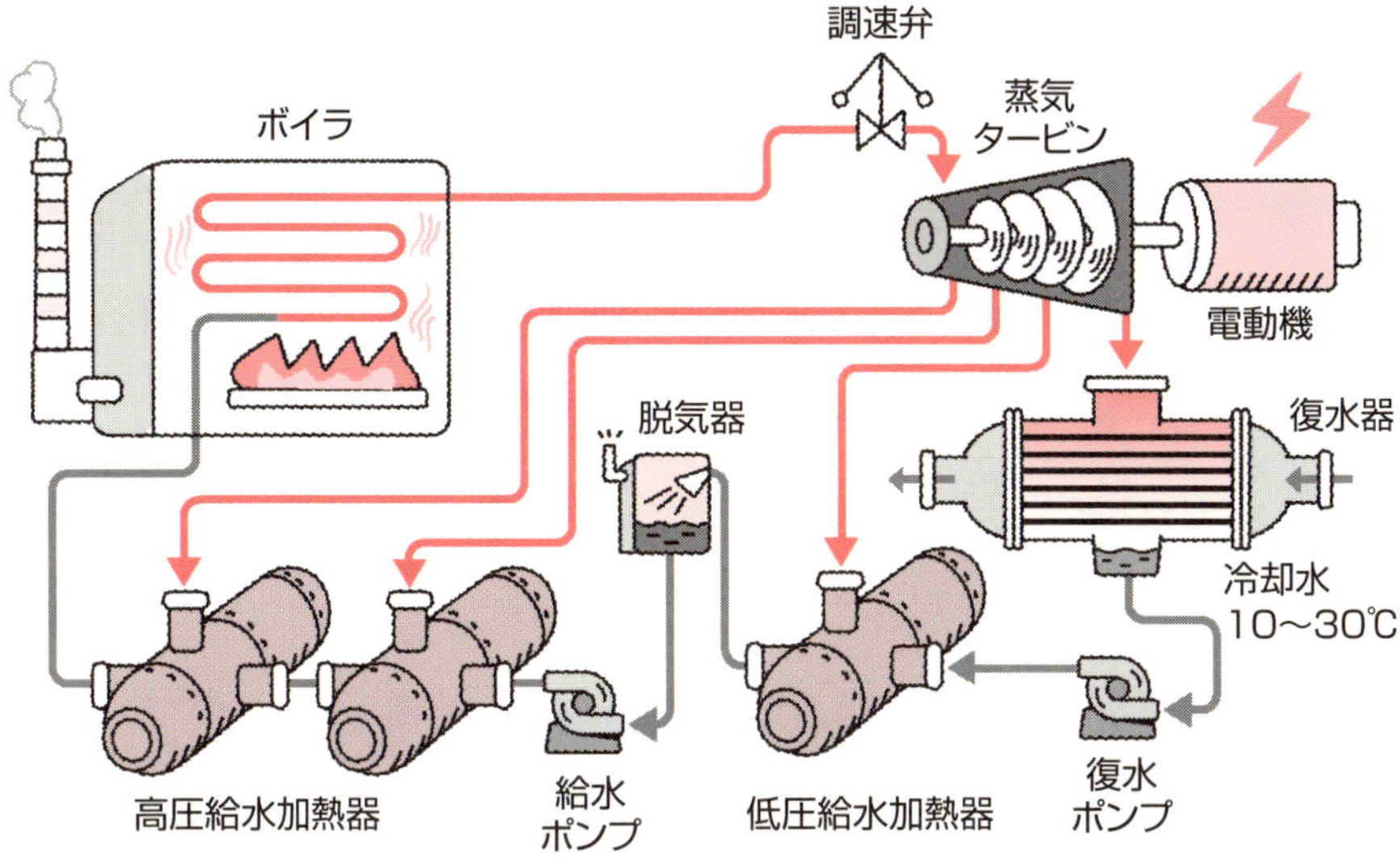

再生サイクル の熱効率と段数

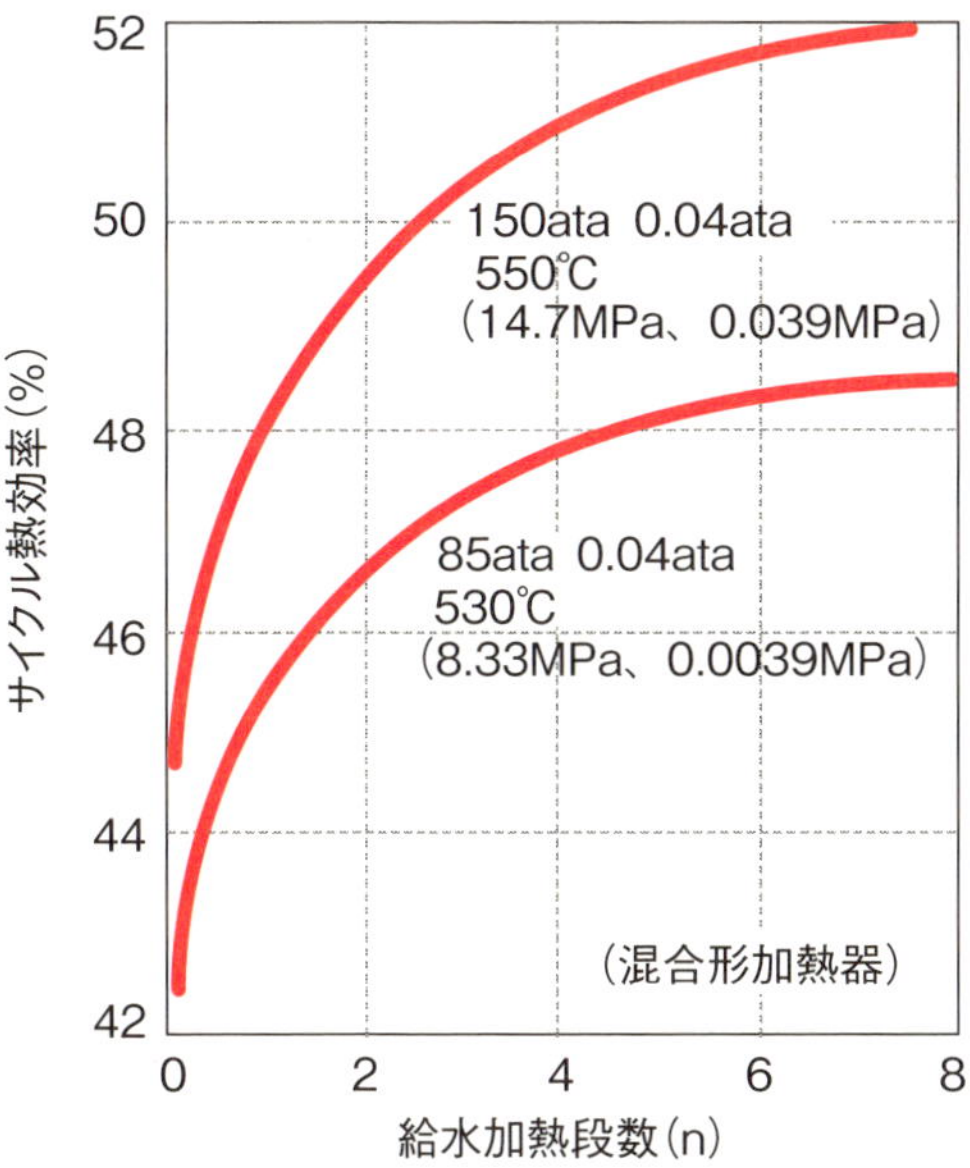

通常は水分の中に不凝縮性のガス、特に酸素が含まれているとボイラ内でボイラ材料と反応して酸化を起こし、故障の原因になるので「脱気器」と称する水の中の溶存酸素を抜き出す装置が付けられており、給水ポンプはこの脱気された水を圧縮するようになっている。

用語解説

脱気器：水の中の溶存酸素を抜き出す装置。

32 もう1つの効率改善方法「再熱サイクル」

大型火力発電所などで用いられている

ランキンサイクルのもう1つの効率改善方法は再熱させることです。ランキンサイクルの性能検討のためにh-s線図を見ていると、蒸気タービン内での膨張したものが仕事となって出力されることはわりますが、そのまま一直線に膨張させると、すべてが最後まで排気になっています。

そこで考えられたのが、蒸気をボイラから取り出し、タービン内で仕事をさせ、もう一度蒸気をボイラに戻して温度を上げ、その熱エネルギーを回収することで効率改善が可能になるサイクル「再熱サイクル」です。

この方法はボイラからタービンに流れていった蒸気を再びボイラに送り返し、再加熱してタービンに送るという複雑な系になりますが、効率改善が図れることから大型火力発電所などでは一般的に用いられています。

もちろんこのサイクルを成立させるためには複雑な配管、再加熱なしの時と再加熱時の蒸気の流れをいかに設計するか、いかにそれを円滑に運転するかということで蒸気制御弁も必要になります。また機器が緊急停止時を行う場合には蒸気タービン、ボイラといった主要機器を素早く安全に停止するためのいろいろな装置が必要になります。したがって、これらの設備に対する投資が必要なので、中小型タービンプラントでは採用されることは多くありません。

実際の再熱プラントはこの再熱だけということはなく、前述の再生システムを装備して「再熱再生プラント」としてサイクル効率（熱効率）を向上させるということを行っています。また再熱サイクルは通常は1回ですが、大きな出力のプラントでは2回以上の再熱が行われる例もあります。

再熱プラントは入口での高温高熱蒸気に加えて、途中の段落に再加熱された蒸気が流れてきますから、いろいろな場所で高温にさらされる可能性があるので、蒸気タービンやボイラでは温度の急速な変化に対応するための方策を講じておく必要があります。

要点BOX

- トータル熱効率の改善を行う
- 中小型タービンプラントでは採用されない
- 大出力のプラントでは2回以上の再熱が行われる

再熱再生サイクル

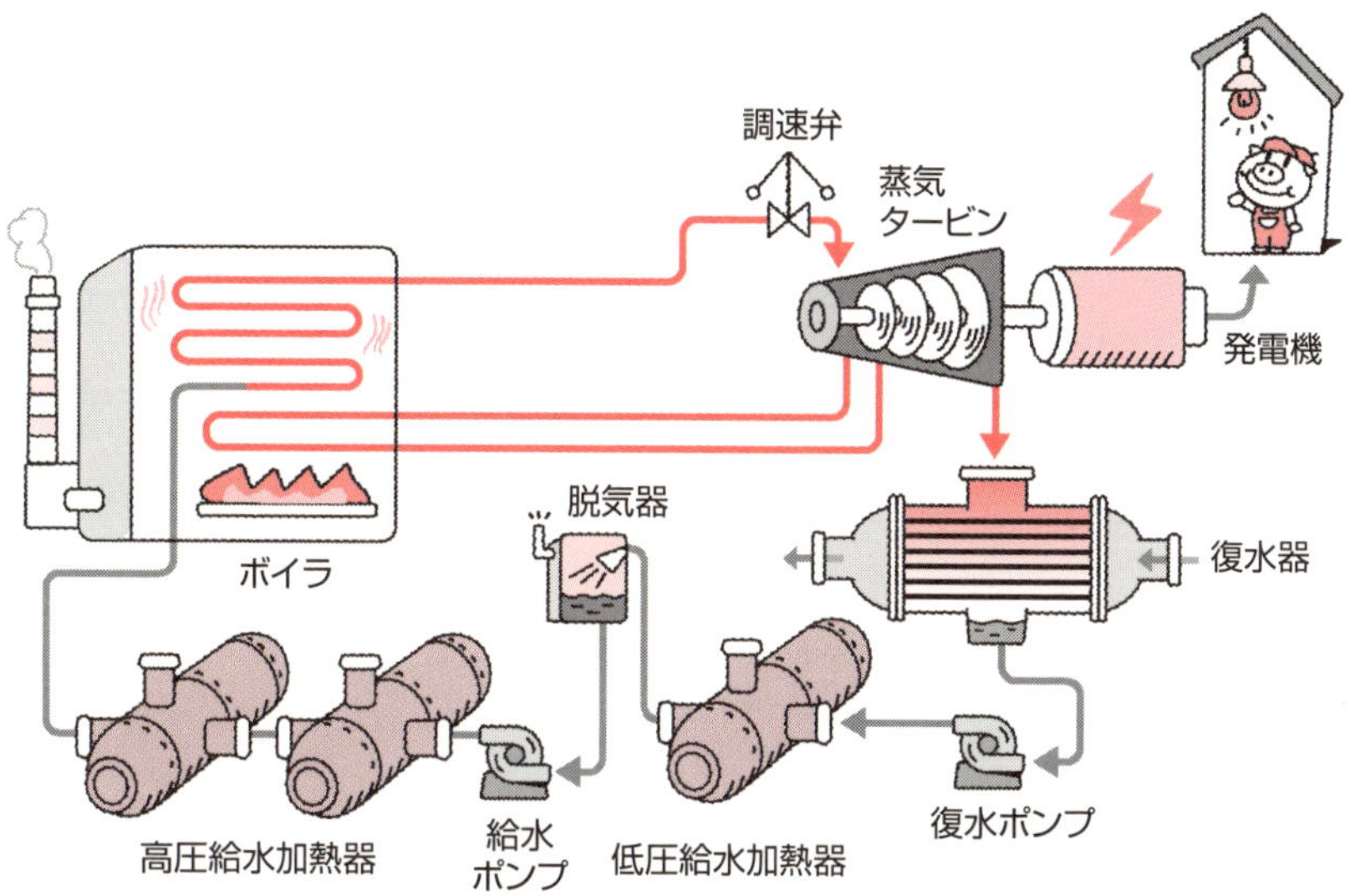

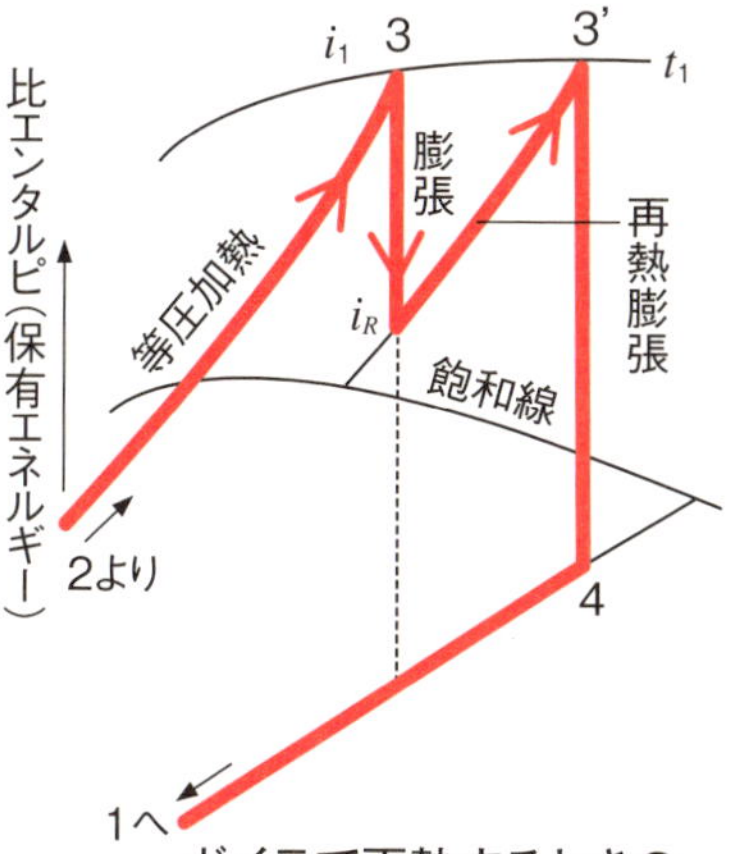

ボイラで再熱するときの保有エネルギーの変化

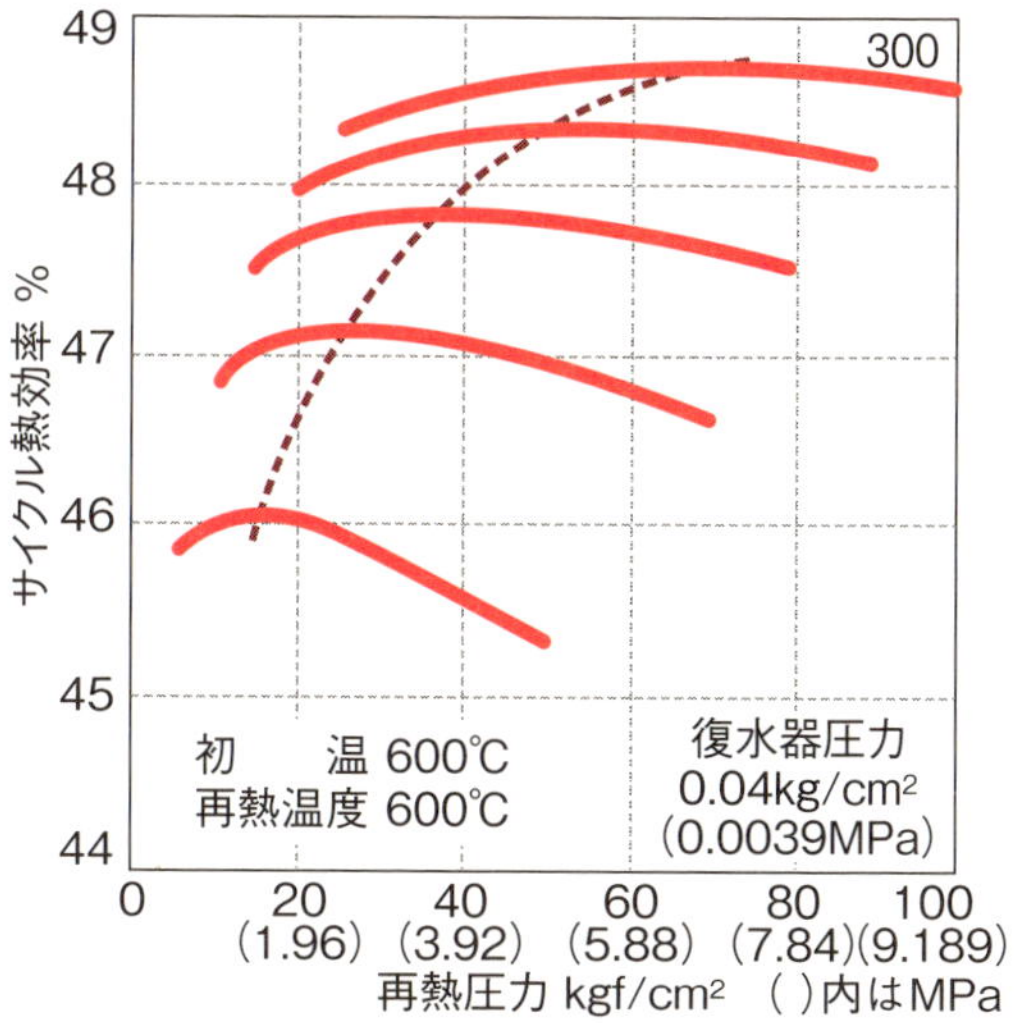

再熱圧力温度選択時の熱効率

用語解説

再熱再生サイクル：再熱サイクルと再生サイクルの双方の利点を利用したもの。現在の火力発電では、ほとんどこの再熱再生サイクルが導入されている。

Column

蒸気アイロンや蒸気クリーナ

一般家庭での蒸気の利用という点では、料理における蒸し料理と双璧なのがアイロンであると思います。アイロンは単純にいえば温度を上げてやることで繊維が少し歪んでいる状態を動きやすくし、その圧力で繊維の流れを整列させて布の表面を平らにすることです。

アイロンをかける際に布や洋服をより簡単に平らにするために、多くの人が水を入れた霧吹きで布の表面を濡らし、その後にアイロンをあてることで平面が整った布や洋服が完成するわけです。今ではアイロンの本体に水だまりを設け、そこに水を注入して、アイロンの熱で蒸気を与えながらアイロンをかける蒸気アイロンが広く使われています。これは蒸気を布に与えること、つまり湿気をもたせて繊維の表面や内部を緩め、その後に熱でそれらの蒸気を吹き飛ばしながら繊維の表面（布や洋服）に急激に熱を加え、繊維を整列させることで平面を得ようとするものです。今では昔風のアイロンばかりではなく衣紋掛けの服にもアイロンがかけられるような種類のものもあるようです。

同様のものにスチームクリーナ（蒸気クリーナ）と呼ばれるものがあり、高圧水を高温に加熱して汚れを落としたり洗浄したりするものです。汚れには通常の塵や埃のほかに、油性のものがあるところに付いたものがありますが、それらを高温高圧の蒸気もしくは温水で洗い流そうとするもので、けっこう効率がよくきれいになります。ただしこの効果は、温度が高くなることから脂分の流動性が上がり、そこに高圧であることで吹き飛ばされやすくなる効果だと思われます。温度を上げることで、その効果は高くなると思われますが、温度が高いのでやけどなどに注意してください。

第5章

蒸気をつくる

33 蒸気は簡単につくれる

水を火で加熱すればよい

蒸気をつくるということは、単純に水を火（正確には高温物質）で加熱することです。一番簡単に蒸気を発生させる方法は、やかんに水を入れ、それをガスコンロにかけて火を点ければよいのです。その状態で長い間置いておくと、水が全量蒸気に換わります。ただ、このままでは火事になりますから、普通は水が沸騰したらすぐにガスを止めます。

この時は大気圧の中での加熱ですから、温度は100℃で、全部の水がなくなるまで同じ温度に保たれています。

工業用で特に蒸気プラントにおいては、お湯を沸かし蒸気を発生させるのはボイラです。ボイラは「スチームボイラ」という呼び方もありますし、「蒸気発生器」ともいわれます。工場や使用先などで呼び方が違うこともあります。

通常の蒸気ボイラは効率を考えて、水の温度を温める「水循環配管部分」と、水と蒸気を分離させる「気水分離器」、飽和蒸気を過熱蒸気にする「過熱器」があります。また32項の再熱サイクルでは、「再熱器」と呼ばれる部分があります。燃料は通常は石炭、石油、天然ガスがあり、原子力発電所では核燃料が使われています。

これらの燃料のうち、核燃料以外は燃焼させると排気ガス、つまり煙が発生します。燃焼ガスの通る通路を「煙道」といいます。高温の燃焼ガスはできるだけ高温の蒸気を温め、温度が下がってきた燃焼ガスは、なるべく低温の水や蒸気を熱することで効率の向上を図っています。

歴史的にみると、ボイラを製造することは温度と圧力が上がるため、あちこちで事故が頻発していたようです。

このため最初は地面に穴を掘ったり、周囲を土で蓋ったりということでボイラを実現しようとしましたが、成功しなかったようです。

要点BOX

- 水を沸騰させれば蒸気が出る
- ボイラは水に熱を加えて蒸気を発生させる装置
- 昔はボイラ事故が頻発していた

昔のボイラ

英国科学博物館のエネルギーホール入り口。後ろはレンガ造りのボイラ

初期のボイラは地中に穴を掘ったり土手を固めてその中で火を燃やすということが多くあったが、爆発で事故が多く実際には採用されなかった。

英国科学博物館で見た昔のボイラ

（2枚とも著者撮影）

地熱発電の蒸気発生部

現在の地熱発電の蒸気発生部分は、地中から高温高圧の蒸気や水を抽出している。なんとなく昔のシステムを見ているような気がする。

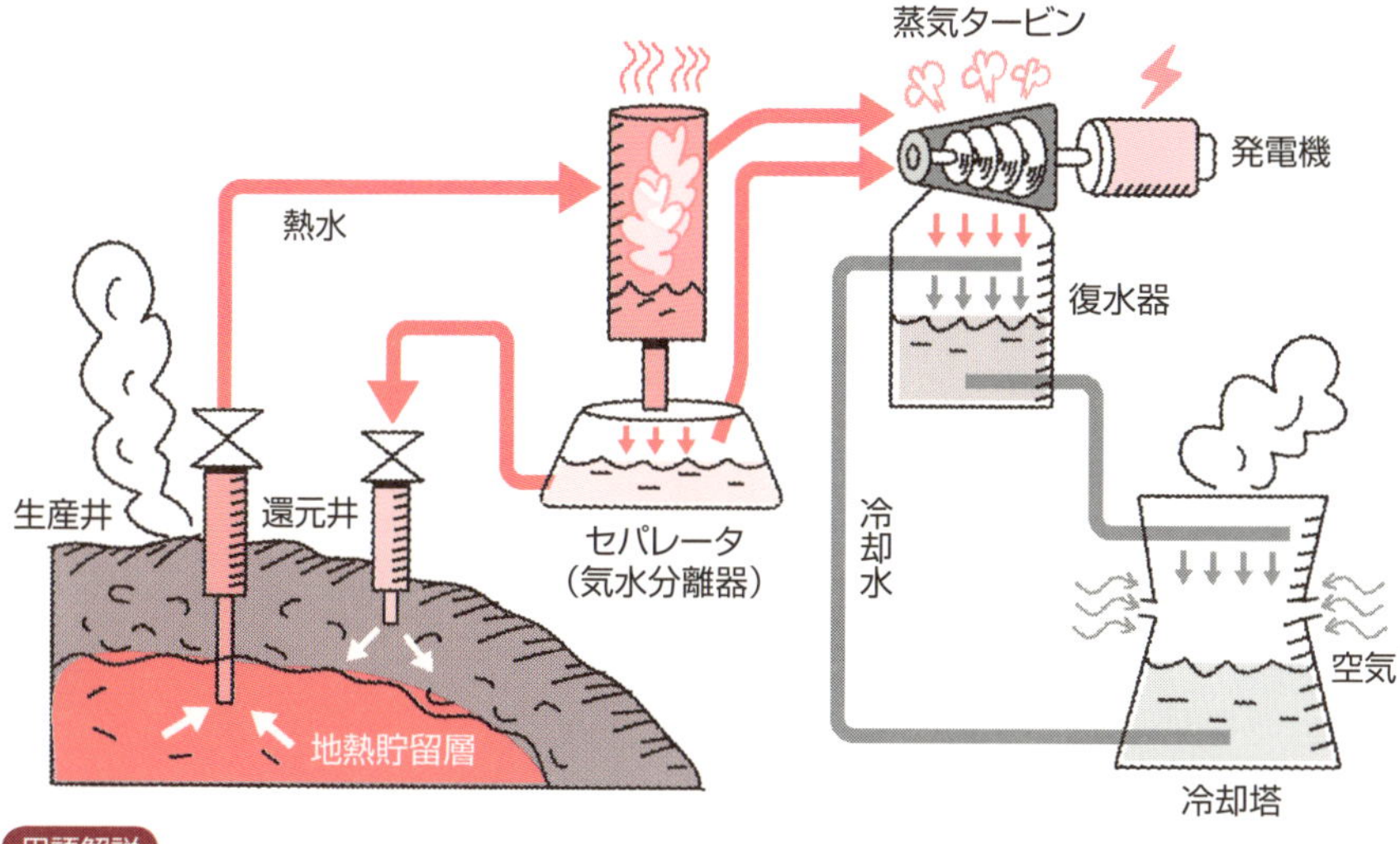

用語解説

過熱器（super heater）：分離した飽和蒸気を過熱蒸気にする

34 時代の技術力を反映している「蒸気条件」

工業用蒸気の実際

各種の工業では発電所のほかにも、多くの工場や地域暖房用にボイラが使われています。その理由はボイラには水蒸気の安定した特性と、非常に身近にある物質である水を用いることができるなど、経済的な利点があるからです。

工場などで利用している蒸気の種類の実際の圧力や温度を「蒸気条件」といいますが、蒸気プラントの性能や実務における取扱いなどに最適な条件のものを用いてきました。機器やその時々の技術に応じた圧力と温度と工場の望ましい条件を考えて、最適なボイラの設置が行われています。

化学工場では引火するような危険な材料を使う例も多く、そのような場合には、火花の発生のない蒸気は安全の面からも非常に有効な温度上昇物質です。

交通用の蒸気機関車や船舶のエンジン、それに大きな発電所用などで使用する蒸気条件は、その時代の技術力と必要な動力の連携から決まったものです。

その他、工場用のボイラとしては、①炭鉱、②製糸、③紡績、④製紙、⑤化学工場、⑥綿・絹織物、⑦毛織物、⑧精糖、⑨製粉、⑩ビールなど、工場熱源として広い分野で使われています。

時代の先端を走ってきた発電所用ボイラは、高効率化の追求の結果、材料の開発、大型機械の開発と実績を積み上げながら進化してきています。最初は水の温度が上がると自然と上昇する特性と、汽水分離ドラムをつないだ水管を用いた自然循環式ボイラが利用されていましたが、高効率・小型化の要求から水の流れ速度を上昇して、熱交換率を向上させるために、さらに水管内の水循環をポンプで行う「小型強制循環式ボイラ」になりました。そして最新のボイラはサイクルの高効率化の検討、および多くの事故や故障の検証から得られた技術をもとに、圧力を超臨界まで上げた汽水分分離ドラムのない、貫流ボイラに代わってきています。

要点BOX

- 蒸気条件は変化する
- 蒸気は安全の面からも有効な温度上昇物質
- 蒸気条件は技術力を反映している

工業用蒸気の実際

名称	蒸気条件		発生動力（万kW）	備考
	圧力(MPa)	温度(℃)		
蒸気機関車	1.6	350	1280PS*(D51)	ピストンエンジン
戦艦大和	2.5	325	4基で15万PS*	
火力発電	25.0	600	100	石炭火力
原子力発電	6.8	284	135	
LNG船	6.2	515	2.7	
水の臨界点	22.0	374		

1気圧＝0.1013MPa　＊1PS（馬力）＝0.735kW

大型火力発電所用各種ボイラ（循環方式別）

（1）自然循環ボイラ

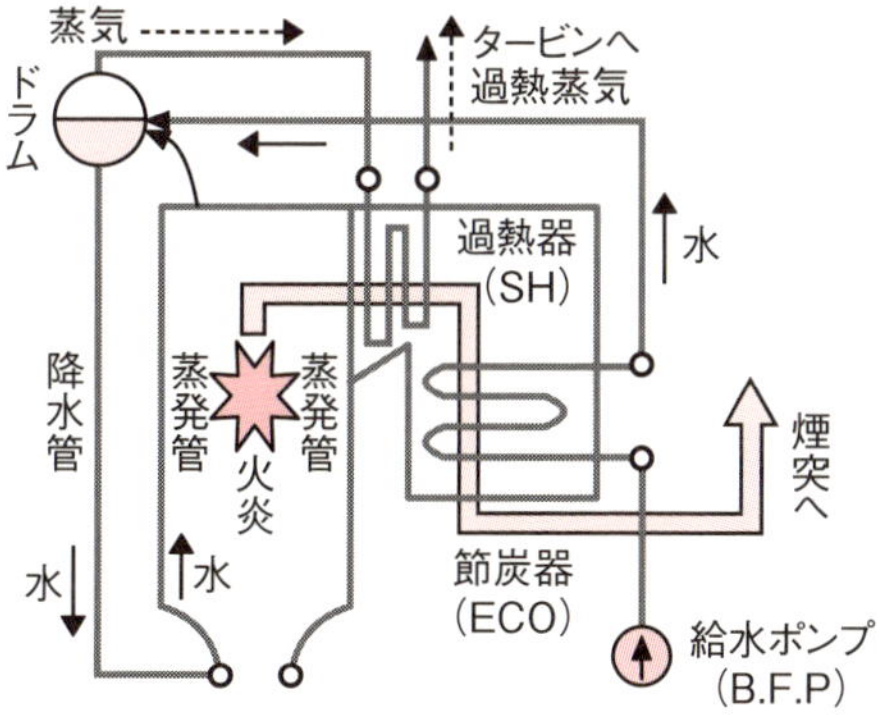

（2）強制循環ボイラ

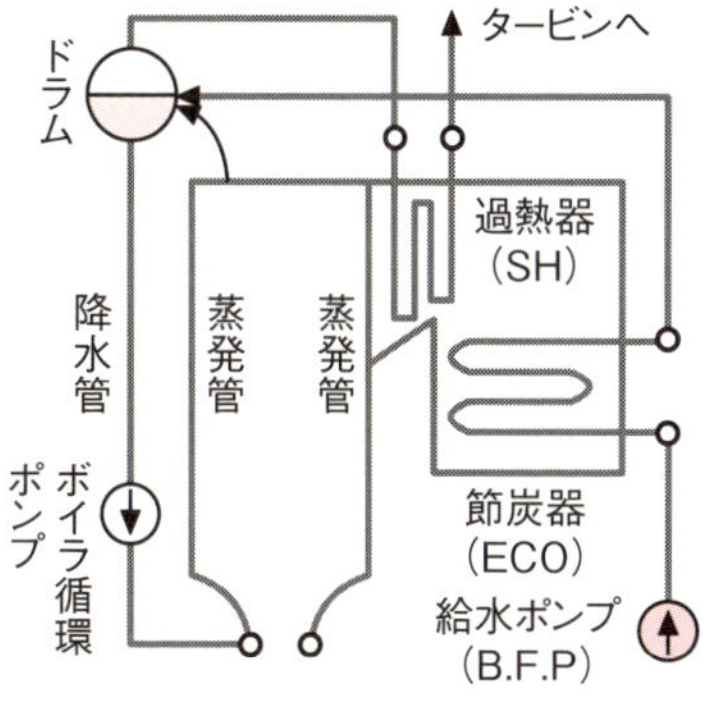

（3）貫流ボイラ

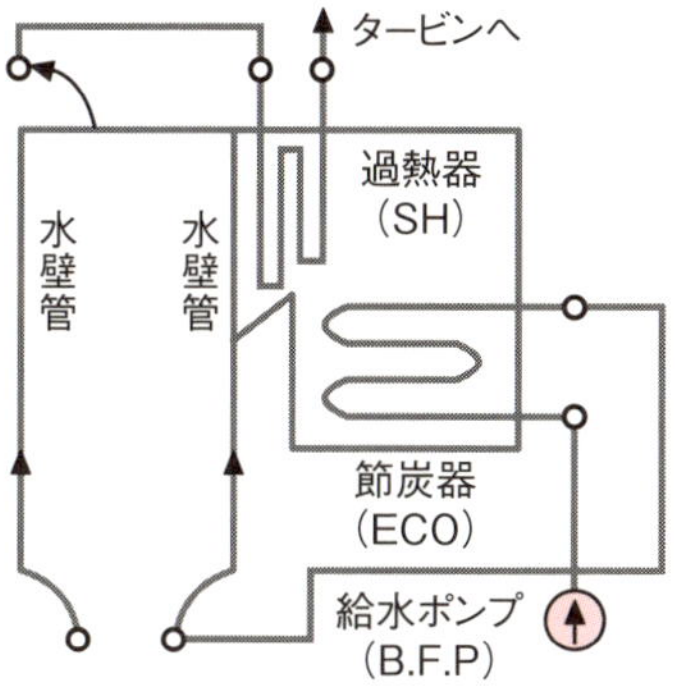

35 熱伝導研究とともに発展してきたボイラ

最大のユーザ先は火力発電所や原子力発電所

一般に液体を加熱して蒸気を発生させる装置が「蒸気ボイラ」とです。

水銀と水の二流体蒸気サイクルに用いられる水銀ボイラや、繊維工業や化学工業で用いられる有機物伝熱媒体を蒸発させるボイラなどもありますが、本書では水を沸騰させて水蒸気をつくり、それを利用するものを説明します。このようなボイラの最大（蒸発量基準で）の使用先は、火力発電所や原子力発電所です。できた蒸気は、発電機を駆動する蒸気タービンへ供給されます。

最新鋭のボイラのみを考えると日常に使われている、または歴史的な流れからボイラを見ることができなくなるので、もう少し広い目でボイラについて概説したいと思います。

ボイラは18世紀に産業革命創成期に作られており、その圧力は大気圧プラス0・05Paという非常に圧力の低いものでした。その後にジェームス・ワットのボイラが出てきたのですが、人類が初めて圧力を上昇させて利用したことから、これらの改良に携わった人たちは多くの事故を経験してきました。

その結果、理論的な水蒸気の特性の研究、熱力学的なサイクル論と高効率化の研究、材料開発、構造強度の研究が進みました。

そこから「コルニシュボイラ」のようなストーカと呼ばれるコンベヤで石炭を運搬燃焼させる方法で、燃焼ガスを水の中を通して熱回収する「煙管型ボイラ」が使われました。さらに、より効率的に回収するように数回煙管を折流させるボイラも考えられました。

その後の研究で、燃料から水への熱変換などに関した熱伝導研究が進み、また圧力が上昇されるようになると、水と飽和蒸気をドラムで分離させる汽水分離ドラム（上部）と、水ドラム（下部）をもち、ドラム間を水管で囲み、燃料のエネルギーを漏らすことなく回収する形での「水管式ボイラ」に変換されてきました。

要点BOX

- 18世紀の産業革命創成期に作られた
- 当初の圧力は0.05Paという非常に低圧力
- 多くの事故を経験してきた

昔、使われたいろいろなボイラ

コルニシュボイラ

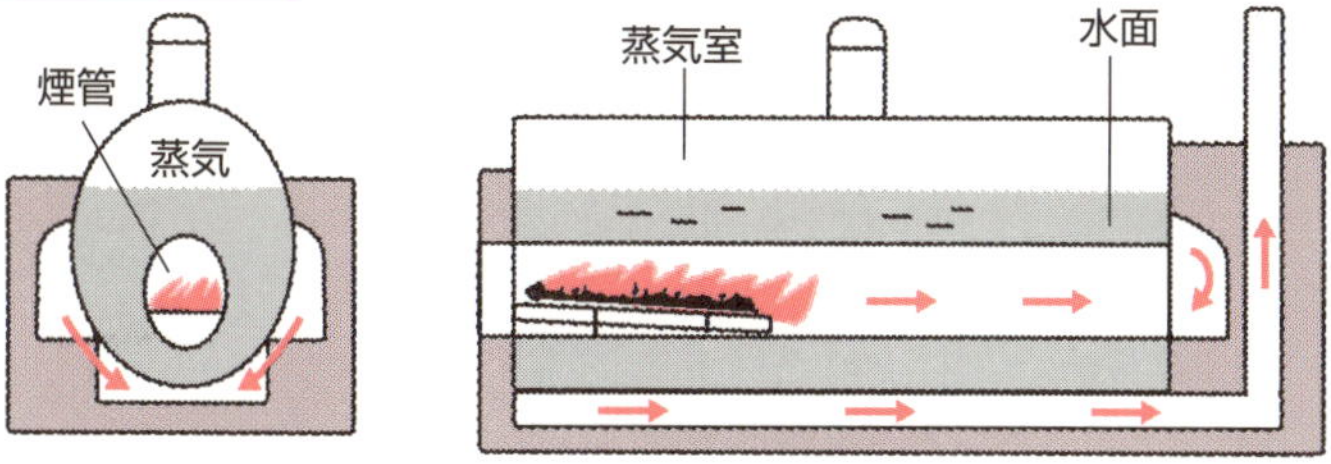

ランカシャボイラ

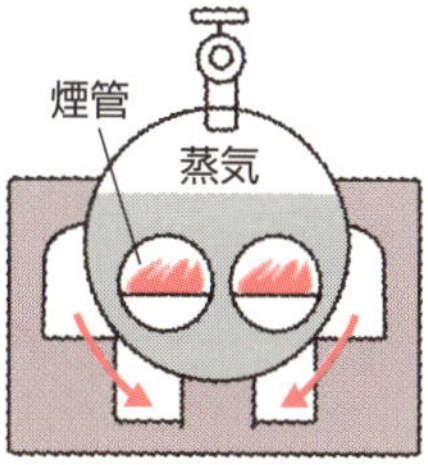

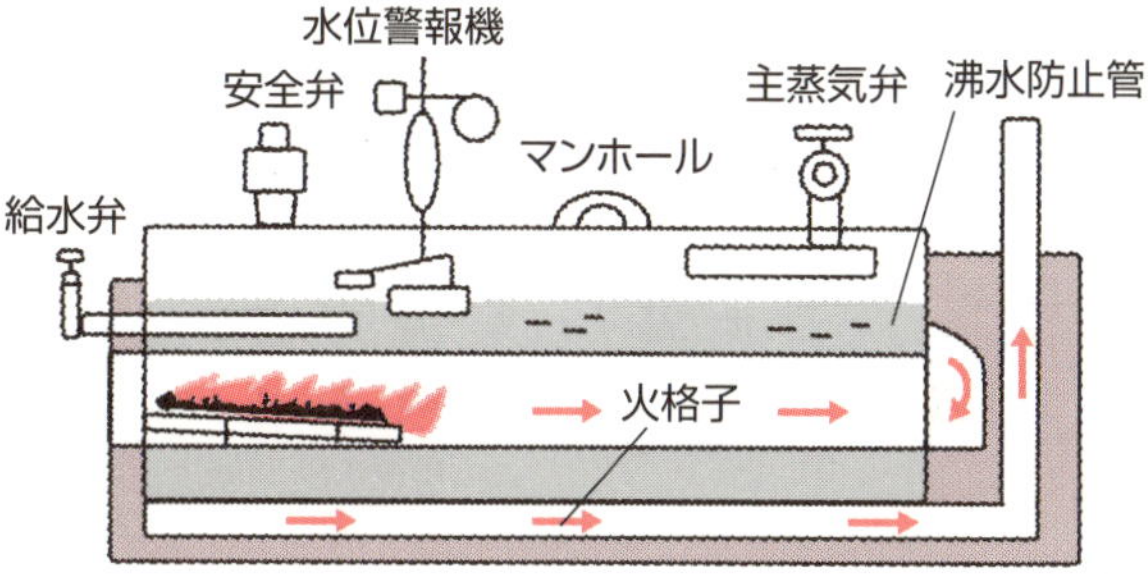

池田式ボイラ

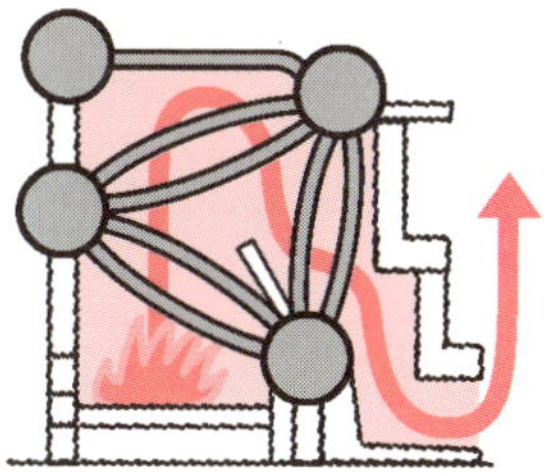

タクマ式ボイラ

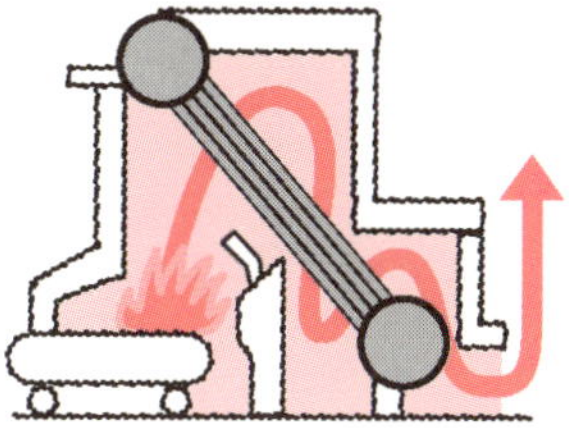

ヤーロー式ボイラ

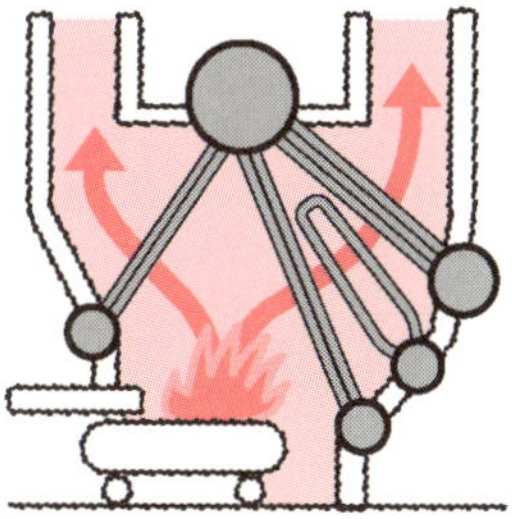

スターリングボイラ

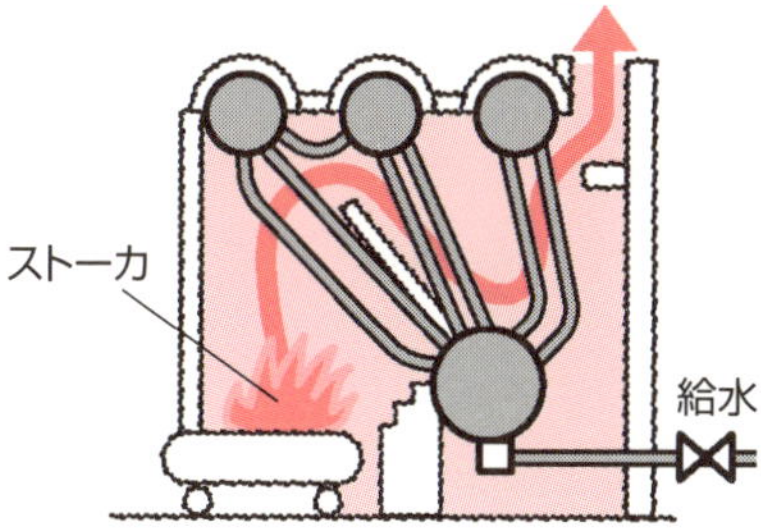

セクショナルボイラ

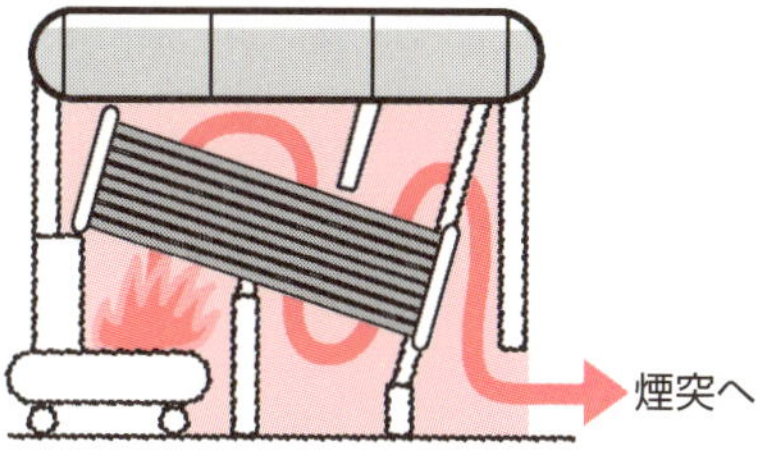

用語解説

ストーカ(stoker)：給炭機ともいわれ、石炭を機械的に火格子上に送り、燃焼させる装置。

36 世界最初のボイラ

多くの事故を経験しながら進んできた

蒸気の利用と、そのための機械の発明が産業革命の推進力であったことはいうまでもありません。その頃の幾多の発明の中でも、水を水蒸気にするためのボイラの発明は、多くの事故を経験しながら進んできました。

35項で説明したとおり、初期のボイラは石炭を燃料とし、人力で炉の中に石炭を投げ込む手《て》焚《だ》きでした。その後、石炭を機械的に供給する「ストーカ（給炭機）」が使われるようになりました。現在もアメリカでは、蒸気の発生量が毎時100トン程度の発電用ボイラではストーカが使われています。また、近年の都市ごみ焼却もストーカ焚きのボイラで行われていますし、1990年頃につくられた石炭炊蒸気船もストーカ焚きでした。

その後、石炭を微粒子状に粉砕し、空気中に浮遊させて完全燃焼させる「微粉炭燃焼」が実用化されました。さらに、重油や一部には軽油を燃料とする油焚きボイラ、ガスを燃料とするガス焚きボイラなど、燃料の変化に応じて各技術が開発されてきました。こうして高効率化、安全化、小型化の検討などが進み、また多くのボイラ材料の開発や構造の検討から、現在は非常に高効率のボイラが作られています。

ボイラの燃料は石炭から石油に転換されてきましたが、石炭はその埋蔵量と経済性と各種の改良から世界中で広く使われています。もちろん環境問題の観点から、石炭の使用に消極的な考えも多々ありますが、その経済性と持続可能性は捨てがたいと考えている人も少なくありません。日本の発電所では、高度経済成長の時代に石炭エネルギー量が急速に増加し、繁栄を築きましたが、その反面、「汚染国」となりました。それ以降、工場排気の浄化のために天然ガスへの燃料転換が進み、発電所用を中心とした大型ボイラでも天然ガスが広く使われるようになりました。

要点BOX

- ●初期のボイラは人力で炉の中に石炭を投げ込む手焚き
- ●石炭から石油、天然ガスへ

世界最初のボイラ

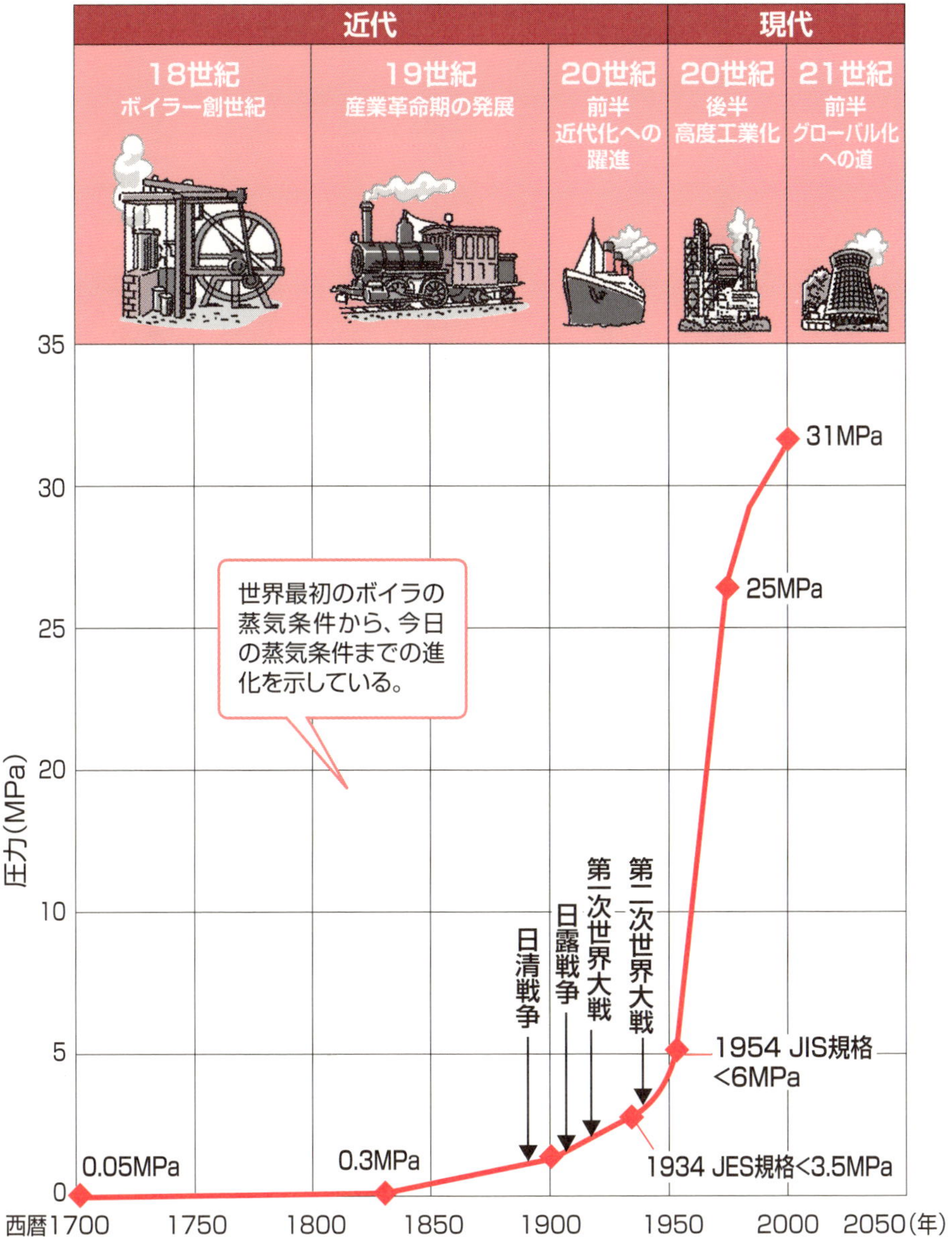

用語解説

コンバインド発電：ガスタービンと蒸気タービンを組み合わせた発電方式。最初に圧縮空気の中で燃料を燃やしてガスを発生させ、その圧力でガスタービンを回して発電を行う。➡52項

37 飽和蒸気の発生を行うボイラ

比較的小型のボイラに多い

「飽和蒸気ボイラ」は、比較的小型のボイラに多く見られるもので、圧力も大気圧（0・1013MPa）から4MPa程度まであります。

ボイラの構造は、燃焼ガスを中心の煙管に流し、その円筒周りに水を配置する、いわば「水だまりの中を火炎の通路が作られて加熱する」ことで蒸気発生を促している「煙管式」が多いです。また容量も小型からかなり大きなものまで製造されてきました。煙管式の代表的なものを列記すると以下のとおりです。

①立てボイラ：近代の当初から使われてきた低圧用ボイラで、胴内に火室を有する構造です。燃料に石炭を用いて燃焼させるから小型のものに限られます。

②炉筒煙管ボイラ：胴径約2～4m前後の胴体の中に、給水を充満する炉筒が1～2本と燃焼ガスの通過する多数の煙管があります。ボイラの筒部分の前後は平らな管板で閉じていますが、このような平板では強度が強くないため、3MPa以下のボイラが多いです。

③パッケージ水管ボイラ：低・中圧向きのボイラで、工場組立を可能としています。上の①②と異なり、管の中は水が流れます。水管ボイラの基本構造は、蒸気ドラム（汽水分離ドラム）および水ドラムは外径1～2m前後の大きさですが、ドラムの両端は皿形鏡板（丸い半球式の板）を使うことで耐圧強度を上げています。また、ボイラ側の壁はこの水管と平板を溶接した水冷壁の構造として、熱の漏えいを防ぎ、回収効率を上げています。それでも燃焼ガスが漏れやすいので、ほとんどの部分は溶接構造にして、シール性を向上させて気密性を確保しています。また多数の曲り水管を拡管で取り付けています。水循環は高温側が昇水管、降水管は燃焼ガス温度の低い出口側管群となります。ボイラの出力で自動的に汽水分離点がバランスするので、適切な平衡点で運転ができます。

要点BOX

- ●立てボイラ：当初から使われてきたボイラ
- ●炉筒煙管ボイラ：蒸気機関車に採用
- ●パッケージ水管ボイラ：工場組立が可能

飽和蒸気ボイラ

立てボイラ(多管式)

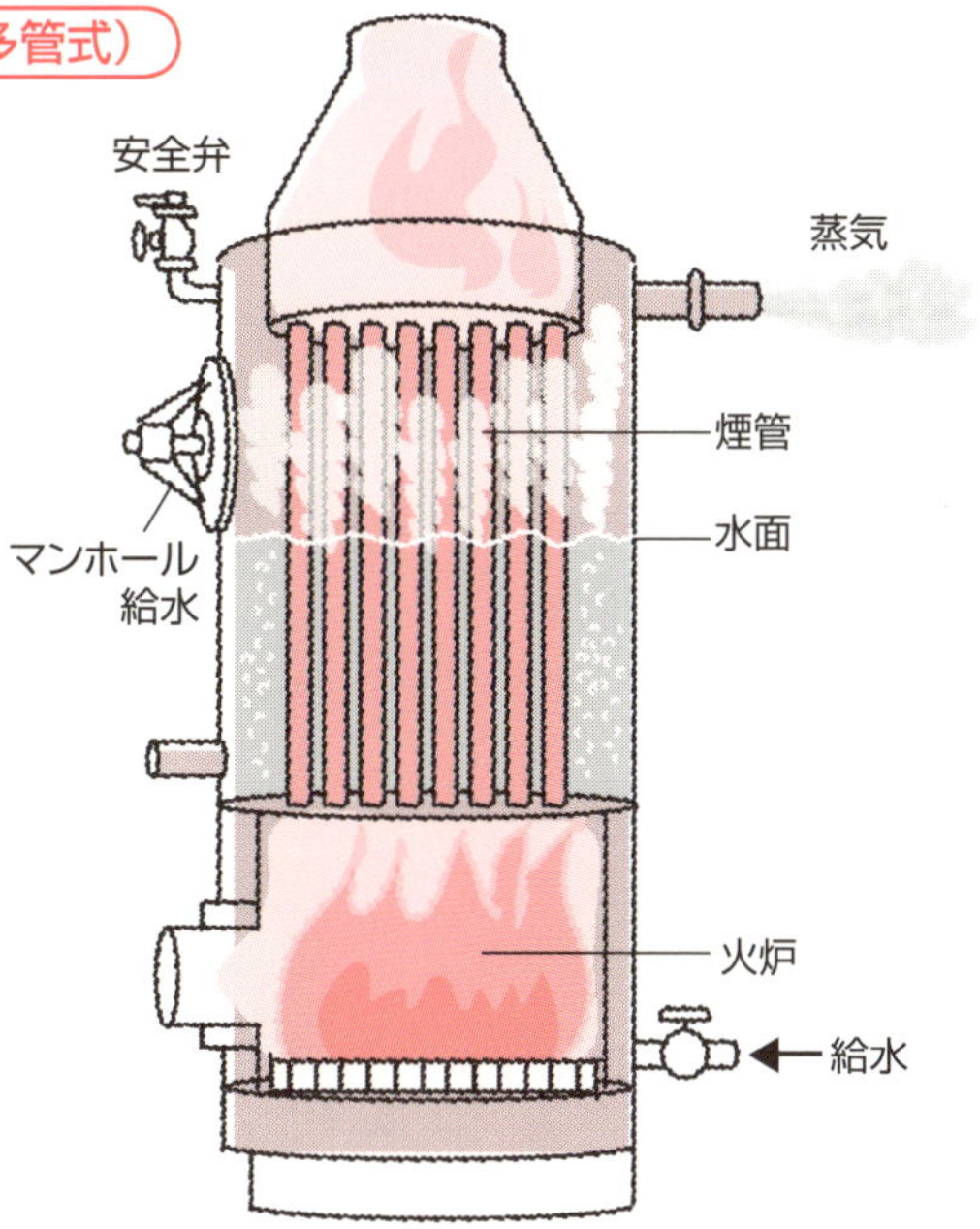

炉筒煙管ボイラ

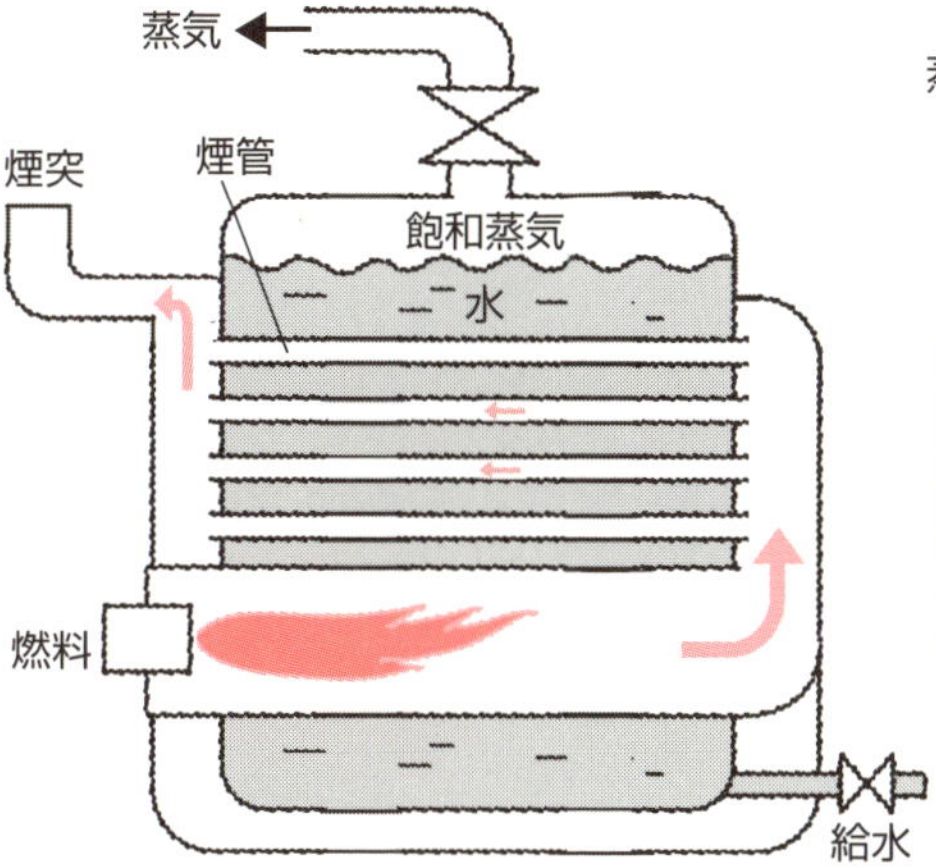

パッケージ水管ボイラ

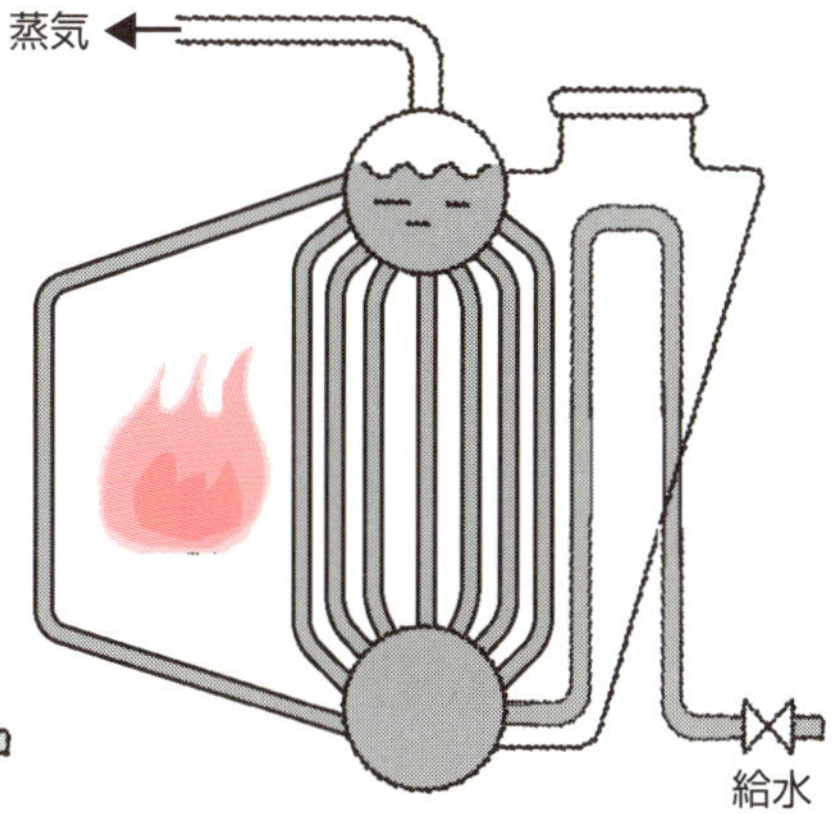

用語解説

煙管式：水缶に多数配置した煙管に燃焼室の燃焼ガスを通すことにより熱する方式。

38 大型プラントで活躍する過熱蒸気ボイラ

過熱度が大きくなることに対応

大型のプラントのほとんどが過熱蒸気をつくるボイラです。過熱蒸気にする理由は、過熱サイクルにすることで、原動機への流入蒸気のエネルギーを大きくできるからです。

実際の蒸気タービンプラントでは、過熱度は非常に大きくなっています。左図を見ていただくと飽和蒸気線から相当上部に（過熱されている）あることがわかります。もし蒸気の入口エネルギーを増大させていくことができたら、復水器に捨てるエネルギーを変えなくても、仕事として取り出せる熱エネルギーが相対的に大きくなり、総合効率は向上します。残念ながらそのためには、蒸気の圧力と温度を上げていく必要がありますが、現在はそのような高温に耐えられる材料がありませんから、苦労の割に効率向上ができません。

過熱蒸気のつくり方は非常に簡単で、「空焚き状態」にすればよいのです。空焚きというのは、やかんで水を沸かすときに、水がなくなってそれでもガスの中にやかんを置くということと同じです。もちろん、やかんの中には空気がなく飽和蒸気が充満していると仮定した場合で、それが熱せられることになり、過熱蒸気に換わるわけです。しかし、この状態は蒸気管の中の温度も高いので、通常の加熱と異なり、管の温度も上がるため、温度が上手に制御されないと管が融けてしまします。

実際のボイラの中では、飽和蒸気を再びボイラの中の一番温度の高い燃焼ガスの場所に引き回していきます。再熱プラントでは抽気を行った蒸気を再び温度を上昇させ、サイクルの効率向上を図る「再熱サイクル」の時も行われていますし、一度だけではなく二度行われるときもあります。ボイラの中の燃焼ガスと蒸気の温度は、熱交換が最適に行われるようにし、温度を制御する時に便利なように、「ヘッダ」と呼ばれる変動の（一次的に溜めておく）場所をもたせるといった各種の工夫がされています。

要点BOX

- ●過熱サイクルにすることで、流入蒸気のエネルギーを大きくする
- ●過熱蒸気のつくり方は非常に簡単

過熱蒸気ボイラ

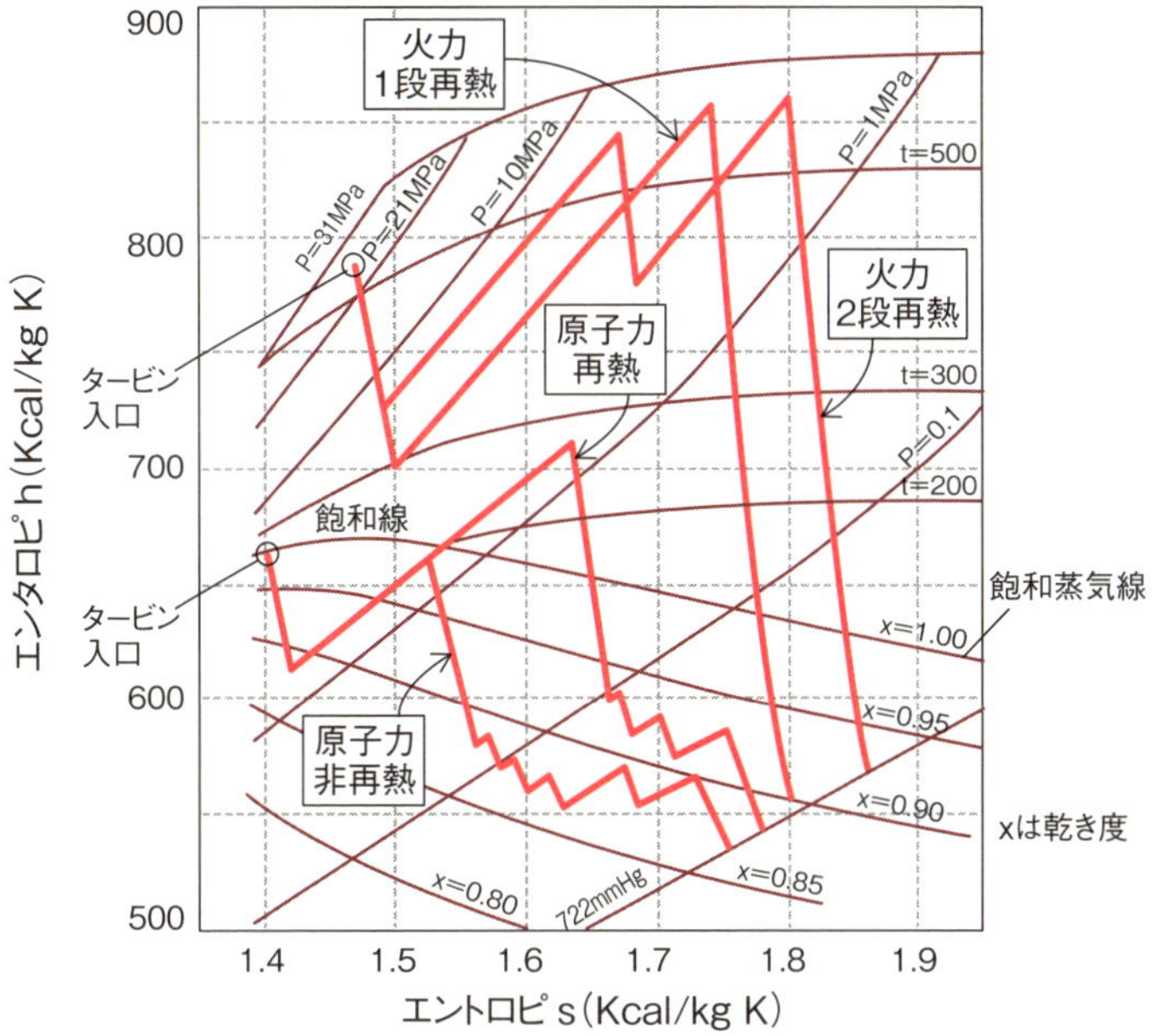

油炊き過熱ボイラ

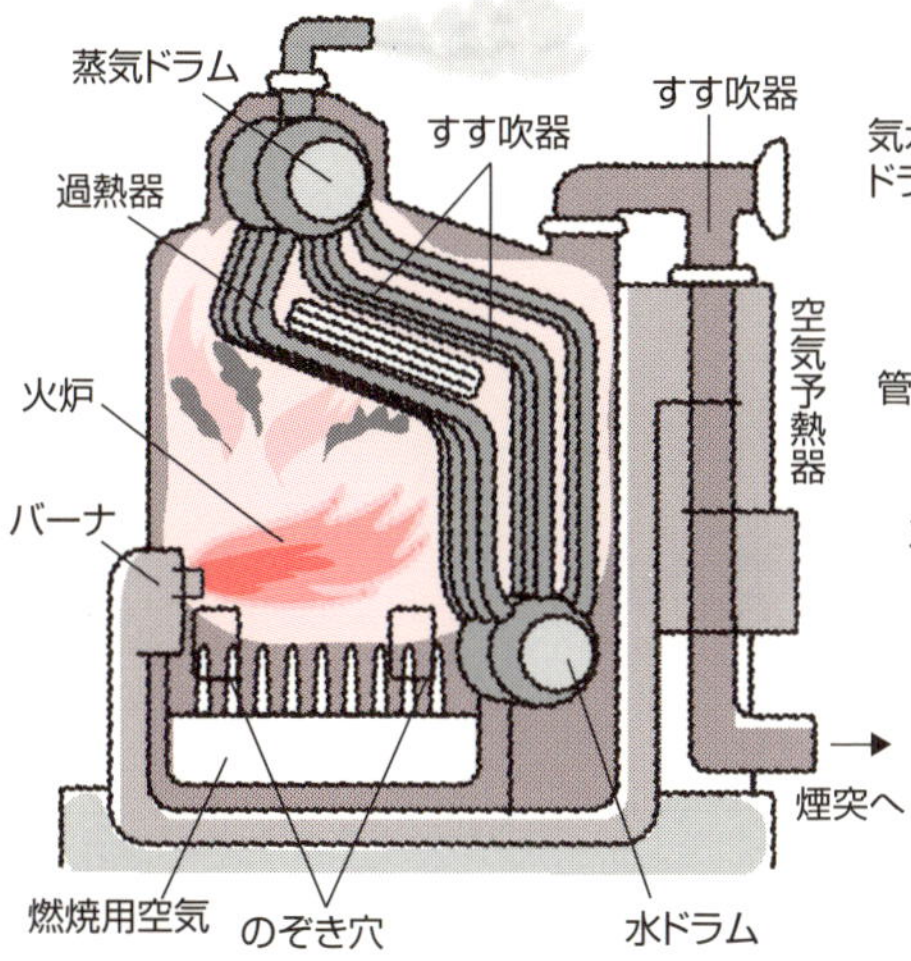

自然循環式水管ボイラ（横水管式）

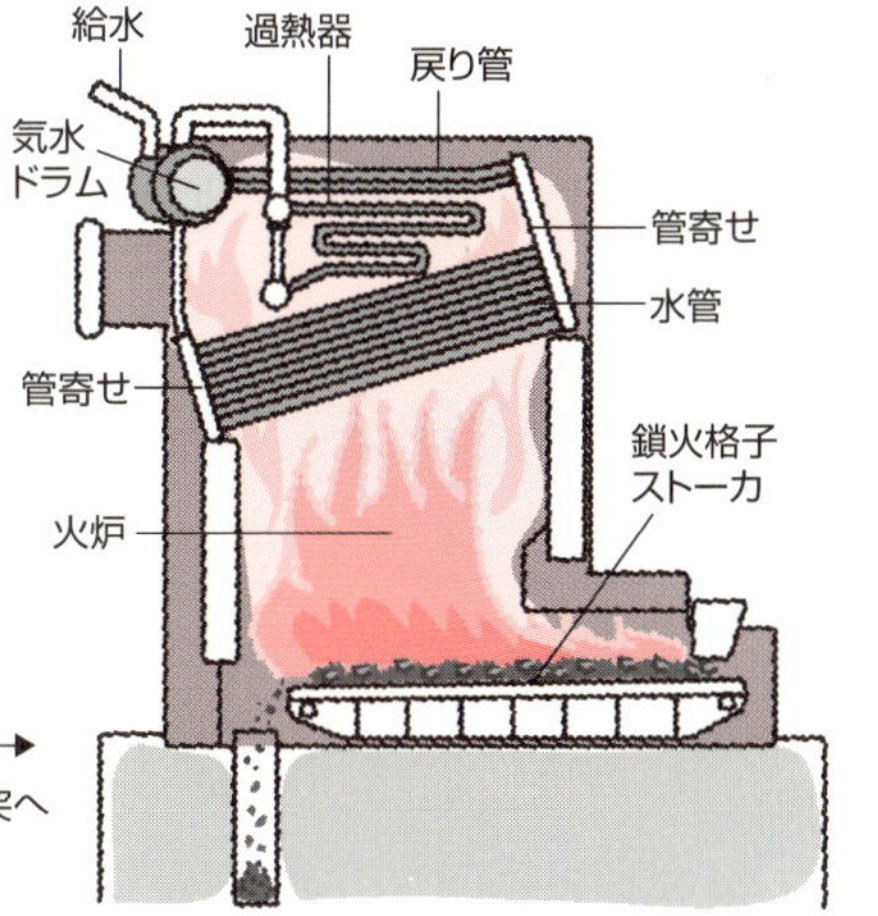

用語解説

再熱サイクル：ボイラ・蒸気タービンやガスタービンなどの熱機関において、タービンで膨張途中の蒸気、燃焼ガスを再加熱し、次のタービンへ導くサイクル。➡32項

39 ドラムをもっていない貫流式ボイラ

大容量大型ボイラは貫流式に

これまでのボイラは、蒸気をつくる時に水の温度を上げていき、蒸気と水になりだした時にうまく蒸気成分と水（飽和水のことで温度は蒸気と同じですが、まだ液体の状態のもの）の成分がうまく分離するように「汽水分離ドラム」をもっています。

汽水分離ドラムは、蒸気の中に水分が混流し、途中で蒸発すると、急激に体積が増加して爆発的な現象になるため、この爆発性をなくすために非常に重要なものです。

圧力をプラントの効率をよくするために上げていくと、超臨界圧力になります。すると汽水分離の必要がなくなるので、ドラムをもたないで、水をまず超臨界圧力以上に加圧し、その高圧水を加熱温度上昇させ、蒸気になったものを直接蒸気タービンのような原動機や、工場での使用先に送るような構造のボイラでよいことになります。これが「貫流式ボイラ」と呼ばれるものです。

今日、大型ボイラは新しい材料の開発の結果、ボイラやタービンの入り口温度上昇が可能になってきたので、貫流ボイラが使われることが多くなってきました。

今後も安全性を考慮しながら材料、構造の改良、それに工法改善などが積み重なり、蒸気条件の向上で効率向上を図るには今まで以上に技術開発が続けられる必要があります。

ここまでの説明は超臨界圧力を用いた大型火力発電所が対象でしたが、小型の飽和蒸気しか使わないものでも貫流ボイラと考えられるものはあります。そのような小型ボイラと呼ぶべきものは、小型ゆえに分離ドラムを用いずに、水の流れる配管に燃料で加熱し、必要な量の飽和水をつくるようなボイラです。経済性を考え、簡便な方法で飽和水をつくりたい時などに用いられています。主に小型の工場用ボイラなどで使用されています。

要点BOX

- 圧力温度を上げると貫流ボイラに
- 簡便な方法で飽和水をつくれる
- コスト低減を図れる

貫流ボイラ（ベンソンボイラ）

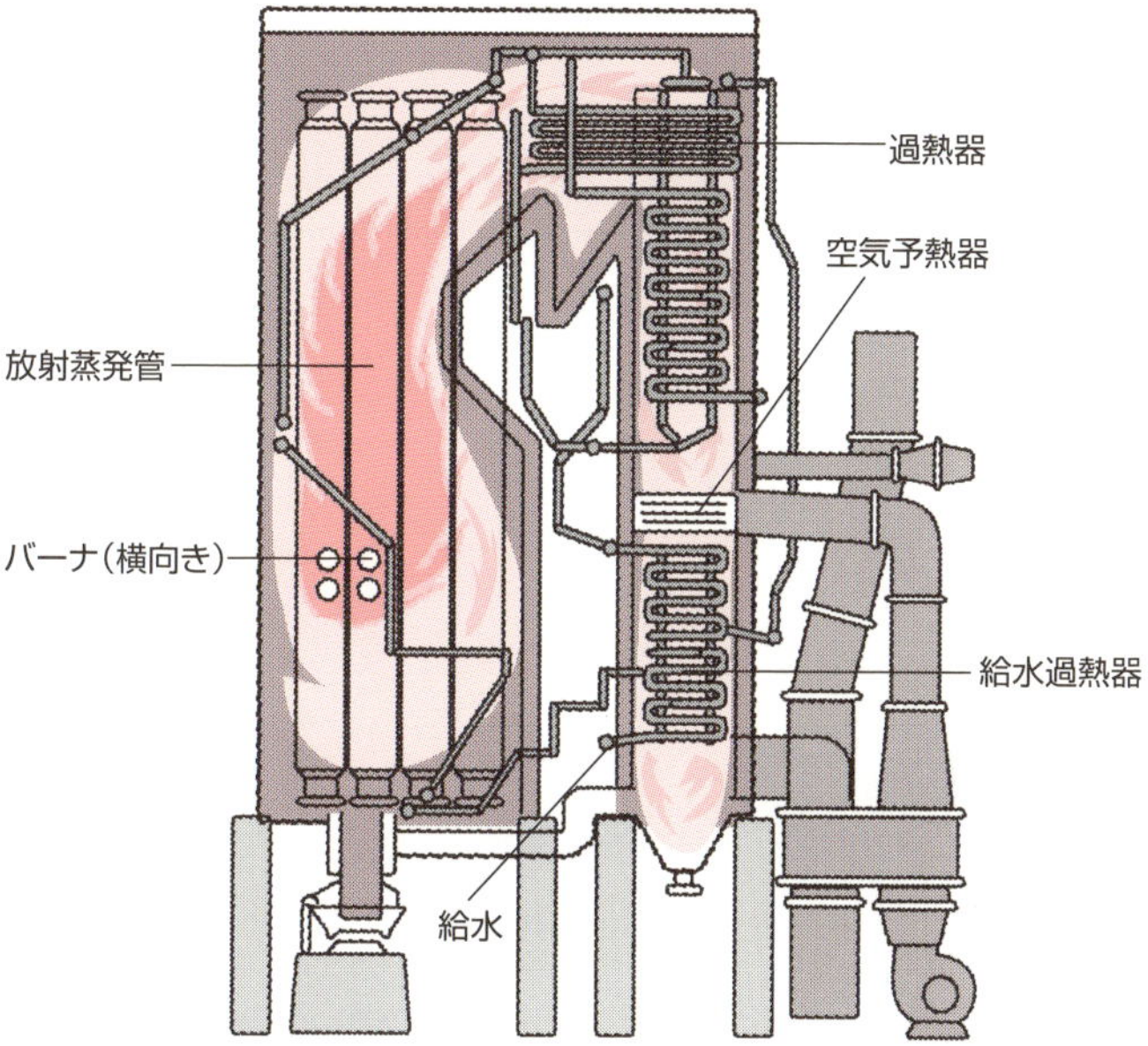

単管式貫流ボイラ

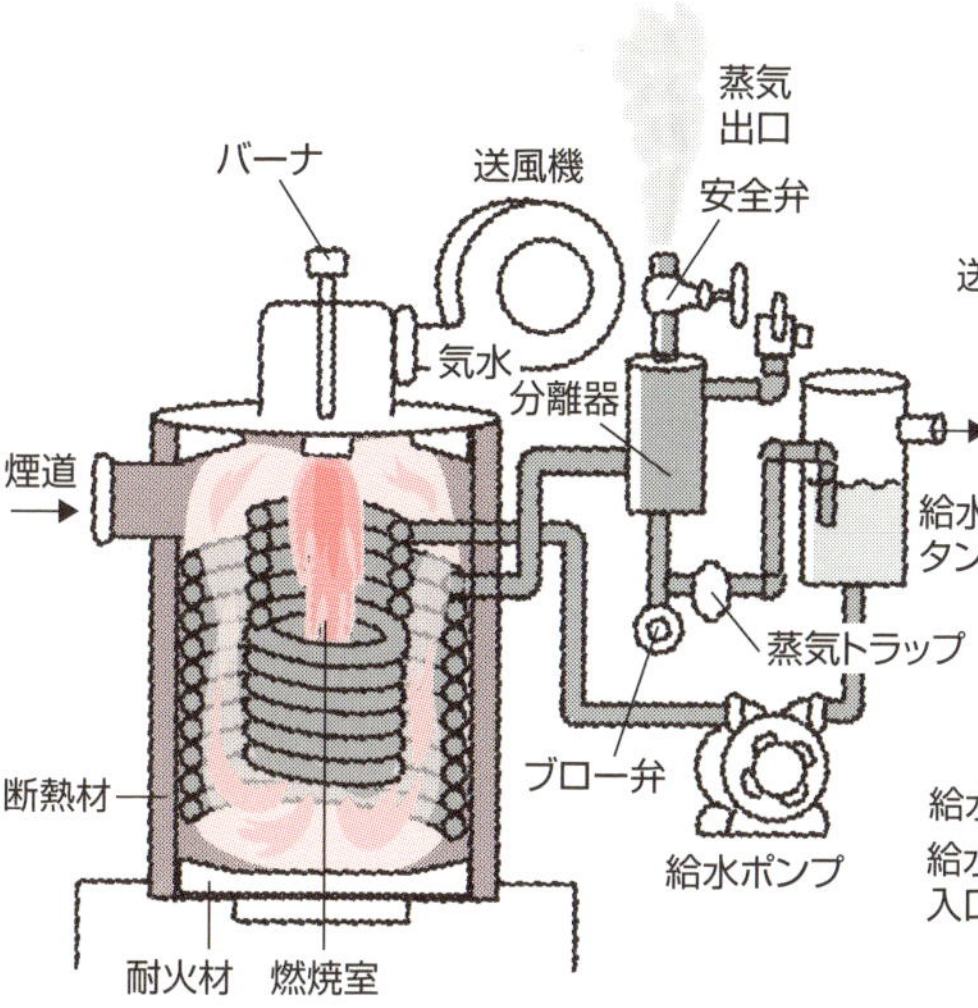

多管式貫流ボイラ

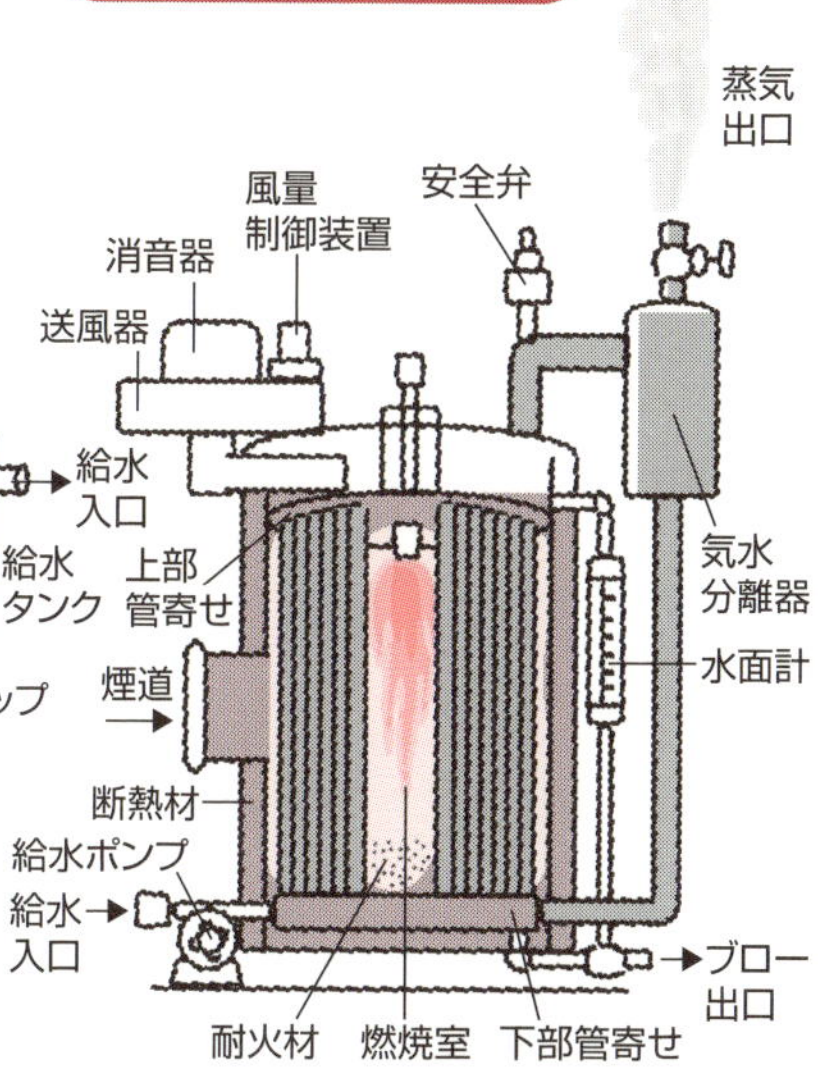

用語解説

汽水分離：蒸気機関などの水蒸気中の水滴を取り除くこと。

40 湯を沸かし、蒸気をつくるボイラ

家庭用湯沸かし器から原子炉まで

お湯を沸かす、蒸気をつくるといった点では家庭用の湯沸かし器も原子力発電所の原子炉も同様です。

家庭用の湯沸かし器は、ガスの通り道に水道の配管を効率的に配置することで、水の温度を上げているもので、工場用の小型のボイラも原理的には家庭用の湯沸かし器と同じで、過熱蒸気にならないように通路を短くしているのが貫流型の小型ボイラです。

一方、もう1つの大きなボイラは原子炉です。原子炉で「軽水炉」と呼ばれる炉内は熱源である核燃料が核分裂反応して熱を出しますが、その熱は炎を出して燃えるのではありません。そして、その核分裂反応の熱を水で受け、蒸発を行い、その蒸気をタービンに流して発電しています。つまり逆の言い方で、普通の水を冷却剤として使用している炉のことを軽水炉と呼びます(51参照)。

軽水に対して「重水」と呼ばれる水がありますが、これは放射性同位体の水です。冷却水として水が受けた熱が蒸発に十分であると蒸発します。このような水で冷却する方式ですが「加圧水型」と「沸騰水型」があります。

加圧水型は冷却水を加圧することで、飽和温度を上げて熱水をつくります。しかし、そのままタービンに流すことができないため、別に蒸気発生器を設け、そこで圧力の低い水を用いて蒸気を発生させ、タービンを駆動しています。

一方、沸騰水型は原子炉内の冷却水を沸騰させる、すなわち内部で蒸気をつくります。もちろん原子炉内での水がなくなると、空焚きの状態になり危険ですから、水位をコントロールしながら行いますが、その蒸発した蒸気をタービンの送り発電するものです。

いずれにしても原子炉も大きなやかんです。原子炉内で燃料を冷やすという意味では単なるボイラとは異なる機能が要求されていますが、蒸気を発生させるという点からはボイラです。

要点BOX

- ●蒸気をつくるのは、家庭用の湯沸かし器と原子力発電所は同じ原理
- ●重水は放射性同位体の水

各種のボイラ構造

従来給湯器のしくみ

給湯器の中でガスの通路に水管がある。

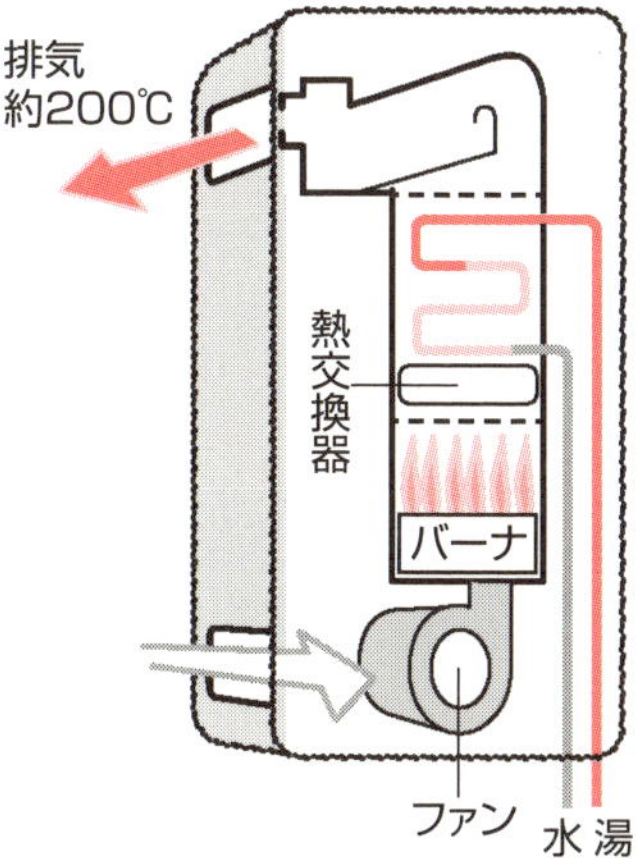

環境に考慮している給湯器

排気の温度を 50℃まで下げて
効率向上をはかっている。

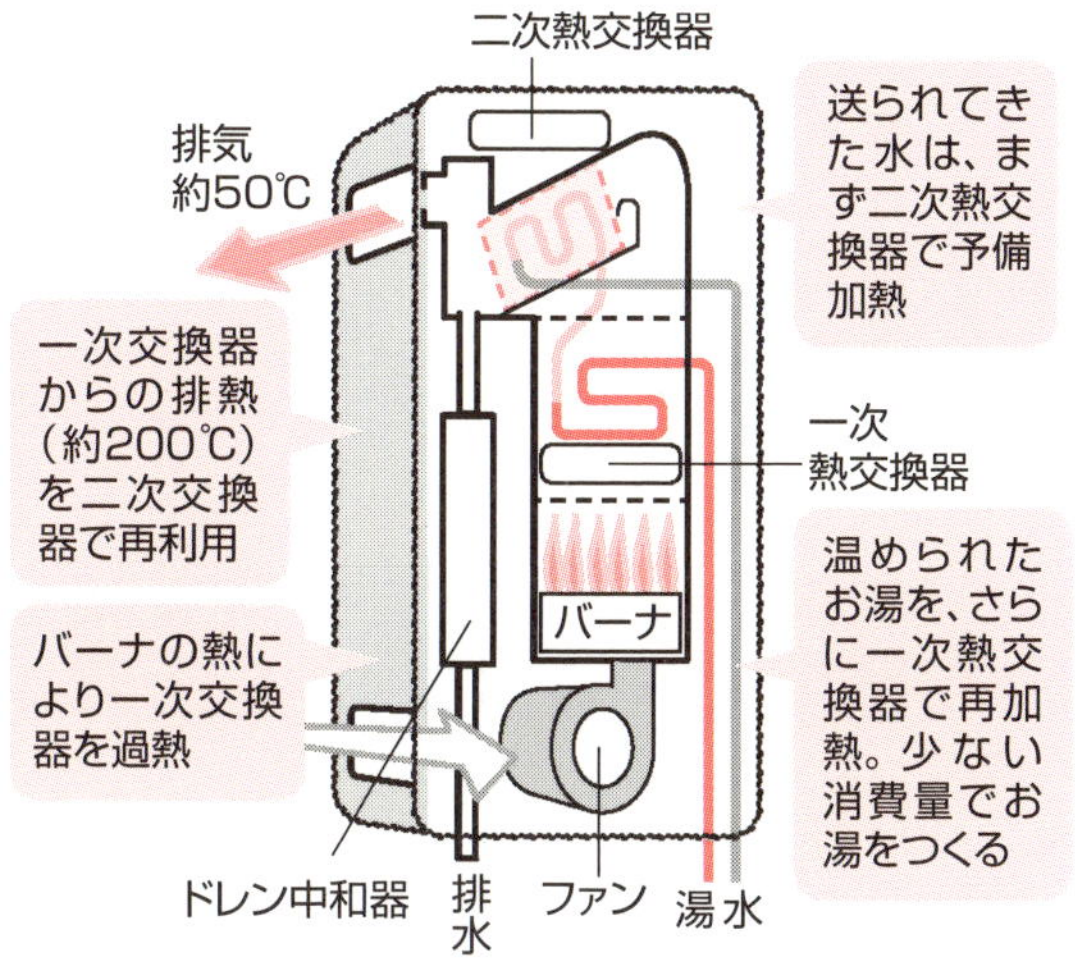

（リンナイ資料を参考）

火力用ボイラ

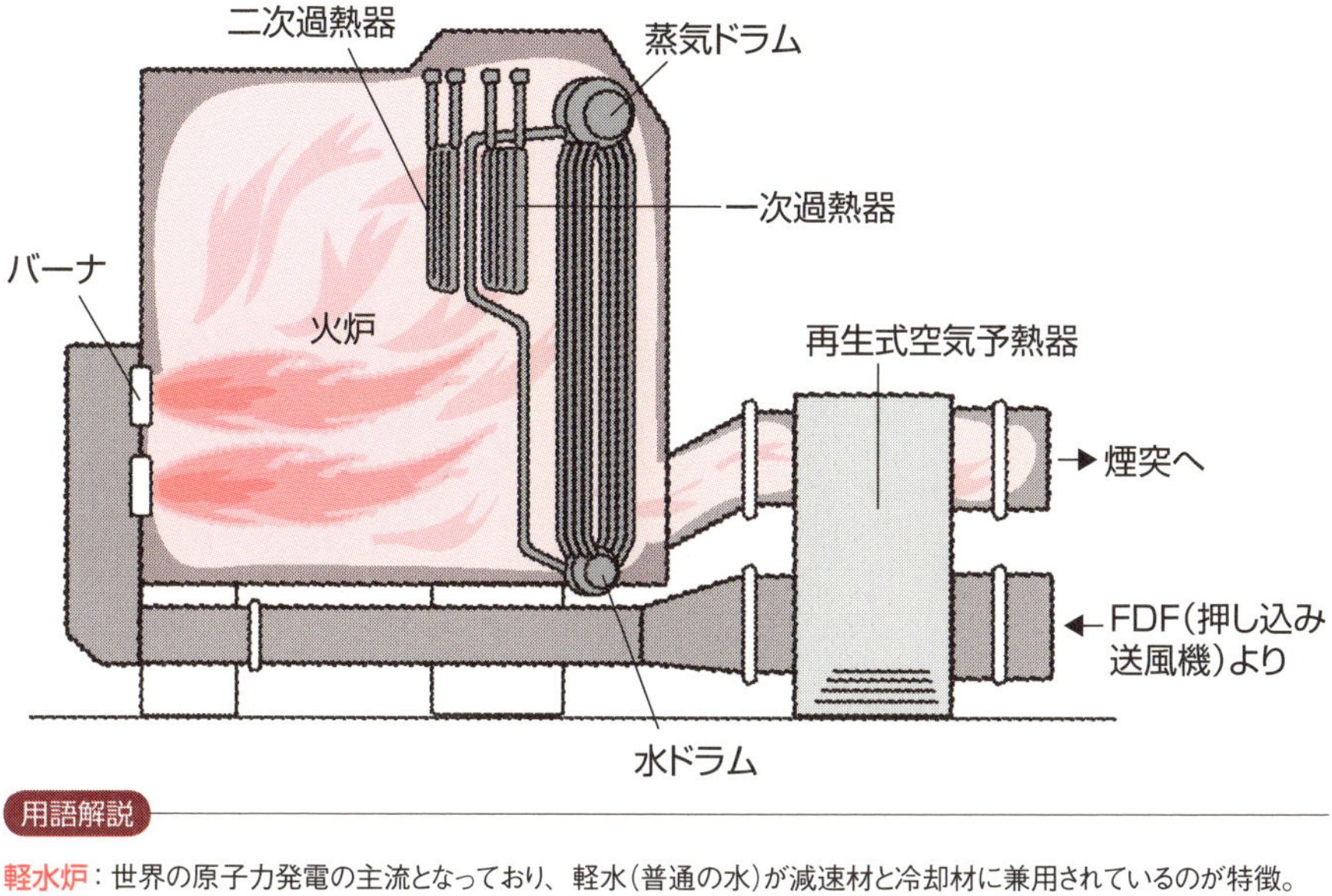

用語解説

軽水炉：世界の原子力発電の主流となっており、軽水（普通の水）が減速材と冷却材に兼用されているのが特徴。

41 直接蒸気を利用する

直接蒸気を利用する方法

水蒸気を加熱源として考えると、飽和蒸気には種々の優れた特性があります。たとえば飽和蒸気と飽和水が共存する状態では温度上昇がなく「潜熱」という形で蓄えられます。したがって必要蒸気量に多少の変化が発生しても、作動としては安定した一定条件に保つことができます。特に今日の各種工業では100℃～200℃の加熱を行うため、広く飽和蒸気が使用されています。飽和蒸気の特長をまとめてみると以下のようになります。

①熱加熱により高速かつ均一な加熱ができるので、過熱性能が向上して製品の品質や生産性が向上する。②飽和蒸気の圧力と温度が一義的に決まるので、温度制御を行うことで欲しい圧力が得られることになる。つまり圧力制御も可能になる。③飽和蒸気の熱伝達率は高いので、熱交換器の伝熱面積を小さくでき、設備投資軽減が図れる。④飽和蒸気は元が水なので、安全で低コストである。⑤直接蒸気のもつ熱を混ぜ合わせるような加熱の場合は、外部に熱が流れる以外にはすべて温度上昇に使われるから効率がよい。

蒸気や高温水を使って直接利用する、または加熱する方法には何種類かの方法がありますが、簡単にいえばそのまま混ぜればよいわけです。日常、蒸気を直接的に利用している一番の例はお風呂や温泉ですが、温度の高い蒸気や水の出てくる温泉場では、温度を下げるために水をまぜたり、湯もみをしています。また「冷泉」は加熱するために、他の高温蒸気や熱源を利用して温度を調節（上げる）しています。

洗濯もののアイロンかけ、汚れを落とすために蒸気を利用して洗浄を行うといった光景は町の自動車工場や各種の工場でも見られる光景です。これらの混合型加熱方法は簡単な例ですが、工業用となると必要の温度は何度か、熱源として何度の蒸気や高温水を用いるか、温度変化の要求はどの程度かといったように多くの必要検討事項があります。

要点BOX

- ●潜熱加熱は高速かつ均一な加熱ができる
- ●温度制御によって圧力制御も可能
- ●元が水なので、安全で低コスト

直接蒸気を利用する

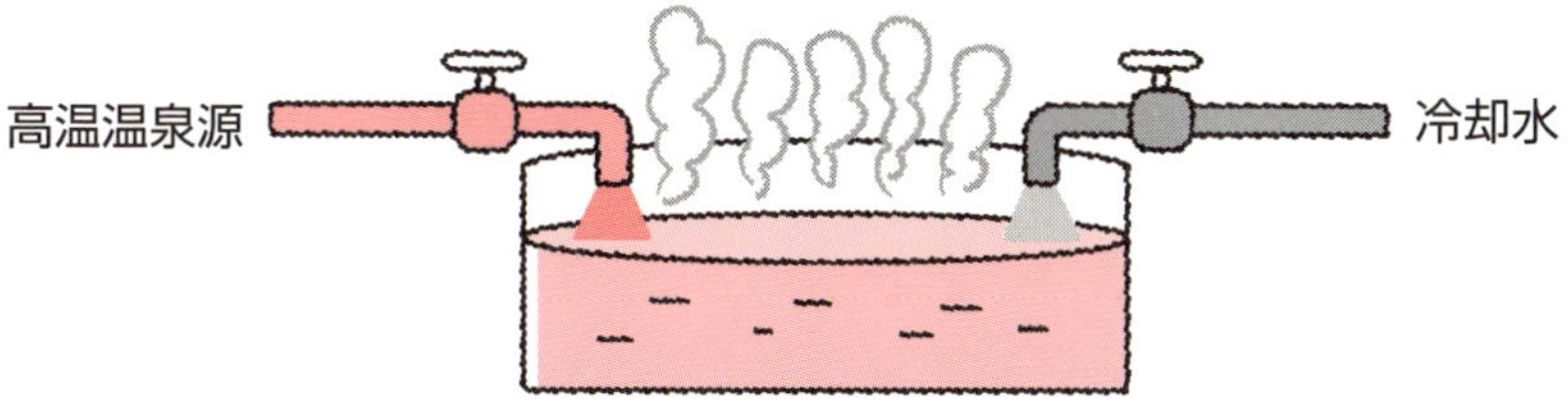

温度の高い蒸気や水の出てくる温泉場では、温度を下げるために水をまぜたり、「湯もみ」をしている。

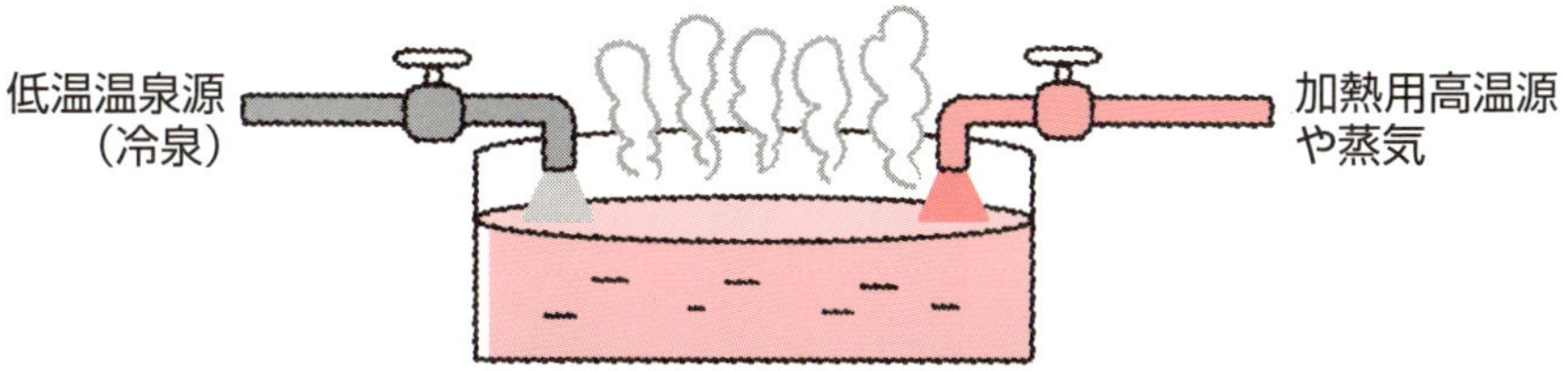

「冷泉」は加熱するために、他の高温蒸気や熱源を利用して温度を調節（上げる）している。

日常目にする蒸気の利用

- 洗濯における蒸気アイロン
- 汚れ洗浄用蒸気利用
- 冬季の融雪用高温水の利用

工業用混合型加熱・冷却システム

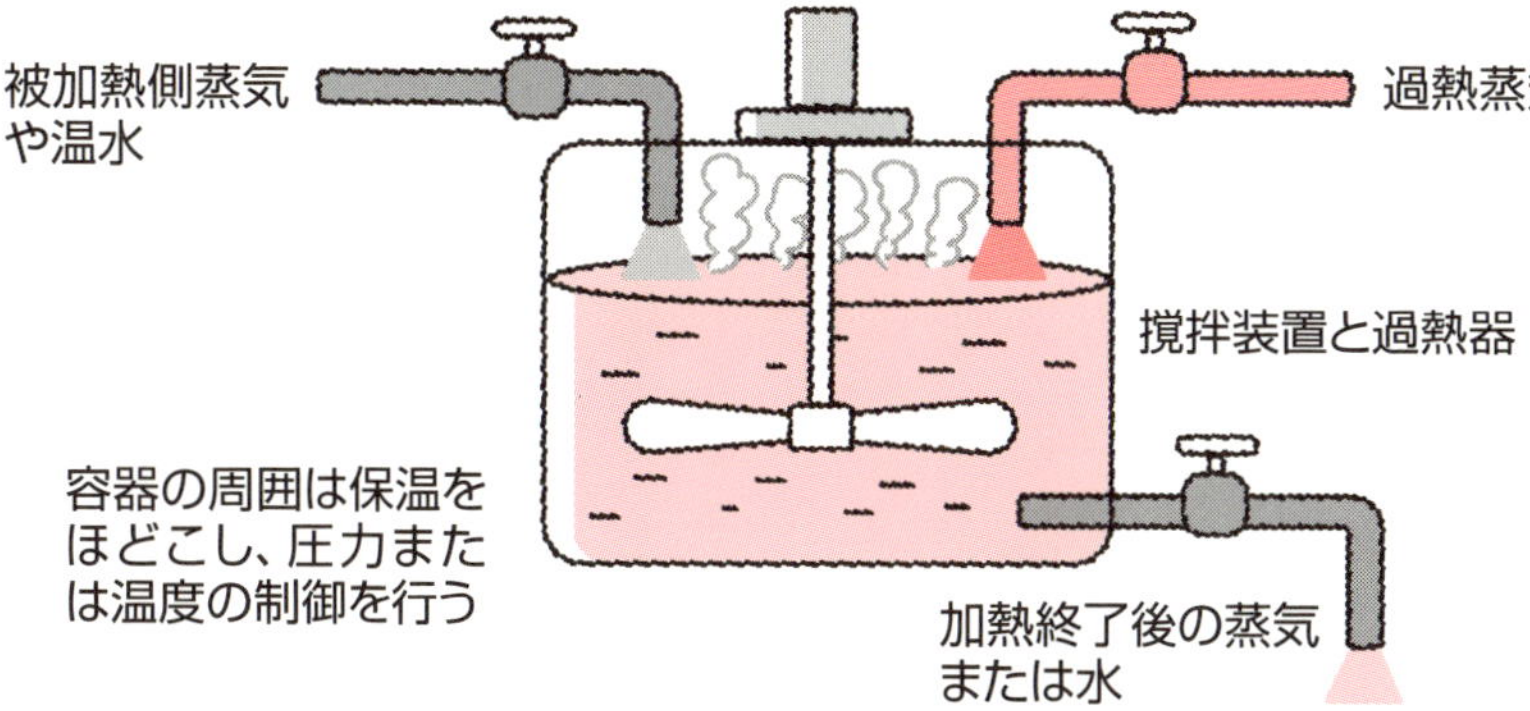

混合加熱の場合は同じ容器の中に各種の熱源からの蒸気や水を入れて攪拌することで、欲しい熱量または温度の水、もしくは蒸気が得られる。また容器の中を一定の圧力に保つことで、ずっと同じ温度が欲しい時も圧力を一定にすることで制御が可能になる。

42

水や蒸気を用いた熱交換による蒸気の利用

水や水蒸気の特長を活かす

加熱源としての蒸気や高温水と、被加熱側すなわち温められる物質を混ぜずに別々に扱う場合には、通常は熱交換器を用います。熱交換器にもいろいろな方式がありますが、蒸気や高温水では「シェルアンドチューブ式」が多く使われます。分離加熱の場合は、加熱源と被加熱物質が異なっていても加熱することができます。したがって、たとえば蒸気で海水を加熱するといった場合に、シェルアンドチューブ式の加熱器で海水側を管側に、そして蒸気をシェル側（胴体側）に導くことで確実な加熱ができます。温度を一定にするためにはシェル側の内圧を一定にすればよいので、レベル制御を行ってシェルの中の水を一定の高さに保つと自動的に内部蒸気が飽和温度になり、少しづつ凝縮（復水）するように水のレベルを保つことで確実な温度制御ができます。このように水や水蒸気の特長を事前に把握しておくことにより最適な加熱器が得られます。

蒸気タービンシステムにおいても、給水加熱器、復水器などは熱交換による蒸気の利用または蒸気処理の方法といえます。小型で圧力があまり高くない時には「プレート式」と呼ばれる直交する板を組み合わせた熱交換器が広く使われています。工場用などでは安価であることから広く利用されています。

大きな火力発電所のような場合には、圧力の高いところと低いところなどで8つ前後の給水加熱器をもっています。また高圧給水加熱器は、ボイラと同じように圧力も温度も高くなるので、故障の発生しやすい機器の1つですから、注意深い保守点検と整備が必要です。またその性能や構造と制御性に関して安定な運転が要求されます。

往復式の蒸気機関においても、左図に示すようにピストンで仕事を終えた蒸気は、水に変換してボイラに送り、再度回収して蒸気にしますが、その際には復水器を用います。

要点BOX

- ●大きな火力発電所では8つ前後の給水加熱器が付いている
- ●発電所以外でも熱交換による蒸気利用は広い

シェルアンドチューブ式熱交換器

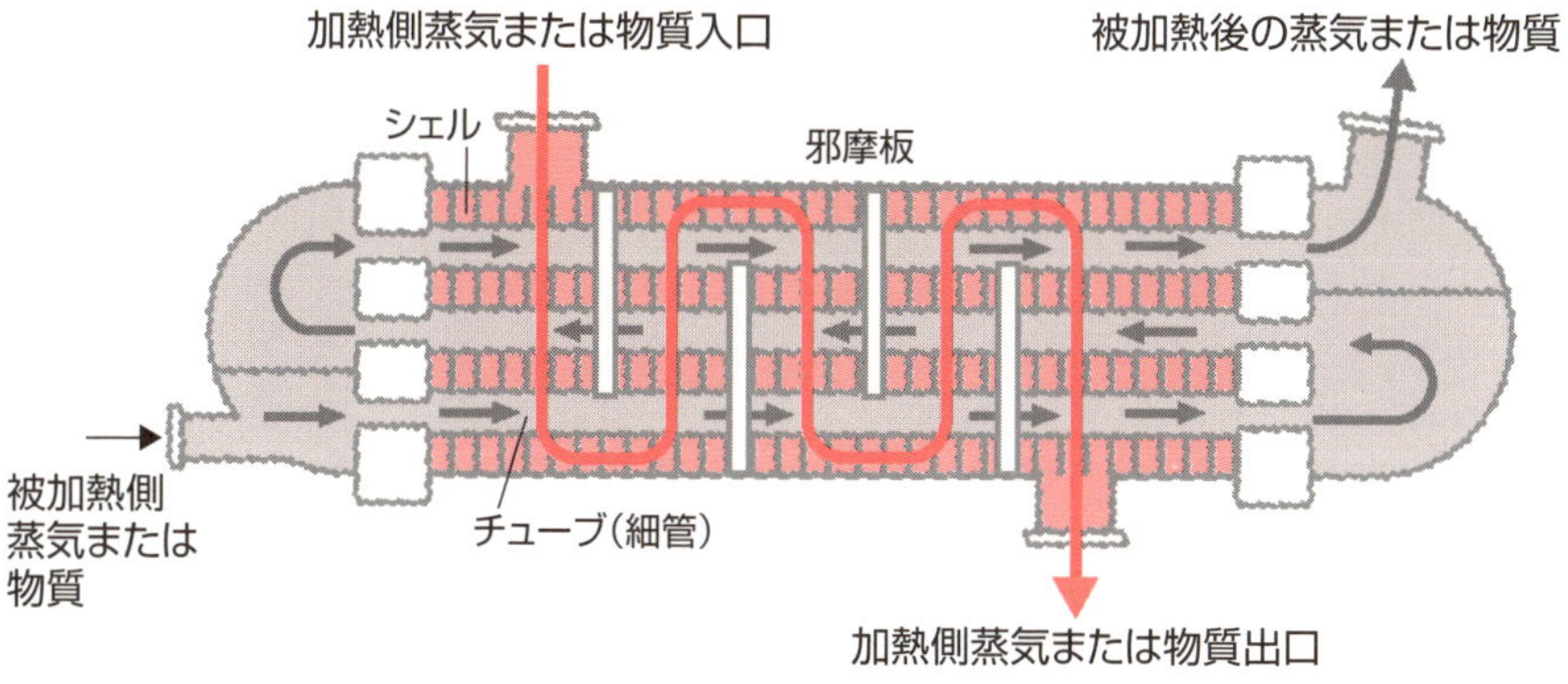

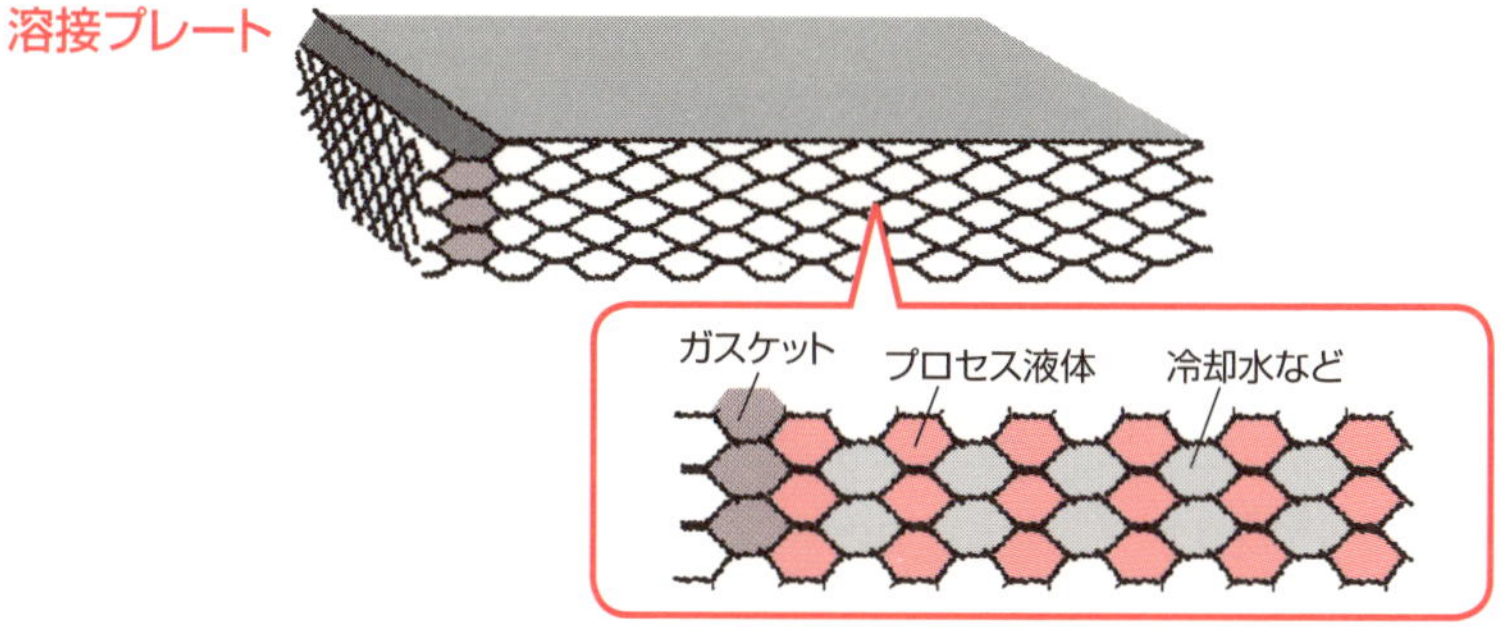

プレート式熱交換器

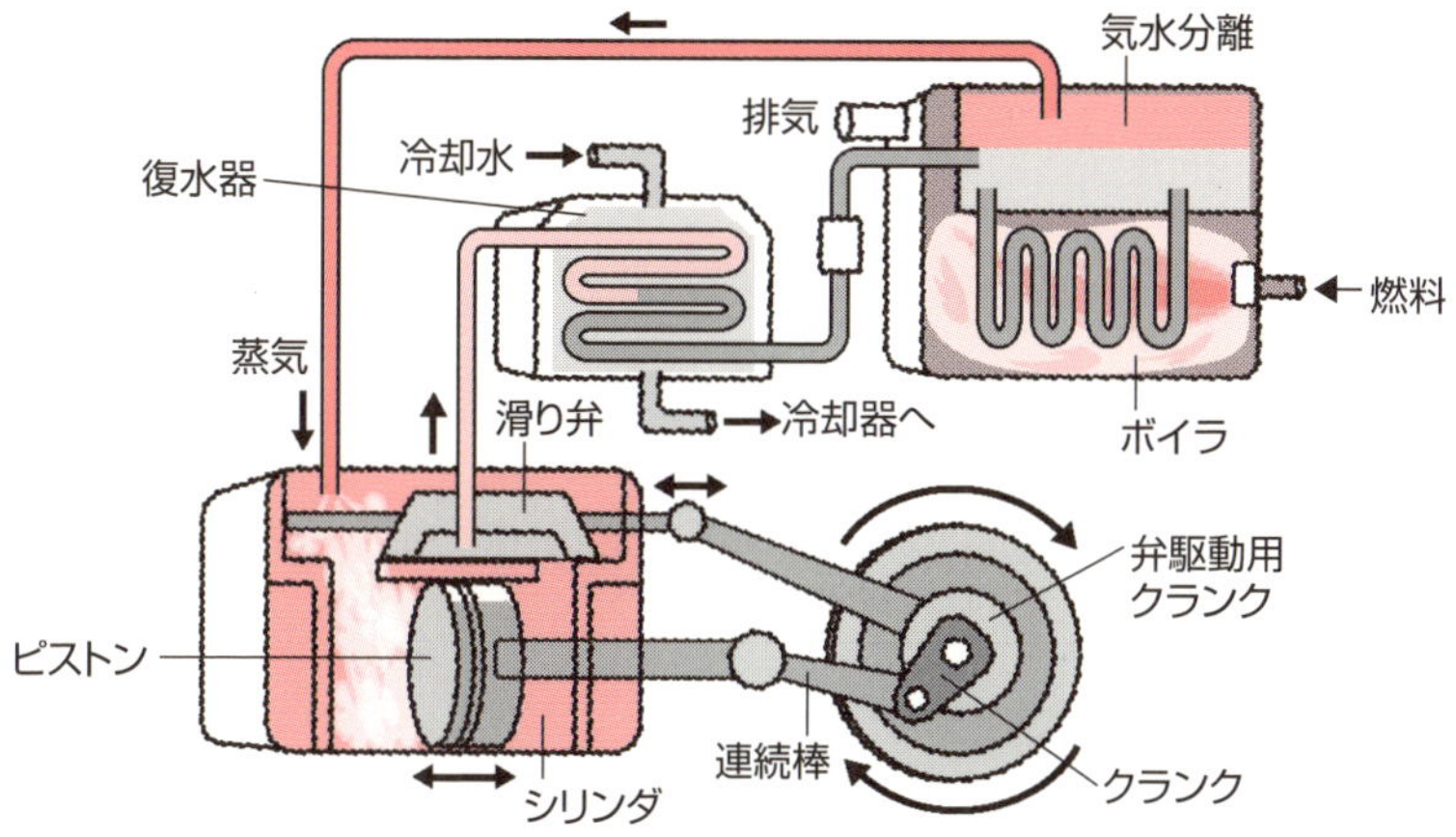

用語解説

シェルアンドチューブ: シェル(胴体)に多数のチューブ(伝熱管)を収めた熱交換器の形状。多管円筒式とも呼ばれる。

Column

雨の効用

日本は雨が多く、水蒸気や霧、雪、霰、雹、霧氷、それにダイアモンドダストといった気象状況の変化が激しい国ですが、特に雨の効用について考えてみたいと思います。

海外の各国に行くと東南アジアのような熱帯性気候以外で、四季があり、しかも雨の多い国はないといってよいと思います。雨は時として大きな災害を発生させますし、ジメジメしてカビや病原菌の繁殖を助けるような面が多く、なんとなく不快に感じられますが、実は日本がきれいなのは、雨が汚れを流してくれているのではないかと考えています。空気中の汚れを浄化し、地表に積もった塵や埃を洗い流し、いつも緑の国にしてくれるのは雨を代表としたこの湿度なのです。

日本の街の中はそれほど埃もなく、また砂ぼこりもありません。また雨が多いことで急な山岳地帯が多いにもかかわらず山には緑があり、諸外国と比較して短い河川が多いのに、いつも豊かな水を貯え、飲み水にもそれほど不自由することなく、また稲作や野菜づくりに適しているのは、この雨とそこから発生する水蒸気のおかげだといっても過言ではないでしょう。

さらに雨は急峻な山岳を緑の山々にし、多くの動植物を育み、多様な生態系をつくっているわけです。水があるということは水蒸気を中心にした湿分が形成されるわけで、その効用で霧や蒸気が空気中の汚染物質を浄化してくれることと、美しい情景をつくってくれていることは雨の効用といってよいと思われます。砂漠の多い国々や乾燥した地域を旅すると、雨がもたらしてくれる「日本の良さ」を再認識できると思います。気象変動が地球全体に大きな影響を与え、日本の気象条件が変化して砂漠地帯になるといったことが起きないよう願わずにいられません。

第6章

蒸気から動力を取り出す

43 ニューコメン機関の欠点

ワットが機関の改良に興味をもった

　往復式のピストンシリンダで蒸気を膨張させ、動力を得る装置が「レシプロ式蒸気機関」であり、回転力になった動力で車輪を回して、①列車を走らせる、②プロペラを回すことで推進力を得る船舶、③発電機を回転させることで電気を発生する発電所ができてきました。

　昔の蒸気機関の説明はジェームス・ワットの蒸気機関を説明するほうがわかりやすいでしょう。

現在でも白い湯気を吐きながら進んでいく蒸気機関車は、わが国でも観光用に運転されています。蒸気機関車をよく見てみると、機関車の上部からは黒い煙が出ていますが、あれは石炭燃焼時の煙です。白く見えるのが水蒸気です。

　産業革命以前には、炭坑坑内に涌き出る水を地上に汲み上げる仕事が重労働でした。人力で水を汲み出せる坑道の深さは20mが限界といわれていました。そのため1705年、ニューコメンが左図に示すようなニューコメン機関を利用し、水の汲み上げるようにしました。

　しかし、この機関は蒸気をシリンダ内に充満させた後に水を吹き込むので、シリンダ全体が冷えてしまい仕事の効率が悪く「ニューコメンの蒸気機関を作るのに鉄鉱山が1ついるし、蒸気を動かすのにも炭鉱が1ついる」などと悪口を叩かれました。

　そこで修理工であったワットは、この機関の改良に興味をもち、左下図ようにシリンダの後に凝縮器（コンデンサ）をつなぎ、冷却は凝縮器で行い、シリンダの温度を下げない工夫により、燃料消費量を少なくすることに成功しました。さらに、クランクを取り付けて上下運動を回転運動に換える工夫も行いました。

　このことがさらに蒸気機関車や蒸気船の動力源として発展していきました。

　熱力学的な裏付けはともかく、このような発想を実現してしまうことに驚かされます。

要点BOX

- ●炭坑坑内に涌き出る水を地上に汲み上げる
- ●ニューコメン機関を利用した
- ●効率性に難点があった

往復式蒸気機関

ニューコメン単筒大気圧蒸気機関

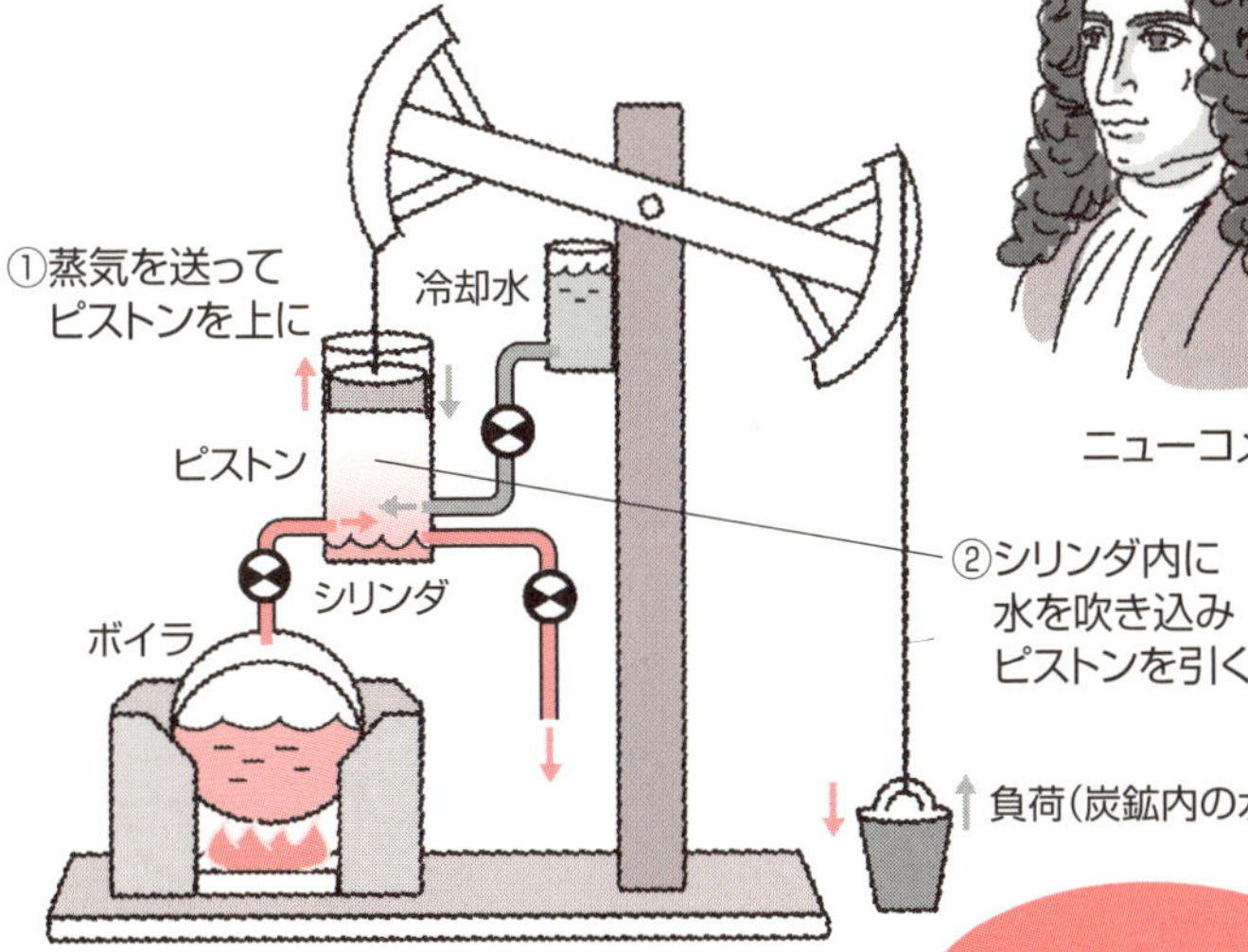

ニューコメン

ワットによる改良機関

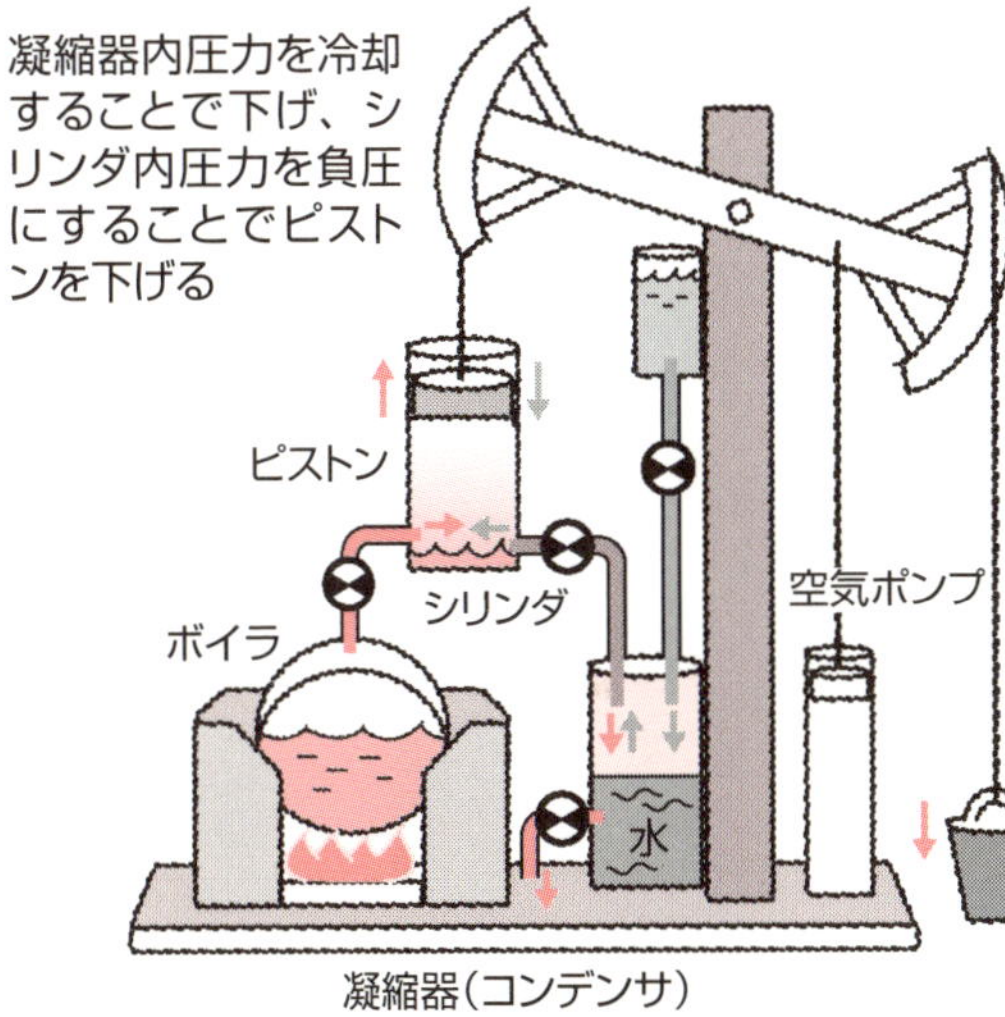

ジェームズ・ワット

（参考文献：国立科学博物館技術の系統化調査報告、Vol.7 2007.March）

用語解説

レシプロ式蒸気機関：蒸気をシリンダに導き、ピストンを動かして往復運動をさせるしくみ。

44 蒸気機関車の中は煙管ボイラ

機関車に力を与える

蒸気機関車はボイラと往復式蒸気機関を組み合わせています。その特長は見てわかるとおり移動式のものであることです。ボイラは煙管ボイラで、横に置いたドラムの水面下に、燃焼ガスの通る煙管をたくさん置いて伝熱面積を大きくしています。最初に火を点けてから比較的短時間で運転が可能です。また大きさの割に水蒸気が多く発生し、効率も60～70％に達するものです。

　蒸気機関車の場合は線路の中を走るので横の寸法に制限があります。つまりドラム径に制限があるから、線路の幅に見合った細長くて、そのため燃焼用空気が流れにくい構造にしかなりません。その欠点を解消するために、排出蒸気の噴出を利用した「エゼクタ」と称する霧吹きの原理を用いた吸引器で強制的に風を送って、燃焼を促進しています。ドラムの直径が細いので、その圧力はゲージ圧で20気圧（2・1MPa）程度が最高圧力です。

　ボイラでつくられた蒸気は、機関車頂部の蒸気溜まりから蒸気シリンダに供給され、車輪をクランク構造で回転させます。日本の国鉄式蒸気機関車は、ほとんどが過熱式蒸気機関車で、中央部に煙管があり、その中に過熱管を通しています。D51では過熱管は28本あります。下の細い管が小煙管。熱気だけが火室から煙室へと通る細い管で、直径50㎜前後、本数70～90本です。熱気はそのまま煙室へと出て、シリンダからの排出蒸気や通風で、煙として煙突から出てくるわけです。これらの煙管が、水を沸かす中心の役割となるのです。

　「過熱式」と呼ぶのは水蒸気が蒸気溜へとたまり、乾燥管を通って、過熱管寄せに入るからです。飽和蒸気は過熱管へと導かれ2往復します。その間400℃ほどに加熱されて過熱蒸気となり、過熱管寄せに戻り、主蒸気管に進んで、ピストン弁→シリンダに送り込まれます。

要点BOX

- ●ボイラは煙管ボイラ
- ●比較的短時間で運転が可能
- ●日本では、ほとんどが過熱式蒸気機関車

蒸気機関車のしくみ

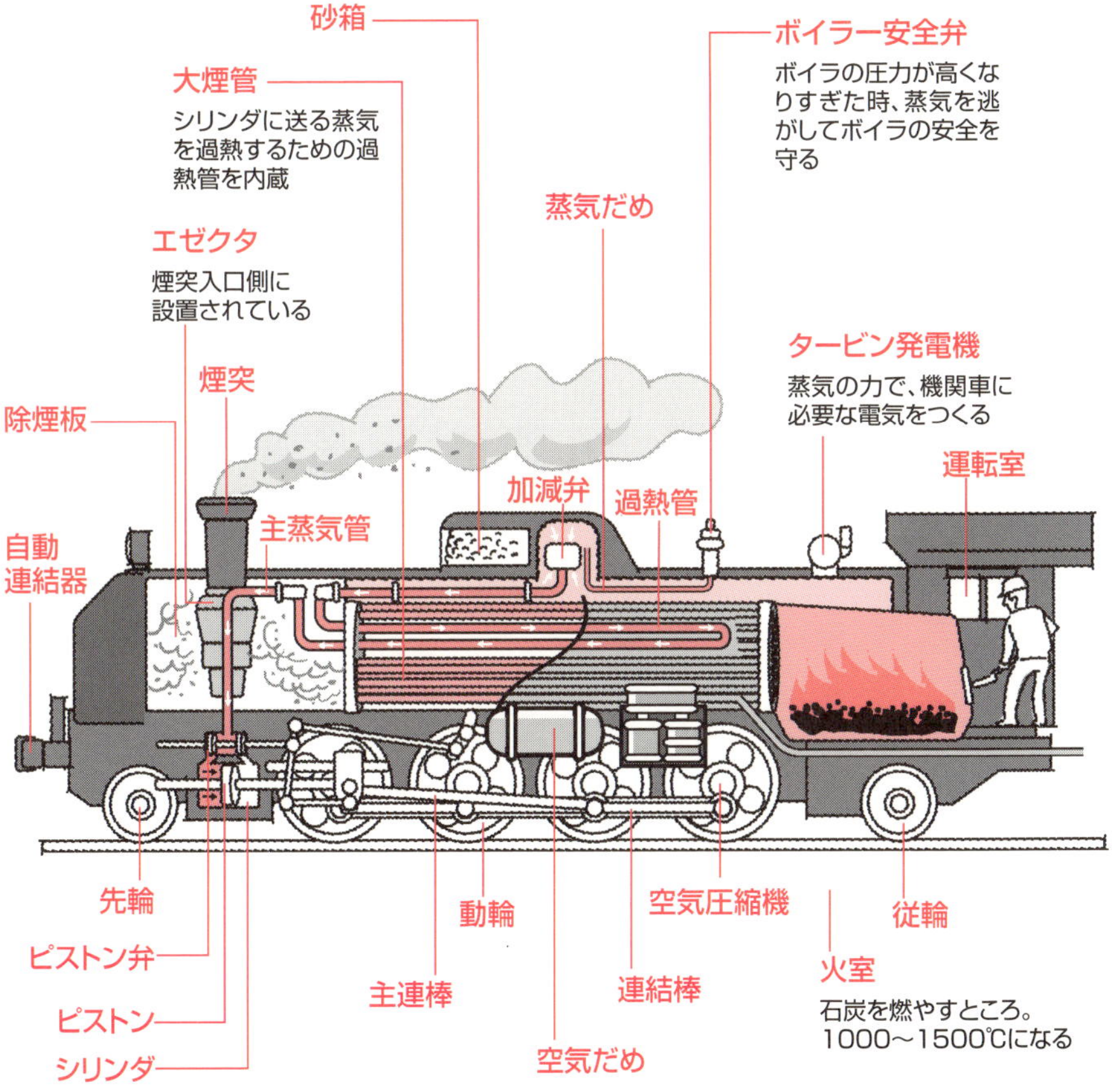

飽和蒸気を加熱して高温にすることで、機関車により強い力を与えている。小型の初期のころの蒸気機関車は飽和蒸気を使用していた。

用語解説

エゼクタ（ejector）：高圧の蒸気または水をノズルから噴出し、その周囲の水や空気または蒸気を排出する一種のポンプ。

45 蒸気機関を推進力とした船

帆船から蒸気船の時代に

産業革命の重要な発明である蒸気機関を船舶のエンジンに使ったのは何人かが行っていますが、実用化に最初に成功したのは、アメリカ人のロバート・フルトンだったので、彼が〝蒸気船の発明者〟とされています。

フルトンはワットの蒸気機関を応用して、１８０７年に外輪船クラーモント号を建造し、ニューヨークとオルバニー間のハドソン川約２４０㎞を32時間で航行したといわれています。その時の船速は４ノット（１ノットは時速１・８５２㎞）で、これが商業旅客開始とされています。

また、サヴァンナ号は、１８１９年にアメリカ東海岸のサヴァンナからイギリスのリヴァプールまで、27日と11時間で航海したと報告されていますが、実際に蒸気力を用いたのは85時間だけで、大半は帆走であったといわれています。

ナポレオン戦争までは軍艦はすべて帆船でしたが、１８２７年のギリシア独立戦争時のナヴァリノ海戦を最後に帆船は姿を消し、19世紀後半は蒸気船が主力となりました。大西洋に定期航路が開設されたのは１８３８年ですが、当初はやはり外輪船でした。燃料は石炭で大量に必要になり、特に大海を航海する際にはその補給地が必要になってきました。１８５３年、浦賀にやってきたペリー艦隊の黒船も外輪船でした。アメリカが日本に黒船で開国を要求したのには、捕鯨船の石炭や水などの補給港を江戸幕府に求めたという説もあります。

スクリュープロペラで推進する本格的蒸気船が実用化されるのは19世紀後半からです。その後に船舶用の蒸気タービンができましたが、当時は歯車の技術がなく、蒸気タービン段落の最も効率の良い回転数とプロペラの要求する回転数を直結されていたので非常に大きな直径のタービンが作られてきました。図に示す形式な減速歯車付き船用蒸気タービンが出てくるのは後の時代です。

要点BOX

- ●1807年、フルトンが初めて実用化
- ●商業旅客開始の船速は時速4ノット
- ●浦賀の黒船来航は燃料補給

船の蒸気機関

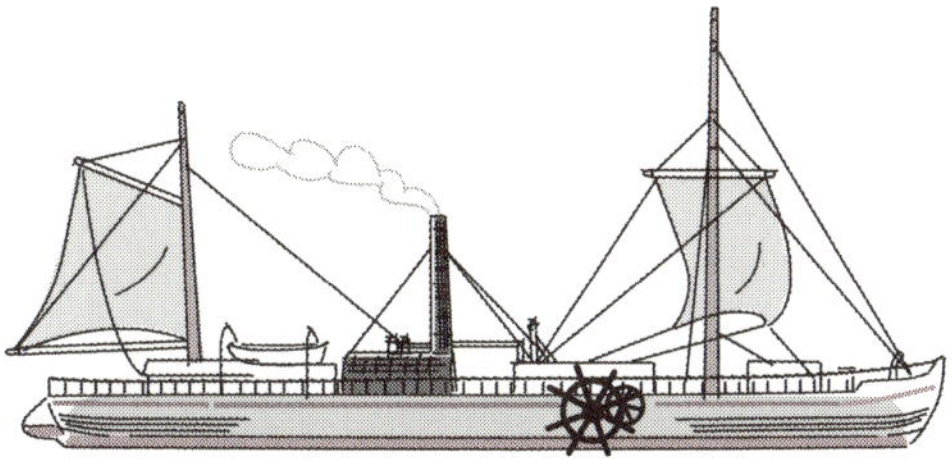

外輪船クラーモント号。1807年にニューヨーク―オルバニー間のハドソン川240kmを32時間で航行した。

ロバート・フルトン

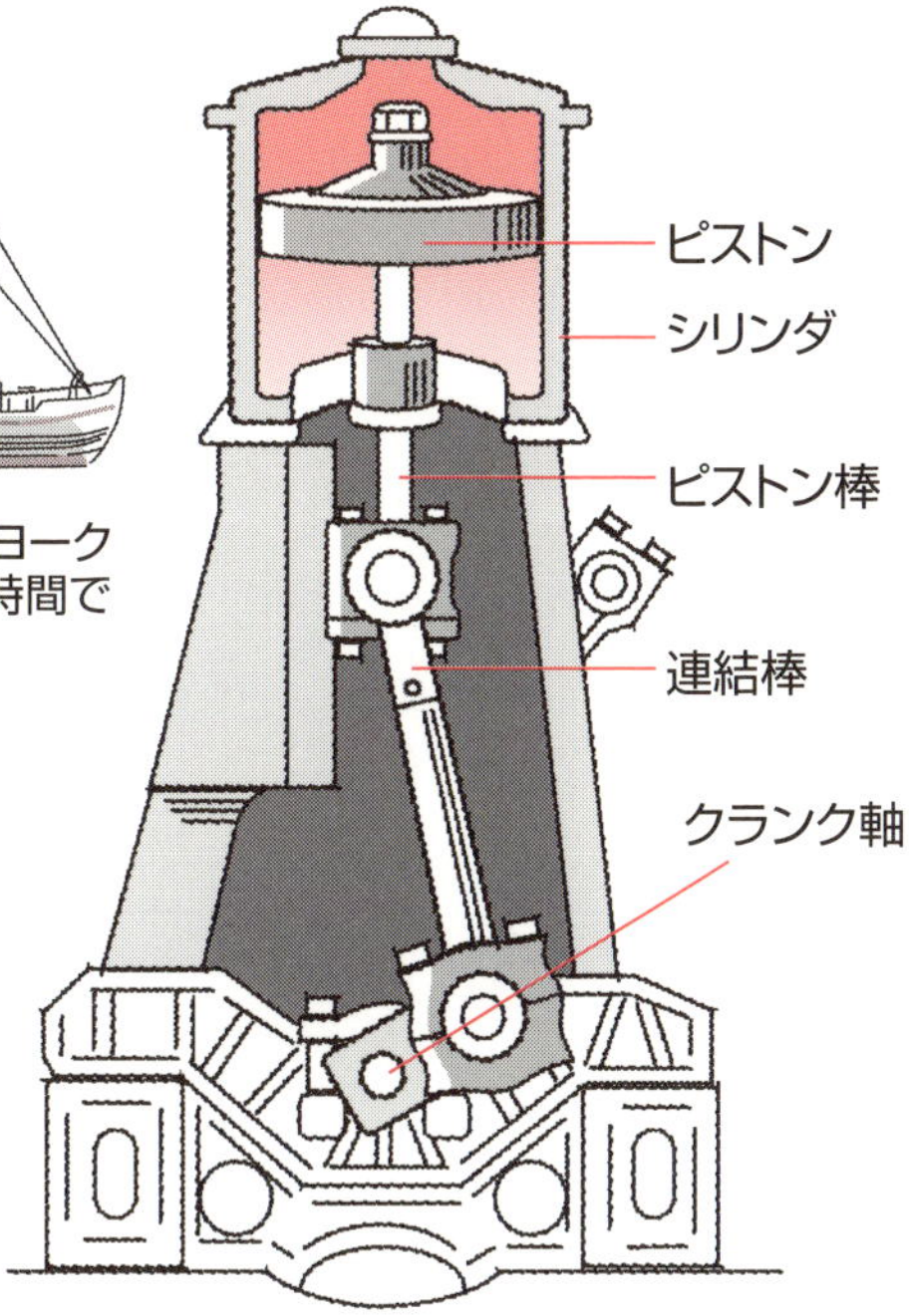

クラーモント号の蒸気機関

減速歯車式蒸気タービン

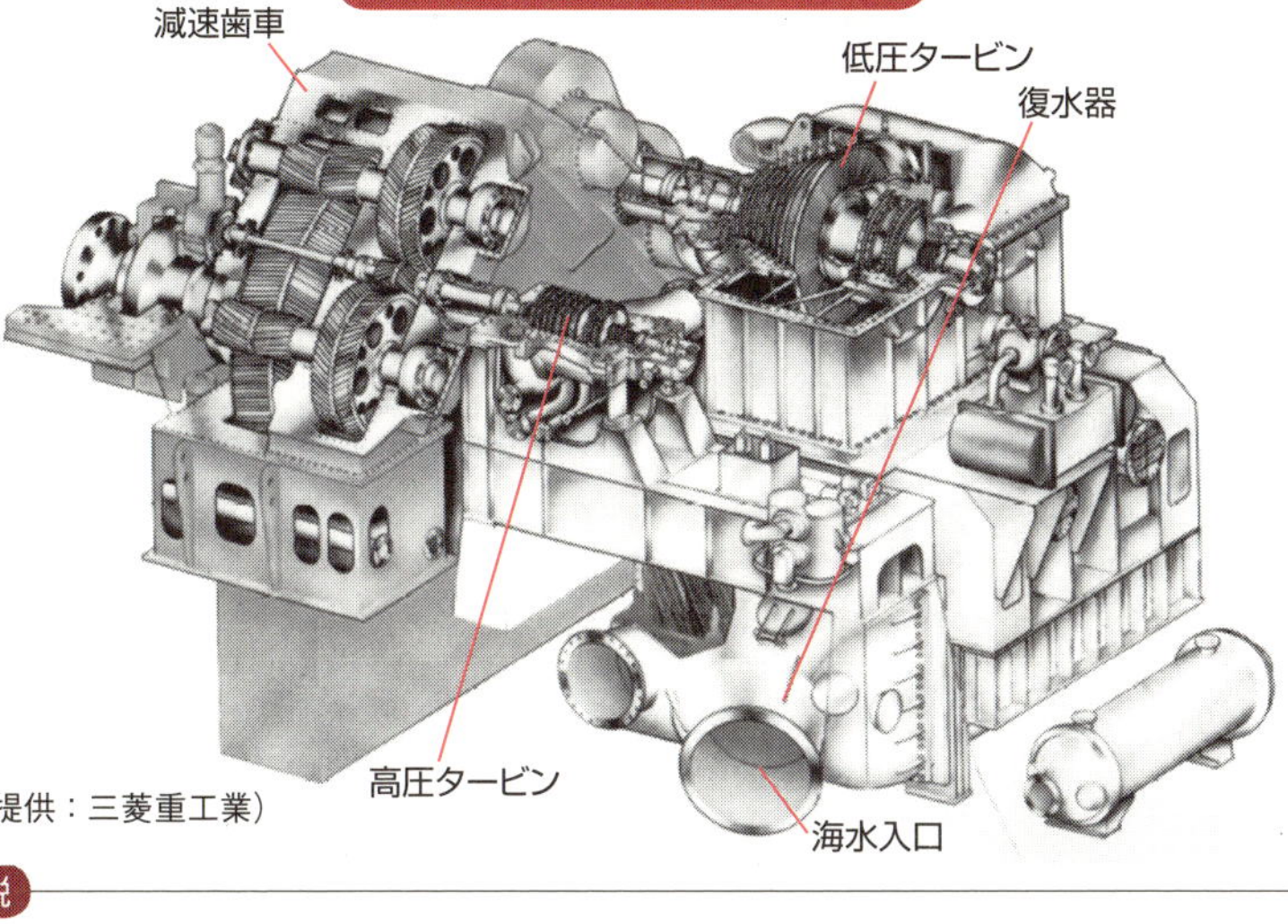

（資料提供：三菱重工業）

用語解説

ノット（knot）：速さの単位で、1時間に1海里（1852メートル）進む速さを示す。

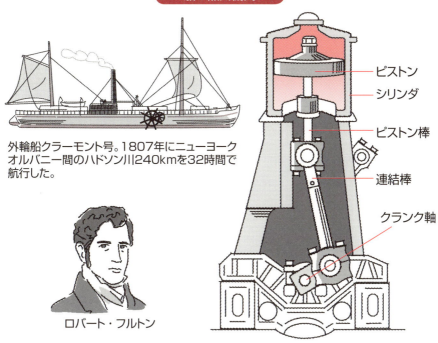

46 熱エネルギーを各動力に変換する蒸気タービン

蒸気タービンサイクルの中核をなす機器

蒸気タービンはボイラと並んで蒸気タービンサイクルの中核をなす機器で、発電機やポンプを駆動したり、また船舶用のプロペラ駆動など熱エネルギーを各動力に変換する道具です。

蒸気タービンには高圧、高温の蒸気が流入し、内部に設けられているノズルで蒸気を最適な速度まで増速して速度エネルギーに変換し、回転軸に取り付けられている動翼間に流入して回転運動に変換して仕事をします。

タービンの蒸気条件と出力、それに運転方法の要求により、通常はノズルと動翼の組み合わせを1段として、単段のものから数十セット段まで連続してあります。車室分割されて組み合わされたものもあります。蒸気タービン内部の圧力・温度は順に減少しながら仕事を行い、最終的に蒸気のもつエネルギーが使えなくなるまで膨張します。最後に復水器内で水になって回収されるタービンを「復水タービン」といい、もっとも効率が高く、大きな出力が得られます。

現在の火力発電所の最新鋭タービンの蒸気入り口条件は圧力25MPa、温度600℃／600℃級ほどで、システムとしては「1段再熱再生式プラント」ですが、国家プロジェクトで圧力35MPa、温度700℃／720℃／720℃という高温高圧2段再熱式が計画されています。

左頁で示した蒸気タービンの構造断面図は、1つの車室で蒸気を高温高圧から復水に至るまで膨張させる構造のもので「単車室多段式タービン」といわれるものです。

下側の構造断面図は中間段落に抽気用の部屋が設けている「抽気復水式単車室タービン」で、各種の工場などで発電を行うとともに、工場内の必要箇所に蒸気を送る場合や、効率向上のための給水も1つのものから多数に加熱器用の加熱源として蒸気を送るために使われます。

要点BOX

●蒸気タービンはボイラと並んで蒸気タービンサイクルの中核をなす機器

●蒸気を回転運動に変換する

蒸気はノズルで増速、動翼で仕事

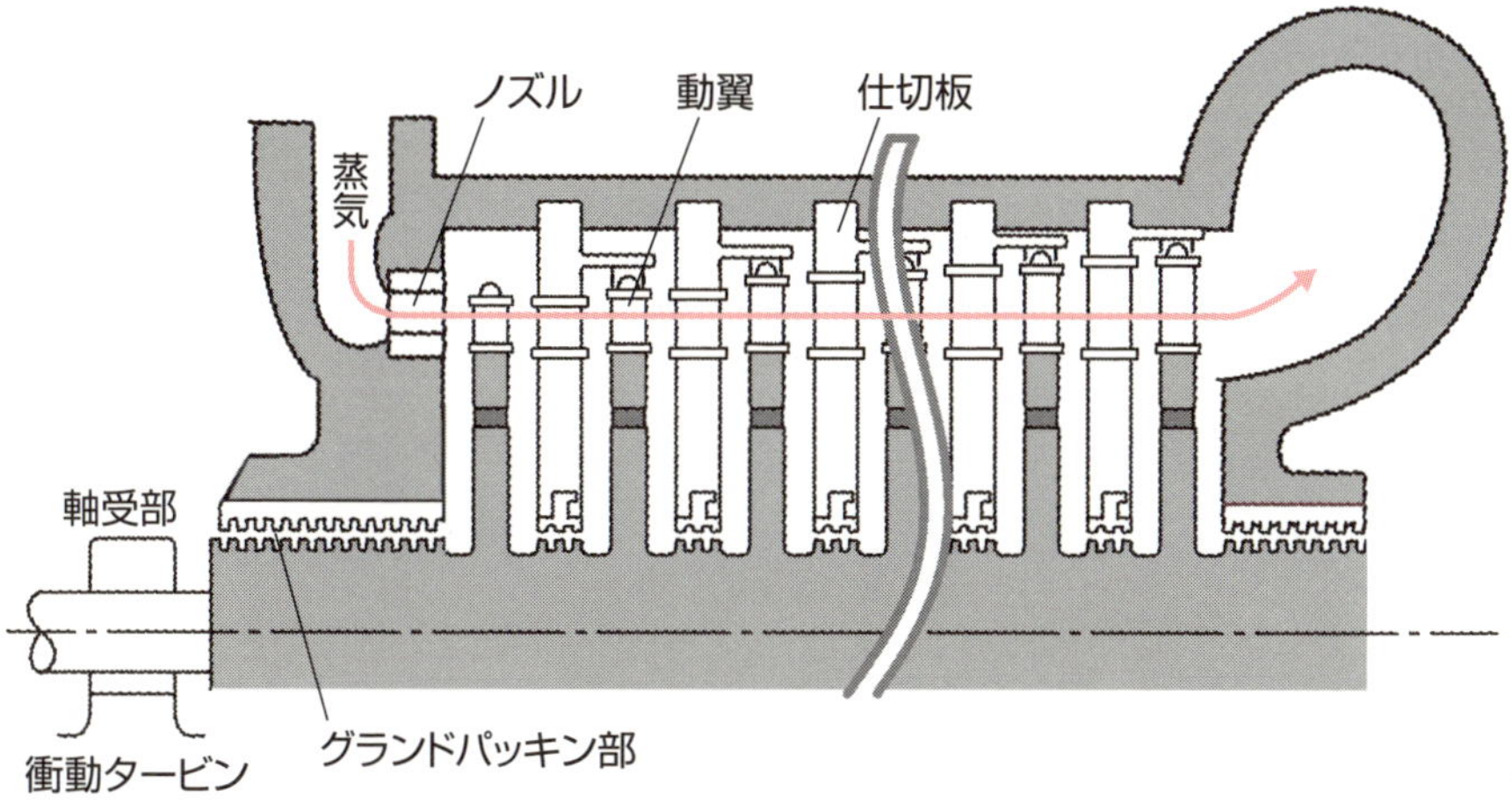

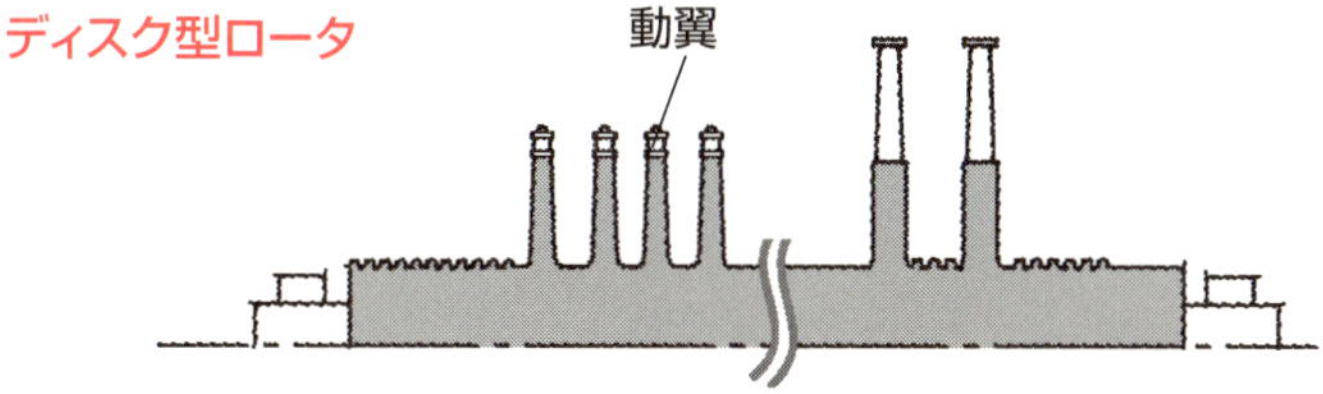

蒸気タービンには
・数十kWの小型のものから100万kWを超える大型のもの
・超熱力学的には衝動式と半動式
・圧力ごとに別の車室に分割されている
というように非常に多くの種類があります。

47 蒸気タービンの基本的な動き

蒸気エネルギーを機械仕事に変換

蒸気タービンは高圧、高温の蒸気がもつエネルギーを、機械仕事に変換することを目的としています。46項に示したように、固定されているノズルで蒸気のもつ高圧、高温のエネルギーを圧力、温度降下させることによって、運動エネルギーに変換します。そしてこの高速ジェット蒸気が、回転軸に取り付けられた動翼に衝突し、方向変換するときの力を利用して、動翼が取り付けられている被動機（たとえば発電機やポンプ）の抵抗モーメントに打ち勝って回転するものです。

したがって、噴出蒸気は、できる限り回転方向から流入させるのが効率向上につながりますが、実際は理論どおりに作ることができないため適切な流入角度をもたせています。

蒸気タービンの段落は、ノズルと回転軸にある翼（動翼）が基本単位ですが、その作動方法で衝動式と反動式の2種類の設計手法があります。

理論的には衝動タービン段落は、ノズル内でその段落で使う蒸気のエネルギーをすべて速度に変換し、動翼内では蒸気の進む方向を変更させてその力を得るものです。

一方、反動タービンはノズル（反動タービンの場合は静翼と呼ばれることもあります）内と動翼内の1対の組み合わせの中で、蒸気エネルギーを速度エネルギーに変換しながら力を得るように設計されたものです。実際の蒸気タービンにおいては完全に衝動式であるとか反動式であるといった区別はなく、蒸気の通路の大きさや、回転体と静止部分との隙間といった最適な反動度をもった蒸気タービンが設計製造されています。

大きくくくると、アメリカのGE系のタービンは衝動タービンの設計で、ウェスティングハウスやドイツのシーメンスなどが反動タービンの設計から進歩してきていることが有名です。

要点BOX

●ノズルと回転軸にある翼（動翼）が基本単位
●作動方法で衝動式と反動式の2種類の設計手法がある

蒸気タービンの基本的な動き

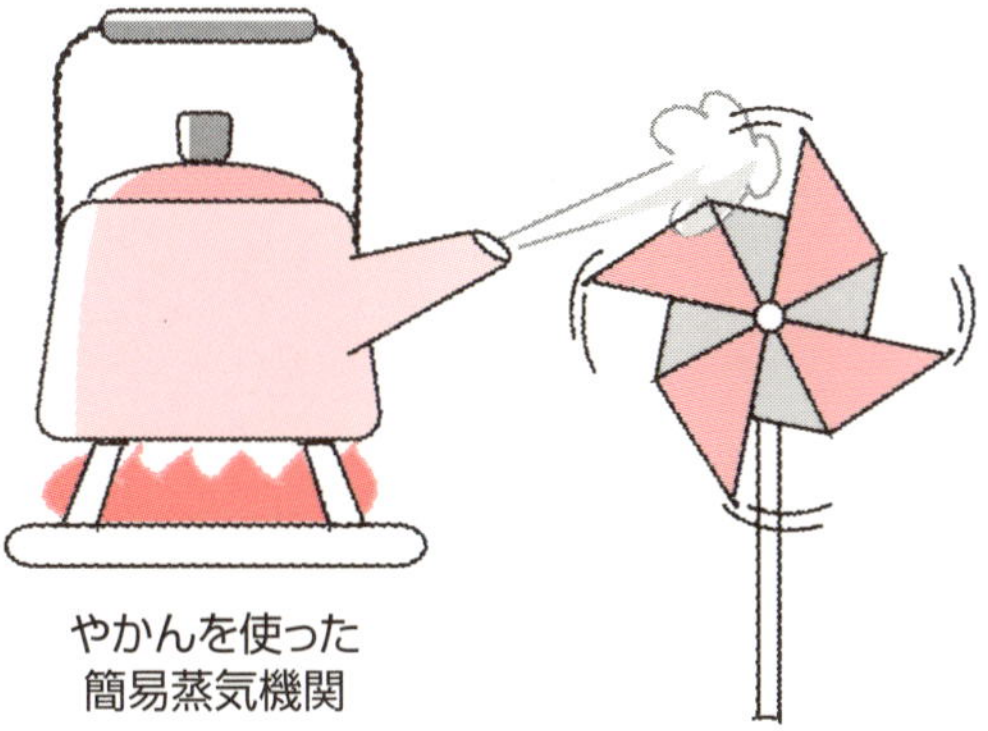
やかんがボイラとなり、
蒸気をやかんの口から
風車に吹き付け回す。

やかんを使った
簡易蒸気機関

細いノズルから噴出する
蒸気の反作用によって
球体が回転する。

ヘロンの蒸気機関

反動タービン

全体図

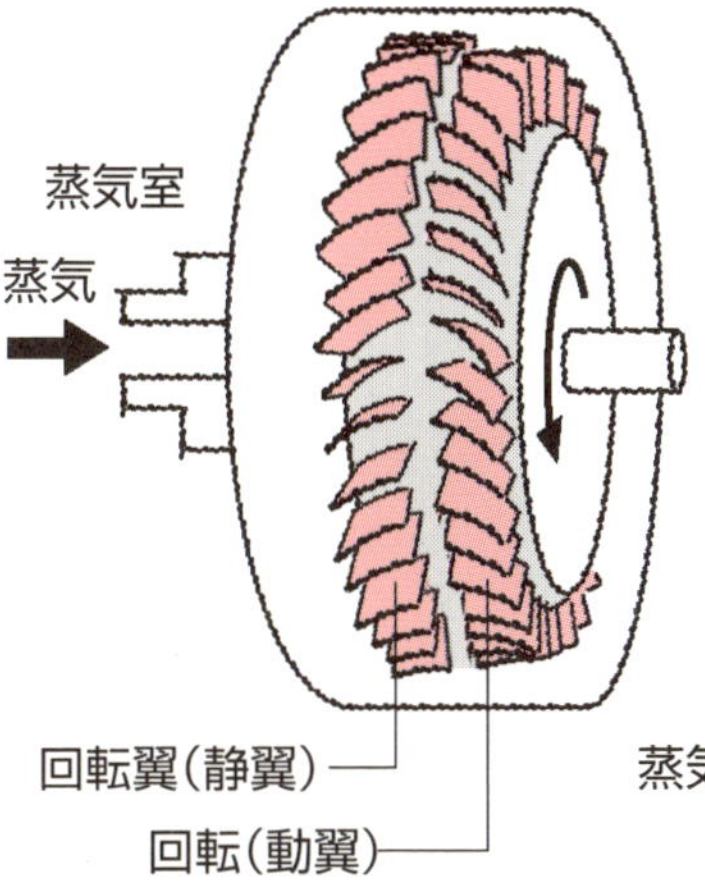

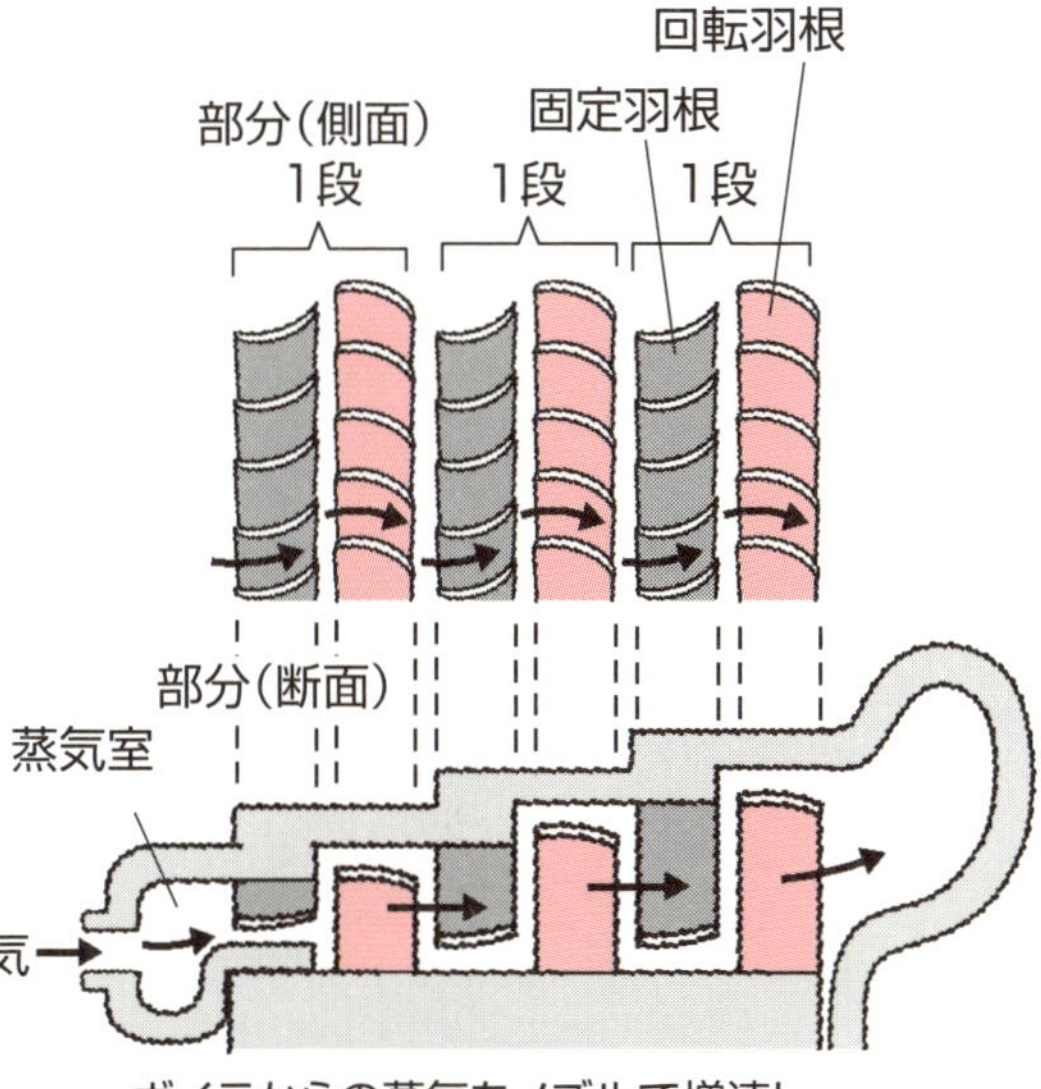

ボイラからの蒸気をノズルで増速し
動翼で回転運動に変える。

用語解説

GE(General Electric Company)：アメリカ合衆国コネチカット州に本社を置く、世界最大のコングロマリット。

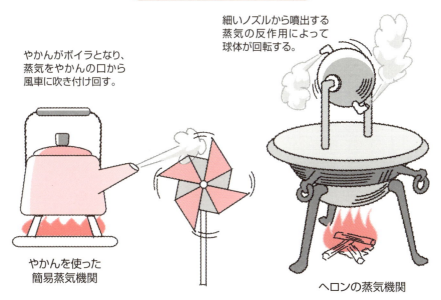

48 蒸気タービンの実際

蒸気タービンの機能

実際の蒸気タービンはどのような機器、どのような機能をもっているのかを考えてみたいと思います。主な蒸気タービンの分類を左図の上部に示しています。

蒸気タービンはランキンサイクルを実現するときに往復式蒸気機関がまず考えられましたが、もっと高効率にするということから考案されてきたものです。大型発電所のような高効率が要求される場合には、ランキンサイクルに再生再熱を追加した復水式タービンを用いています。原子力発電所も再熱してはいませんが、同等の湿分分離を行って加熱するシステムが使用されています。

発電用と工場の加熱工程で蒸気を使用する場合には、抽気復水式タービンや抽気調圧復水式タービンが使われています。排気蒸気を復水せず、圧力の高い状態で工場蒸気として使用するときなどに用いられるタービンが、「背圧式タービン」です。

また、工場やプロセスの排気が高温の場合や、ディーゼルエンジンの高温で高エネルギーの排気ガスのもつエネルギーを上手に回収するために、最適な低圧の蒸気タービンを用いている例があります。現在の火力発電所で中心的に用いられるガスタービンコンバインドプラントがありますが、その最終的な熱回収装置として蒸気タービンが用いられています。

蒸気タービンのもう1つの大きな用途は化学工場です。化学工場は基本的に防爆地域なので、電気系による漏電やスパークの発生が嫌われます。したがって1つのプラントで100台を超える火花の発生しない蒸気タービンが使われている例もあります。蒸気タービンは、ポンプ駆動用やファン・コンプレッサの駆動用にも、出力的には数十kWレベルから数万kW級のものまで広く使われています。世界中の化学工場で多くの事故が起きていますからその対策は重要です。制御装置や補機も空気式制御信号を使うといったことがあります。

要点BOX
- 発電用や化学工場で活躍
- 化学工場は基本的に防爆地域
- 電気系による漏電やスパークの発生を嫌う

蒸気タービンの実際

サイクル的な分類

単純タービン
再正式タービン
再熱式タービン

機器構成別分類

復水式タービン
背圧式タービン

蒸気用途別分類

抽気式タービン
調圧式タービン

駆動機用途別分類

発電用
ポンプ駆動用
船舶用

タービン室の配置

発電所用などで大きな出力のタービンにおける各タービン車室の配置。蒸気は（トップタービン）高圧、中圧、低圧と順番に流れる。低圧が２つあるのは通路面積が不足するので２つに分けて蒸気を流しているためである。

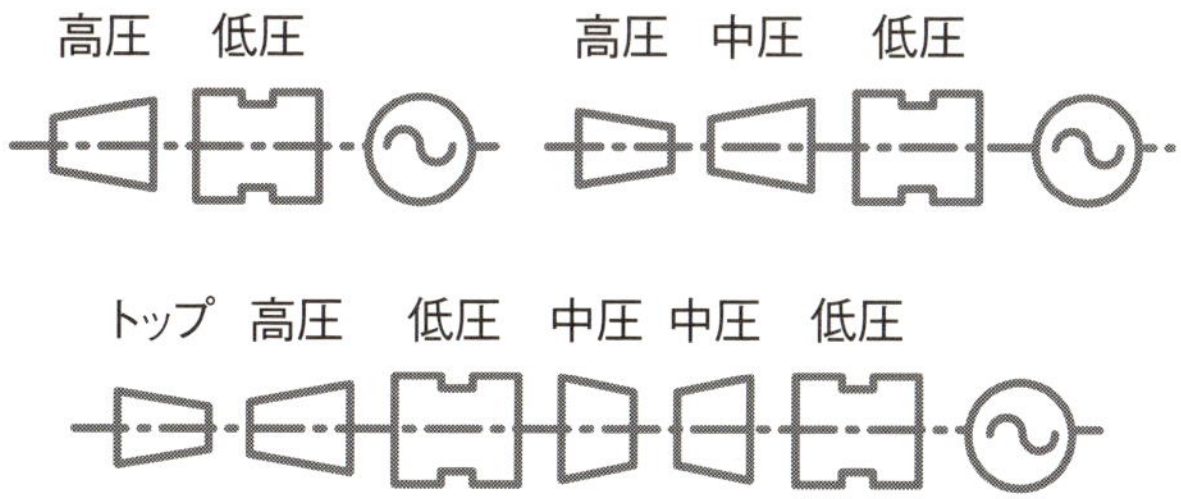

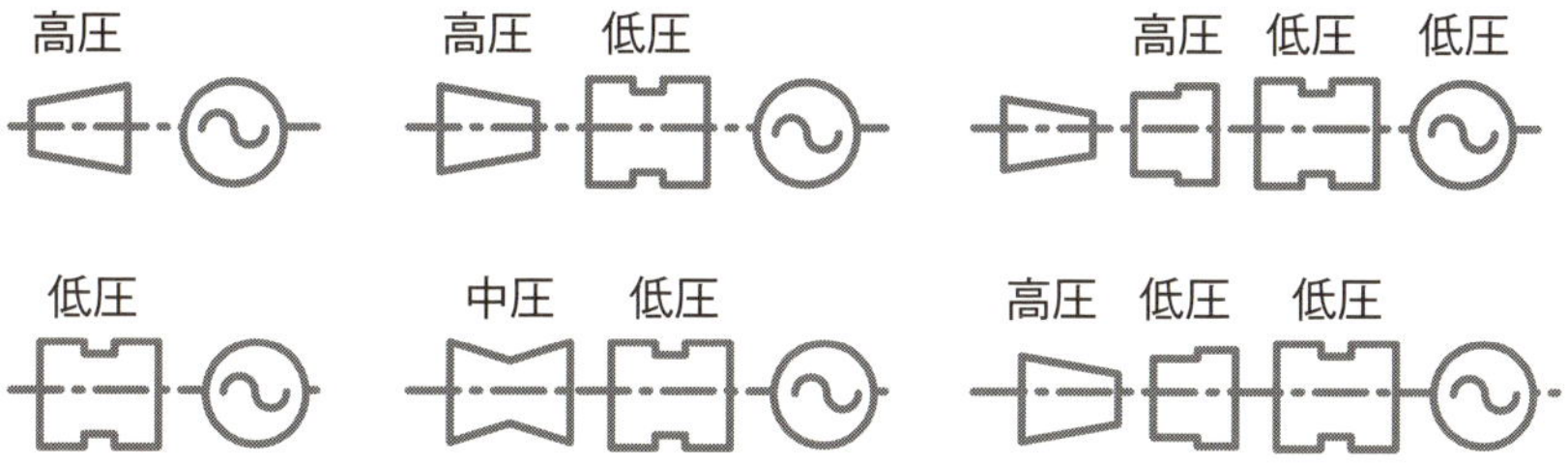

用語解説

防爆地域：「工場電気設備防爆指針（1979）」では、その危険度に応じて、危険場所を０種、１種、２種の３種類に分類している。

49 蒸気タービンを用いたいろいろな動力機械

蒸気タービンの用途は非常に広い

蒸気タービンの用途は非常に広く、各種の工場や発電所、船舶などで活躍しています。蒸気タービンというと発電所が一番先に浮かびますが、船舶でも推進用の主機やコンプレッサやポンプの駆動用に使われています。

蒸気タービンのもう1つの特長は可変速運転ができることです。電動機で機器を駆動すると回転数は一定になります。蒸気タービンによる運転では必要な回転数での運転ができるので省力化につながります。もちろん電気的に回転数変換装置もありますが、現在は大容量の機器が高価であることや、ボイラや他の蒸気源がある時には、蒸気タービン駆動して回転数制御を簡単にすることができます。これはファンやコンプレッサ、それに船舶のプロペラなどの必要入力は回転数の3乗に比例するので、必要な圧力や温度を、また船舶の場合には必要な船速を得られる回転数まで下げてやることで、大きなエネルギー損失を防ぐことができます。

この他にも環境問題の解決策の1つに「バイオマス発電」があります。バイオマス発電も火力発電とサイクル的には同じです。すなわち燃料をサトウキビの搾りかすなどの農業廃棄物を使用することで、その燃焼時に発生する炭酸ガスは植物由来であり、環境に影響がないとされています。一年を通して野菜や農業製品が採れる温暖な海外では、多くの設備が設置されています。特に地球温暖化防止が叫ばれている昨今、二酸化炭素を増加させない(バイオマスは、元々空気中の二酸化炭素を植物が固定化しただけなので、燃やしても二酸化炭素が元の空気に戻るだけ)発電として、注目されています。

ごみ焼却発電は、ゴミ焼却場を建設する際に廃熱を回収して、発電するもので、これも火力発電の一種です。燃料にゴミを使用しますが、下水処理場で発生する汚泥を燃料にしている例もあります。

要点BOX
- ●被駆動側の高効率点な運転が可能になる
- ●船舶のコンプレッサやポンプの駆動用
- ●バイオマス発電は環境問題の解決策

蒸気タービンを用いたいろいろな動力機械

①発電用
石炭炊き、石油炊き、
天然ガス炊き、火力発電所、
天然ガス炊きガスタービン
& 蒸気タービン・
コンバインド

②バイオマス発電

③都市ごみ発電

④産業廃棄物発電

⑤船舶LNG船

火力発電所

⑥機械駆動用
圧縮機　ポンプ　冷凍機
など

LNG船

⑦冷熱発電
高温源を海水、低温源を
LNG（マイナス 160℃）
としてプロパン蒸気など
を使用する

最新鋭石炭火力発電所

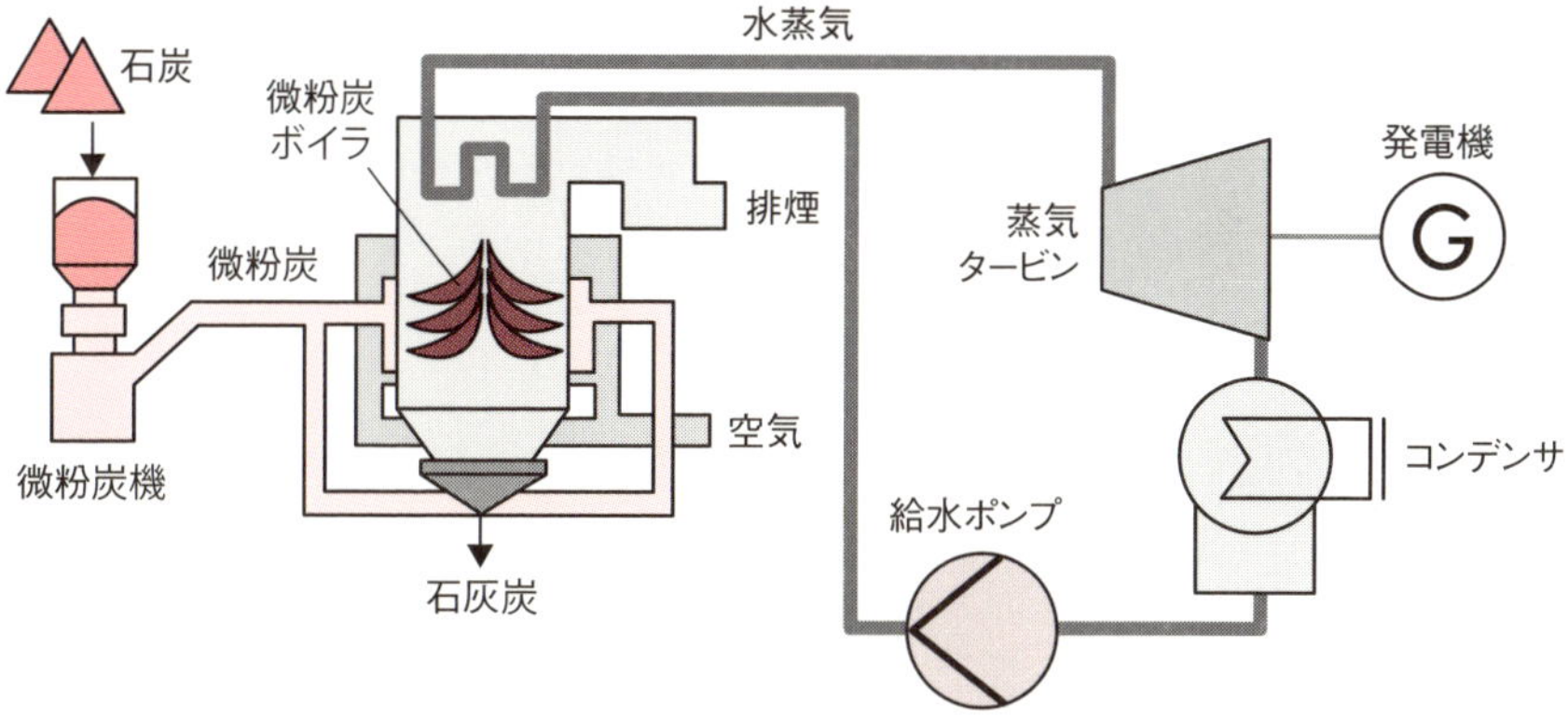

現在の標準的なUSC（超臨界圧プラント）と呼ばれる「最新鋭石炭火力発電所ボイラ」は微粉炭焚きで、現在 25MPa×600℃の USC（超臨界圧 A-USC プラント（Advanced Urtra Super Critical：超々臨界圧プラント）ではタービン入口蒸気が 35MPa×700℃以上を目標にしている。

用語解説

バイオマス (biomass)：生物体をエネルギー源として利用すること。

50 化石燃料で蒸気をつくる火力発電所

代表的な蒸気システム

火力発電所は化石燃料で蒸気をつくり、発電してその電気を各家庭や工場に送る設備です。火力発電所という場合には従来の石炭、石油、天然ガスを燃料にする場合が多く、コンバインド発電所もこれに含まれます。

火力発電所はランキンサイクルを基本に、その改良サイクルを用いて発電しています。したがって、多くの発電所はその時々の最新鋭蒸気プラントを用いて最大出力を発生しています。

しかしながら単純にいえば燃料の別はありますが、ボイラで水をお湯から蒸気に変換してエネルギーを与え、その高温高圧の蒸気をタービンで活用するもので、家庭でのお湯を沸かすのと基本的には変わらないものだともいえます。

火力発電所のタービンの容量は１００万kWが最大級です。熱効率も徐々に上昇していますが、コンバインドサイクルとすると熱効率が60%を超えたものができてきました。しかし蒸気タービンのみの熱効率は45%前後です。

火力発電所は高温高圧の再熱再生蒸気タービンプラントなので通常は高圧タービン、中圧タービン、低圧タービンの３種類で、かつ低圧タービンは出力が大きいと寸法が足りないので、２基以上の台数を設置しています（48項参照）。１つの火力発電所としては５６５万kWのものが稼働していますが、これらは数基の発電プラントから構成されています。

ボイラも燃料の変化、炊き方の変更、蒸気条件の改良や、高効率化といった改善に加え、石炭の排出する二酸化炭素を削減する方法（CCS：二酸化炭素の回収装置）の研究や、公害の元になったチッソ酸化物やイオウ酸化物の削減など環境対策を行い、大きな成果を上げてきました。

これらの技術を適用することで地球温暖化防止に向けての代表選手としての活躍が期待されています。

要点BOX

- 火力発電所はランキンサイクルが基本
- 火力発電は家庭でお湯を沸かすのと同じ
- 地球温暖化防止に向け改良が進む

火力発電所の開発

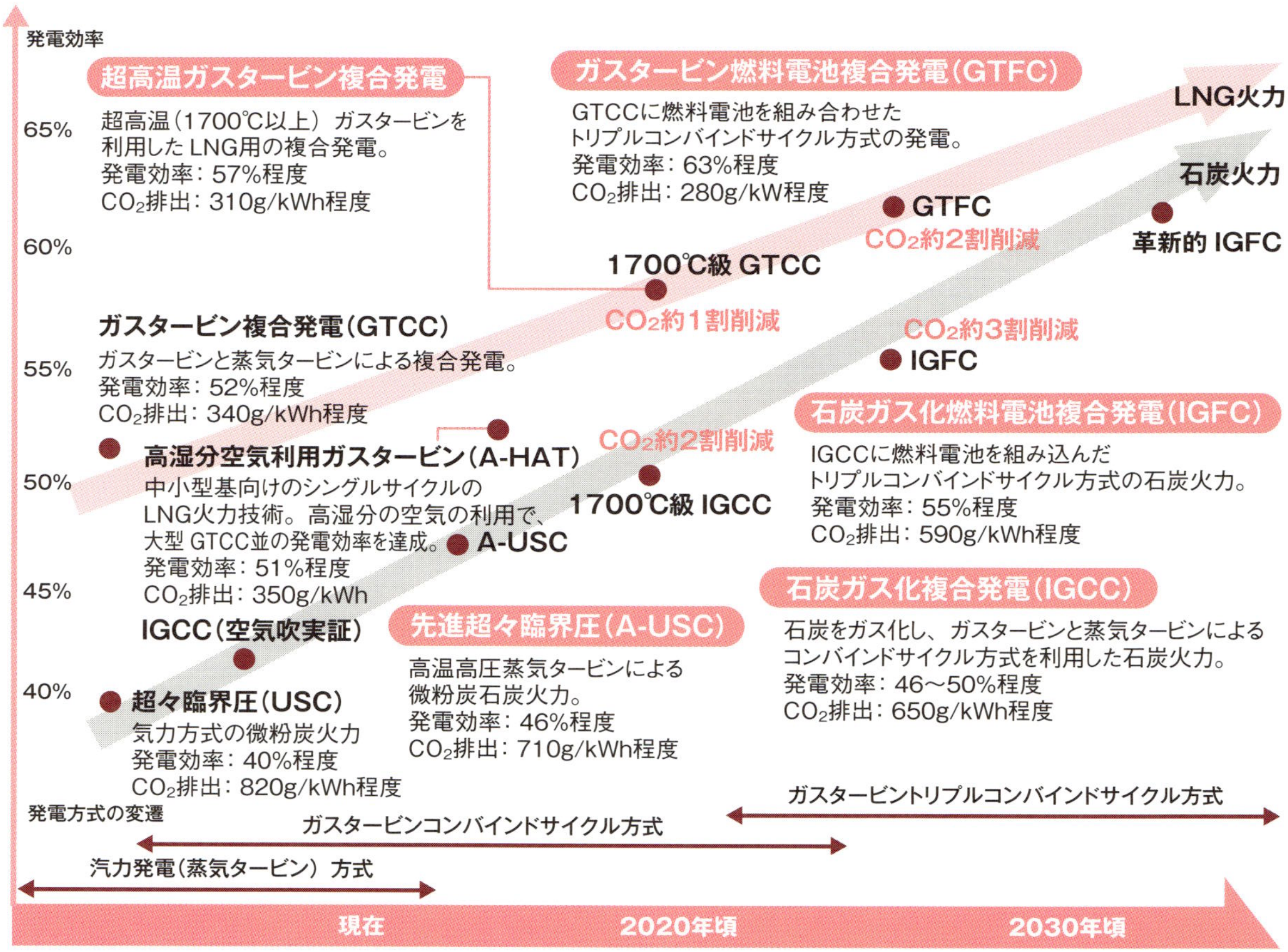
発電効率
65%
60%
55%
50%
45%
40%
超高温ガスタービン複合発電
超高温（1700℃以上）ガスタービンを
利用したLNG用の複合発電。
発電効率：57%程度
CO_2排出：310g/kWh程度
ガスタービン燃料電池複合発電（GTFC）
GTCCに燃料電池を組み合わせた
トリプルコンバインドサイクル方式の発電。
発電効率：63%程度
CO_2排出：280g/kW程度
LNG火力
石炭火力
GTFC
CO_2約2割削減
革新的 IGFC
1700℃級 GTCC
CO_2約1割削減
CO_2約3割削減
IGFC
ガスタービン複合発電（GTCC）
ガスタービンと蒸気タービンによる複合発電。
発電効率：52%程度
CO_2排出：340g/kWh程度
石炭ガス化燃料電池複合発電（IGFC）
IGCCに燃料電池を組み込んだ
トリプルコンバインドサイクル方式の石炭火力。
発電効率：55%程度
CO_2排出：590g/kWh程度
高湿分空気利用ガスタービン（A-HAT）
中小型基向けのシングルサイクルの
LNG火力技術。高湿分の空気の利用で、
大型 GTCC並の発電効率を達成。
発電効率：51%程度
CO_2排出：350g/kWh
CO_2約2割削減
1700℃級 IGCC
A-USC
石炭ガス化複合発電（IGCC）
石炭をガス化し、ガスタービンと蒸気タービンによる
コンバインドサイクル方式を利用した石炭火力。
発電効率：46〜50%程度
CO_2排出：650g/kWh程度
IGCC（空気吹実証）
先進超々臨界圧（A-USC）
高温高圧蒸気タービンによる
微粉炭石炭火力。
発電効率：46%程度
CO_2排出：710g/kWh程度
超々臨界圧（USC）
気力方式の微粉炭火力
発電効率：40%程度
CO_2排出：820g/kWh程度
発電方式の変遷
ガスタービントリプルコンバインドサイクル方式
ガスタービンコンバインドサイクル方式
汽力発電（蒸気タービン）方式
現在
2020年頃
2030年頃

（経済産業省資源エネルギー庁「次世代の火力発電所の方向性より」改変）

51 軽水炉型が主役になっている原子力発電所

原子炉が蒸気を沸かす

原子力発電所は、原子炉が蒸気を沸かすわけですが、蒸気発生の方法は軽水炉と呼ばれる燃料周りに通常の水を用います。この水中で沸騰水型と加圧水型の原子炉が蒸気を発生させています。わが国ではこの軽水炉型と呼ばれる形式が採用されています。

加圧水型の炉（PWR）は、燃料棒の周りの水を沸騰させないように、つまり非沸騰の高温高圧水をつくり、これを蒸気発生器に導き、蒸気発生器の中で伝熱管の一次系（内側）から二次系（外側）に熱を伝え、二次側に蒸気を発生させ、この蒸気をタービン発電機に送って発電しています。できる限りの温度を上昇させることで、ランキンサイクルの効率を上げようとするものです。

発電プラント全体の熱効率は、たとえば電気出力1100MW級（1160MW）の原子力発電所では、原子炉が供給する熱エネルギーは3411MWであるので発電出力はそのうちの34%となります。

一方、沸騰水型炉（BWR）では、原子炉圧力容器がいわば汽水分離器で、炉の上部に溜められた蒸気分を直接蒸気タービンに供給します。原子炉内の強制循環サイクルは、直接沸騰サイクルに再循環ポンプを設け、炉心内の冷却材流速を大きくして熱貫流率（熱の移動効率）上昇を図り、出力密度を上げるようにしています。

炉心で発生した蒸気はタービンに送られた後、復水器で凝縮され、給水加熱器、給水ポンプを通して原子炉に戻されます。沸騰水型炉では、原子炉圧力と蒸気圧力がほぼ同じ（約6・9MPa[gage]（70kg/cm^{2}G））なので、原子炉容器は比較的低圧力設計ができます。一方、タービンへ送られる蒸気は放射性物質を含んでいるので、タービン側の機器でも放射線遮へい、および点検時除染が必要になります。プラント全体の熱効率は、たとえば電気出力1100MWeの発電所では原子炉が供給する熱エネルギーが3・290MWですから、33・4%になります。

要点BOX

- ●軽水炉と呼ばれる燃料周りに通常の水を用いる
- ●沸騰水型と加圧水型の原子炉が蒸気を発生
- ●沸騰水型炉は蒸気発生器が不要

原子力発電所の蒸気発生

加圧水型原子炉

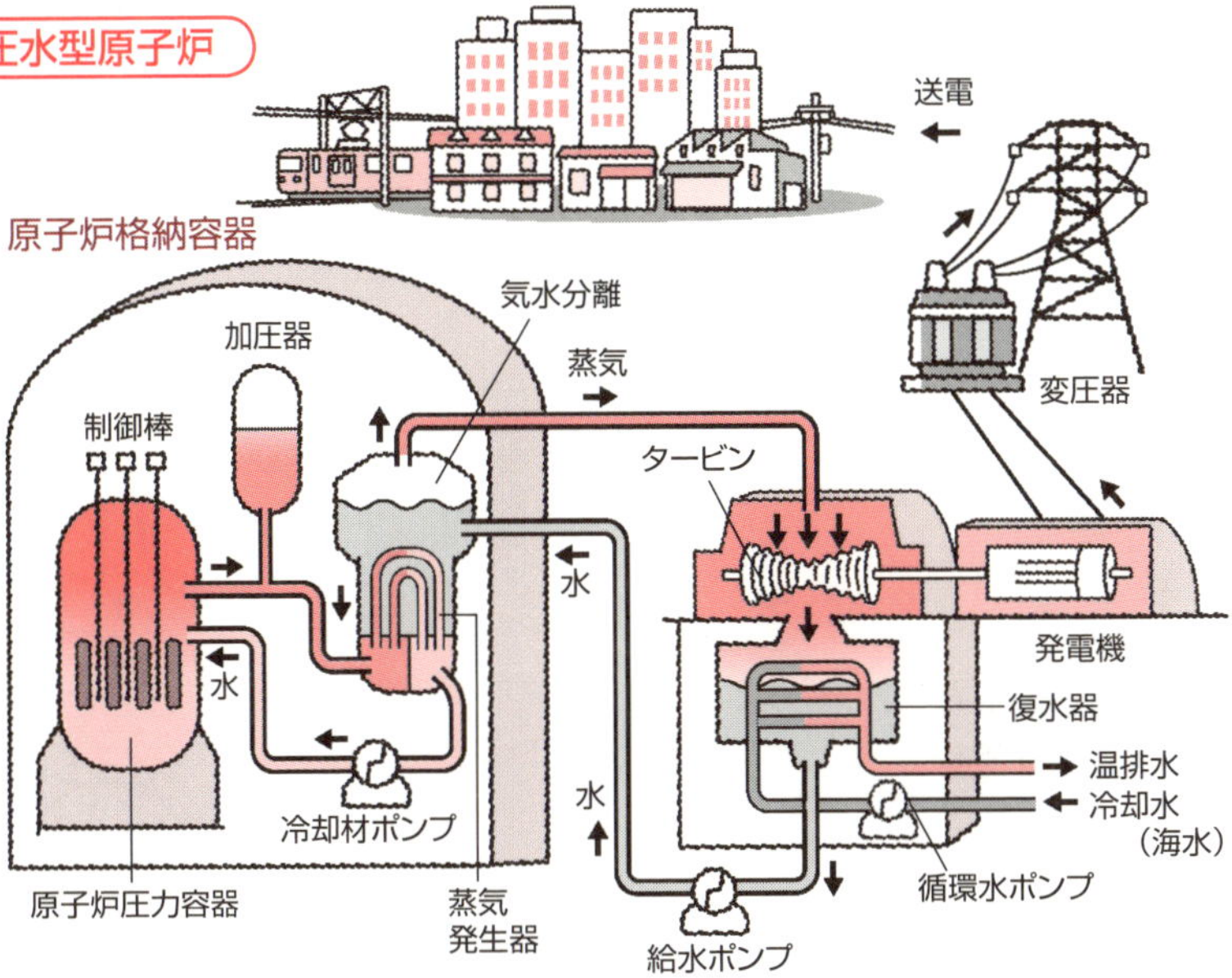

沸騰水型原子炉

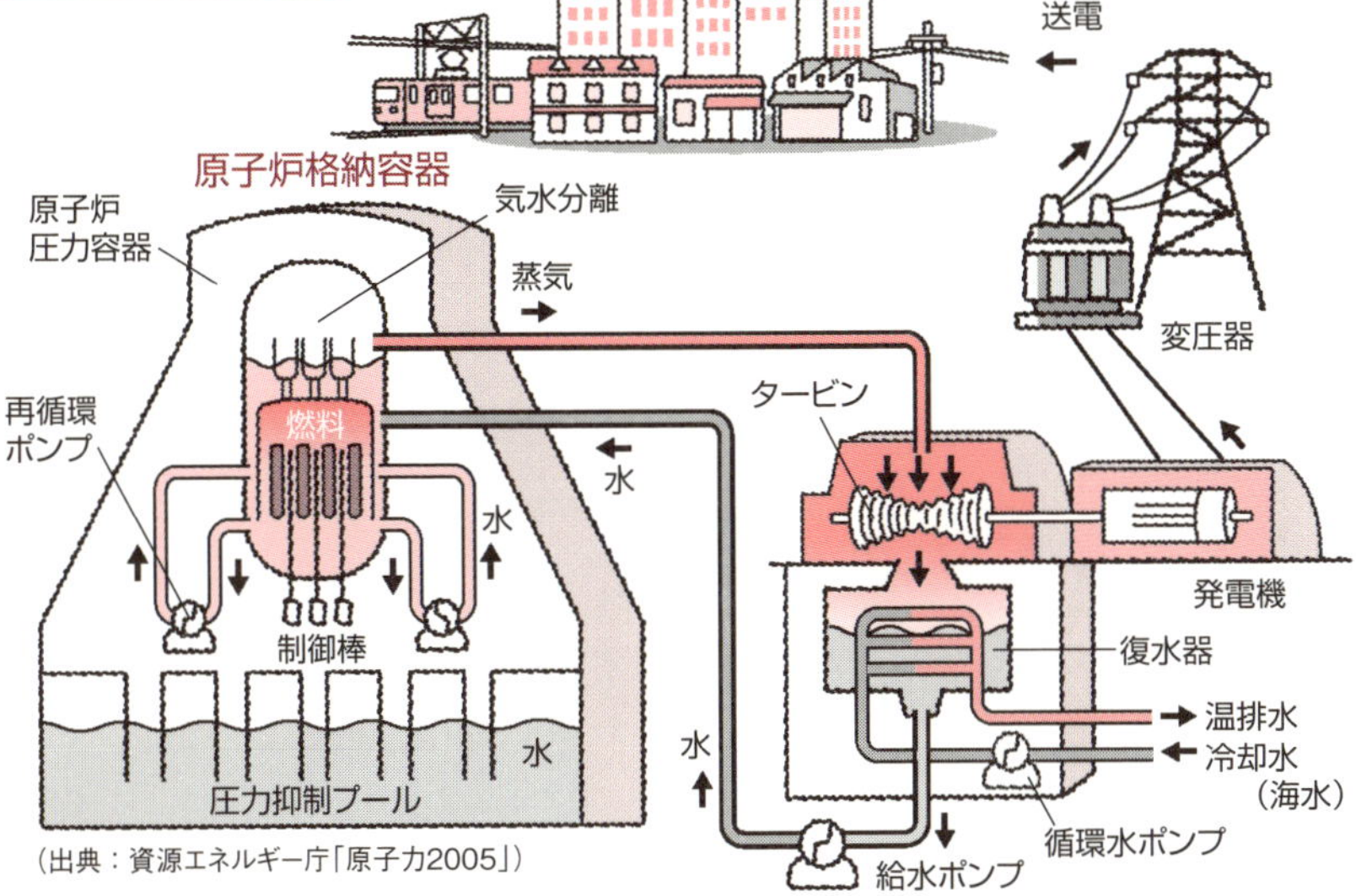

（出典：資源エネルギー庁「原子力2005」）

用語解説

PWR（Pressurized Water Reactor）：加圧水型原子炉。

BWR（Boiling Water Reactor）：沸騰水型原子炉のこと。このほかガス炉（コールダーホール型、ナトリウムケ炉）がある。

52 ガスタービンコンバインドサイクルと蒸気タービン

主に天然ガスを燃焼

ガスタービンコンバインドサイクルと蒸気タービンとは、トップタービンにガスタービンを使用して主に天然ガスを燃焼し、その排気ガスで蒸気タービンサイクルのボイラの役目をもつ排ガス蒸気発生器で、蒸気をつくり、その蒸気を蒸気タービンに送るものです。

全体の効率は、ガスタービンの排気ガスを用いて蒸気をつくるので高いものが得られます。コンバインド発電所はディーゼル発電所でも可能ですが、ディーゼル発電所はガスタービン発電所よりも基本効率がよいので、蒸気タービンプラントをボトミングサイクル（2つ以上のサイクルの組み合わせて上位サイクルの排熱からエネルギーを回収するサイクル）を設けても、あまり効果がありません。一部の発電所では排熱回収ボイラが設置されて蒸気タービンを駆動しています。

火力発電所で用いられているコンバインドサイクルは、ガスタービンのブレイトンサイクルと蒸気タービンのランキンサイクルの組み合わせです。

左図にブレイトン＋ランキンコンバインドサイクルの構成例を示します。ブレイトンサイクルで捨てる大量の熱を排熱回収熱交換器で蒸気をつくり、ここでできた蒸気をタービンに送ることでランキンサイクルが完成します。したがって、複合化により熱効率は大幅に向上し、全体の効率向上にはガスタービンの入り口温度の向上が大きく寄与しています。燃焼器とそれに続くノズル、動翼、静翼など高温部品の冷却技術の進歩や耐熱材料の開発により、入り口温度上昇を可能にし、ガスタービンの効率が向上しました。

しかし逆説的にいえばガスタービンの性能が悪化すると、排気ガス温度が上がりますから、いずれにしてもガスタービンの入り口温度上昇が決め手であるといえます。最近の大型火力発電所にはこのようなコンバインドサイクルが多く導入されていますが、これは二酸化炭素の排出量が同じであっても、高効率のために地球環境への影響が少なくなるからです。

要点BOX

- 最新の火力発電所はガスタービンコンバインド方式
- ガスタービンの排熱をボイラ＋蒸気タービンで利用
- プラント効率はガスタービンの入口温度で決まる

ガスタービン+ランキンコンバイドプラント

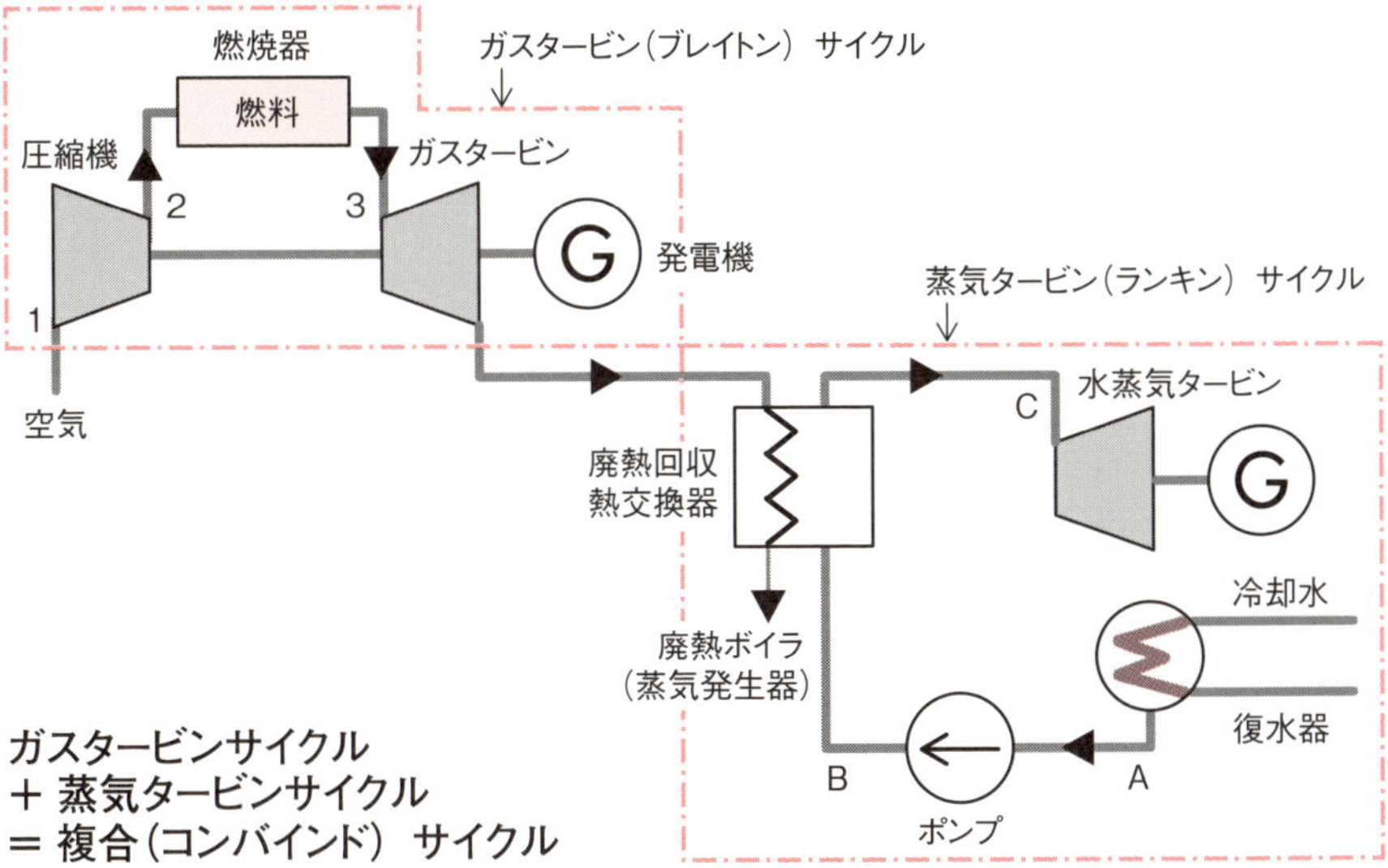

ブレイトン・ランキンコンバインドサイクル

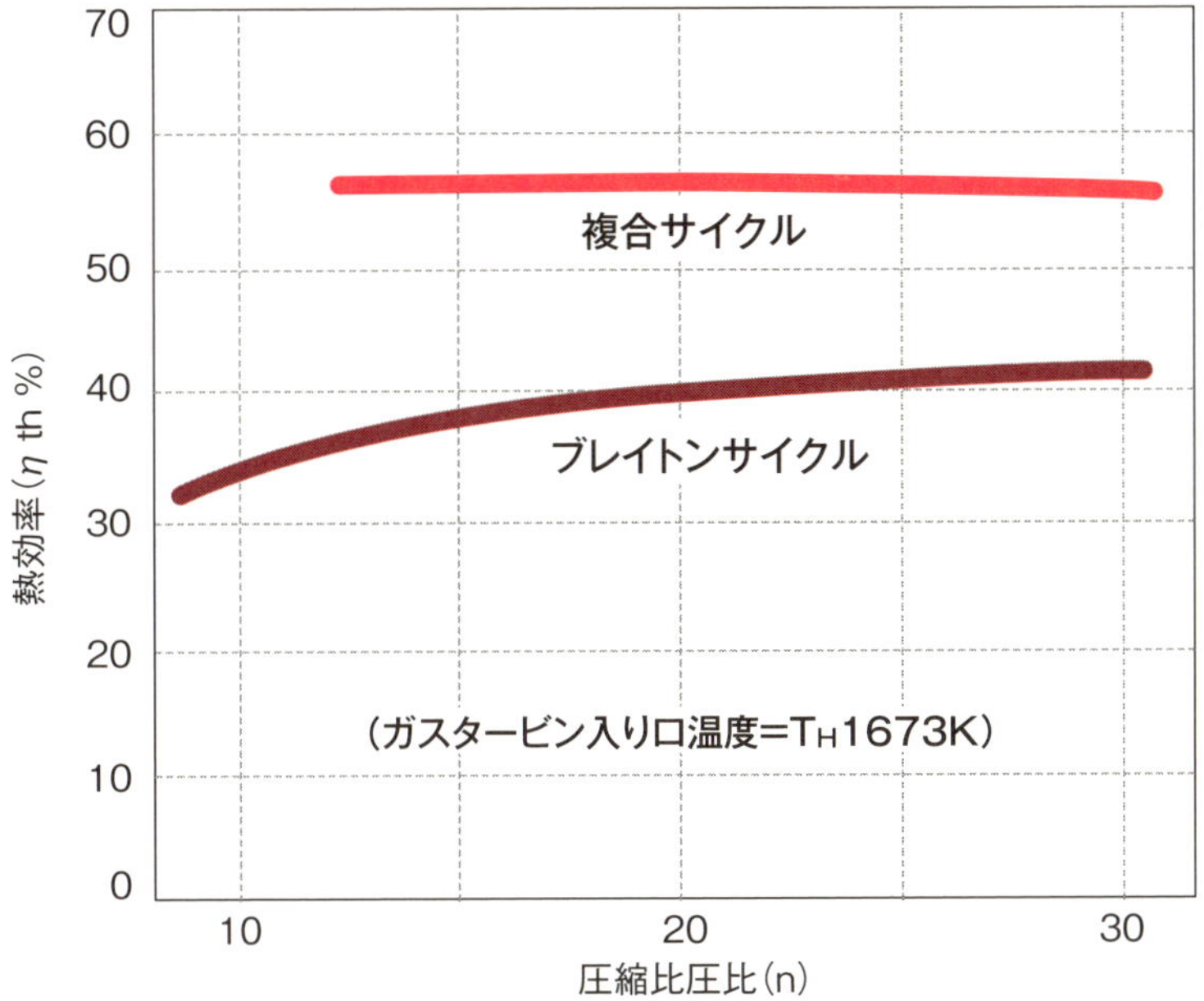

（出典：機械工学便覧第6版（日本機械工学学会編））

53 船舶用蒸気タービン

船舶用の最初のタービンは「パーソンズタービン」

船舶用の蒸気タービンは1884年にイギリスのチャールズ・アルジャーノン・パーソンズが後に「パーソンズタービン」と呼ばれる反動タービンを開発しました。船舶用では当時は往復動（レシプロ）式の蒸気機関が使われていました。

1896年に3基の軸流タービンを積んだ高速船タービニア号を建造し、英国女王陛下の前の観艦式で時速34ノットを記録しました。この後、高速船には蒸気タービンが使用されるようになりました。1基で2万馬力以上のタービンを4基搭載した客船も現れました。

しかしその当時は、高速のタービンとプロペラを直結していたので、適切な回転数ではなく効率は低かったのです。

現在の船舶用蒸気タービンは、一部の船舶のみでしか使用されなくなりましたが、その原因は熱効率が低いことによります。

船用蒸気タービンの特徴は、タービンの最適回転数とプロペラ最適回転数が異なり、両方の条件を満足させるために大型の歯車が第二次大戦後に開発されました。減速第2段大歯車の最大直径は5mを超えるものもあります。また船を後ろに進めるための、後進タービンを内部に設けています。

もう1つの特徴は、船舶の安全からタービンは高（＋中）圧タービンと低圧タービンのどちらかが故障した際に、それぞれ単独運転で寄港できるように設計されていることです。

船舶用の蒸気タービンの蒸気条件は、小型の出力のため比較的低く、ほとんどのものが6・0MPa×510℃でしたが、最近になって再熱型が使用されるようになり、蒸気条件も12MPa　560／540℃になっているものもあります。船舶は高速航行する場合には大出力が必要となります。客船では2機2軸で総出力80000PSのものもありました。

要点BOX

- 現在の船用蒸気タービンは、一部の船舶のみでしか使用されなくなった
- その原因は熱効率が低いこと

船舶用蒸気タービン

反動タービンを開発した
チャールズ・アルジャーノン・
パーソンズ

タービニア号（世界初の蒸気タービンを動力機関とする高速船舶）

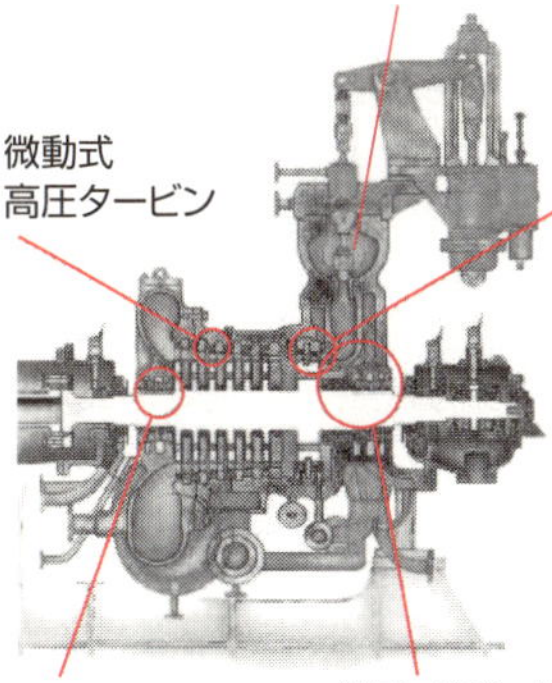

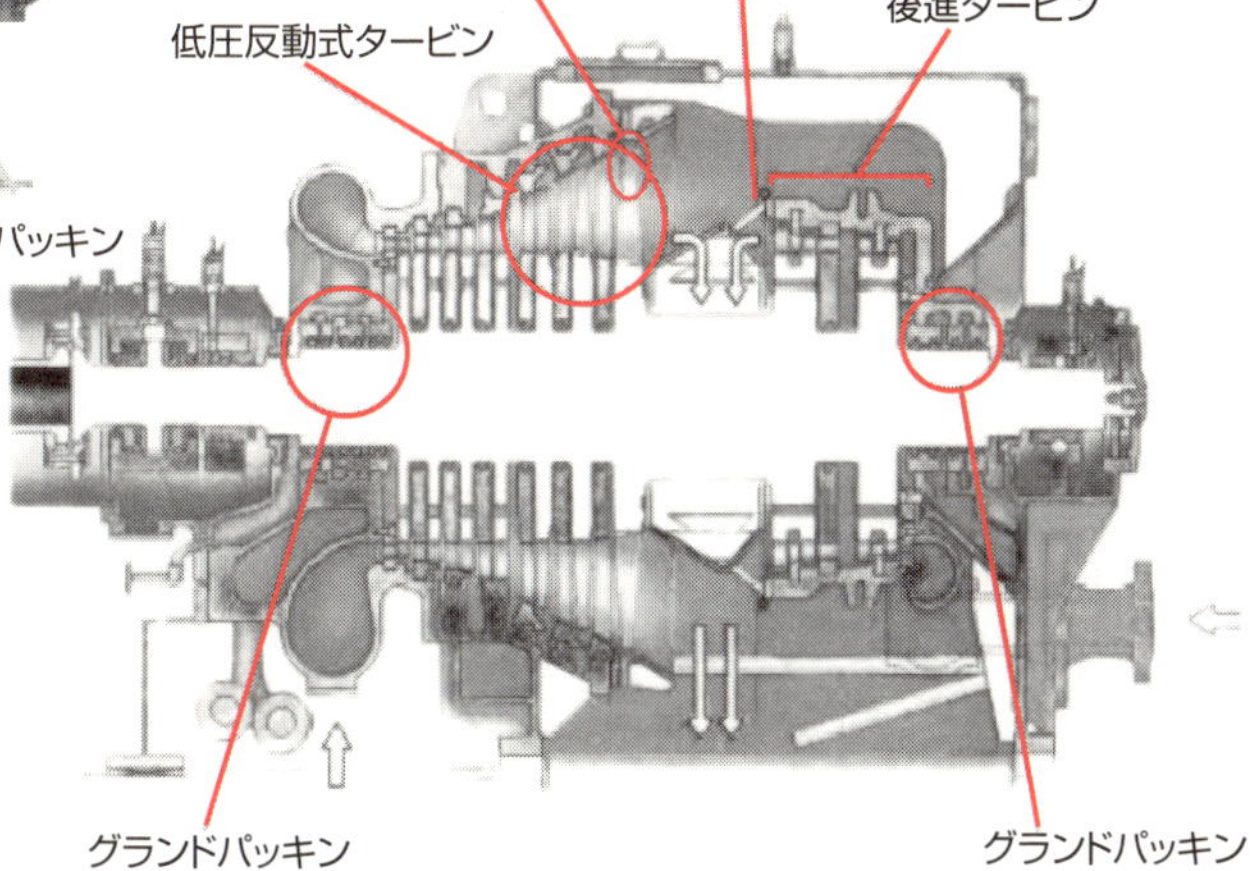

（出典：「船用蒸気タービン発電機」（三菱重工業））

用語解説

タービニア（Turbinia）号：世界で初めて建造された蒸気タービンを動力機関とする船舶。1894年に進水し、その時点では世界最速の船舶だった。

Column

やけどに注意!

蒸気を用いている工業製品は、高温度での作動が多いために「やけどをする危険性」に直面します。蒸気をつくる機器であるボイラの発達の歴史は、言い換えると故障や爆発の歴史といっても過言ではなく、その設計や材料の選択、安全性の確保に力を注いできました。蒸気をつくるには蒸気より温度の高い熱源が必要です。そこにもやけどの原因があります。

歴史的に燃料は木材から石炭、石油、天然ガス、そして原子力と変わってきましたが、いずれにしろ人間は高温の燃料を用いて生活を心地よいものにするために、また高効率で運転しやすい機器を得るために、多くの発明や発見を通して進歩を重ねてきました。

熱源が高温化すればするほど、そして高効率化が進み、機械が小型化されるほどその熱的な密度が増加するため、危険度が上昇し、もし事故や故障が発生した時にはその影響は大きくなります。最悪の状態は原子爆弾です。閃光があった次の瞬間、数十万人の人がやけどになって死んでいったことを忘れてはいけません。

一方で、通常の機器の仕様においても、つまり家庭において調理中に、蒸気プラントではボイラやタービンの運転中にもやけどは一番馴染んでいる事故です。漢字で書くと「火傷」と書くように、高温が皮膚を損傷し、最悪の場合には死に追いやる事故です。これは火炎をもつ燃料の問題だけではなく蒸気も高温高圧になると無色透明ですから非常に危険です。通常、発電所のような大型の機器では、高温部分には保温材を付け、作業者が直接触らないようにしていますが、なかなかこのような事故はなくなりません。

家庭においても圧力釜やアイロンでやけどをした人も多いと思います。馴染んでいても非常に危険なものであることと、高圧になった時の爆発の危険性については認識を新たにすることが大切です。

第7章

蒸気サイクルの構成機器と蒸気タービン

54 復水器と復水ポンプ

蒸気を凝縮して水に戻す復水器

ここからは蒸気タービンサイクルで、ボイラとタービン以外の主要機器を説明します。

蒸気を凝縮して水に戻す機器が復水器です。最初に蒸気を利用したニューコメンの蒸気機関から、ジェームス・ワットが改良した初期の蒸気サイクルで排気を冷却する方法では、圧力差を大きくするために出口圧力を下げることを考え、排気に水をかけていました（43項参照）。効率改善を考えて以降、現在まで「細管」と呼ばれる細くて薄い管を復水器内に多数配置し、細管の中を冷却水を流し、蒸気の熱を奪って凝縮させ復水をつくっています。

一般的なランキンサイクルの中では、仕事をした最後に示されているものが復水器です。本書で出てくる多くの蒸気サイクルに関する線図の中にも復水器は多く見られます。現在の多くのプラントでは復水器内圧力は、絶対圧で0・05ata（0・005MPa）程度です。この圧力を決定しているのは冷却水の温度で、多くの場合24℃で設計されています。冷却水温度が年中低いところでは、もっと低い圧力と温度で設計してもよいのですが、排気比容積が増大し、各部寸法が大きくなります。しかし回収熱量がそれほど大きくならないから、経済的ではありません。

復水器は、通常は低圧タービンの下部に熱膨張を防ぐための装置を介して配置されます。内部は真空なので大気侵入が起こらないように密閉性確保に注意が必要です。

復水器内の水（復水）を加圧して、脱気器まで送るのが「復水ポンプ」です。復水器内の圧力は真空なので、ポンプの入口圧力は復水器内と同じですから低くキャビテーション（水をかき回して泡ができた状態）が発生しやすい状態です。したがってポンプはピットを掘ってその中に設置され、内部の圧力に加えて復水水面の位置エネルギーを加算する形で吸い込み圧力を確保しています。

要点BOX
- 復水器は蒸気を凝縮して水に戻す機器
- 復水器はランキンサイクルの中で最後に示されている

復水器の原理

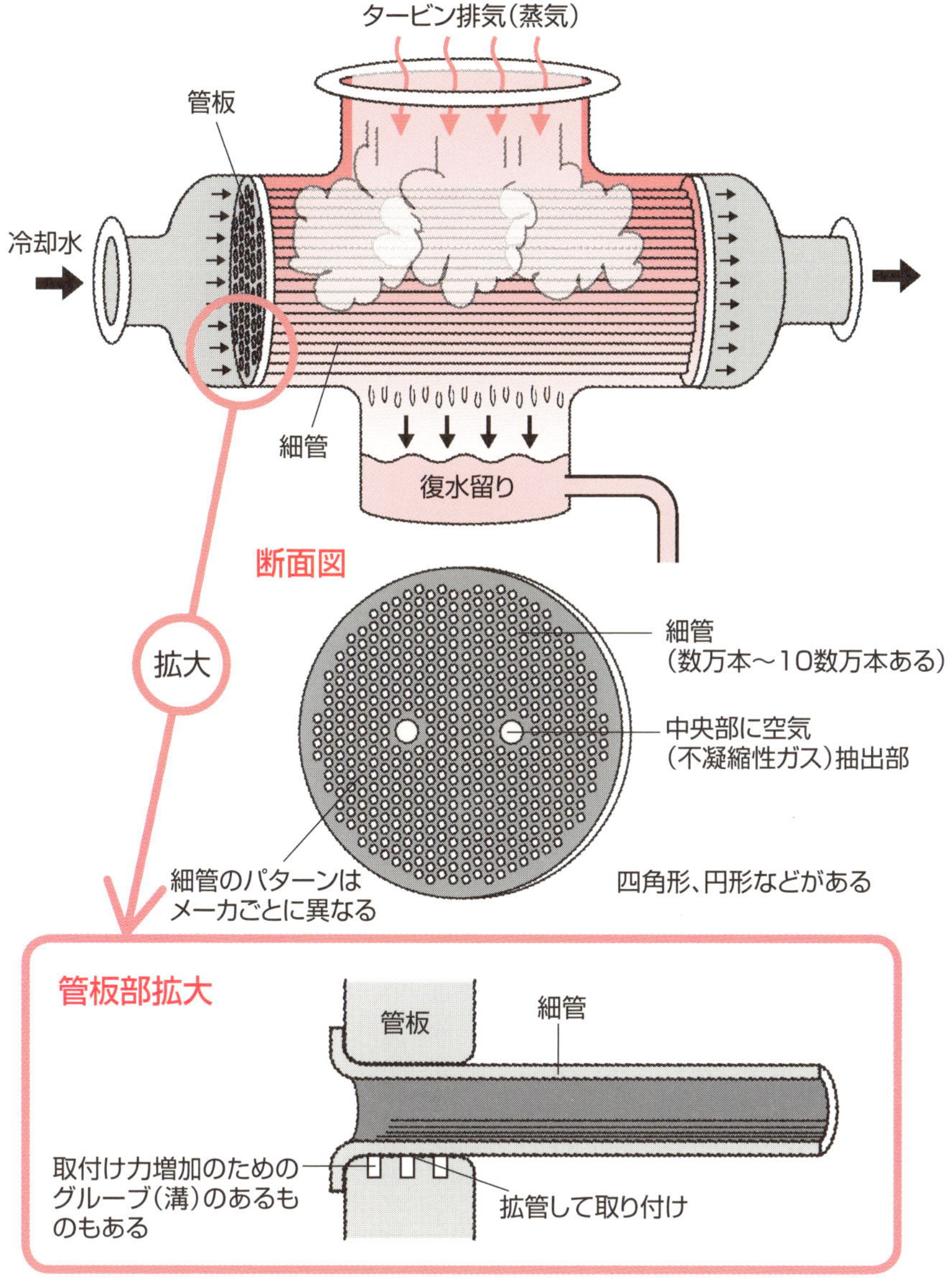

もし冷却水が不足したときに多くの排気が流れ込むと、蒸気を復水処理できないようになり、復水器内圧力が上昇すると、温度も上昇し、最悪の場合には負圧（大気圧より低い圧力の状態）であった復水器内が正圧（大気圧より高い圧力になった状態）になると、爆発の危険がある。このような状態にならないように、「逃し弁」と呼ばれる安全弁を設ける場合がある。

55 冷却水と冷却ポンプ

冷却系統での問題点

蒸気プラントで復水器を冷却する水と、この水を供給するポンプ（冷却水ポンプ）は大きな容量になります。たとえば原子力発電所の場合、熱効率は35％前後ですが、この意味は原子炉が発生した熱量のうち、65％は冷却水として海、川、あるいは冷却塔から空気中に捨てられていることを意味します。つまり100万kWの発電所では、その約2倍の熱量を捨てていることになります。

地球温暖化への影響として、炭酸ガスのことを考える以上に、大型発電所の環境影響が大きいことも忘れてはならないのです。

一方、復水器が冷却されないと非常に大きな問題ですから、通常は予備を1台以上もっており、最悪の場合に備えています。冷却水ポンプは水量が多いことから、建設条件で変わりますが、ポンプ駆動動力が非常に大きくなります。せっかくつくった電気を冷却水ポンプで消費してしまうことになります。このようなことを避けるように、ポンプと復水器の冷却系の圧力損失を細かく調べ、水のサイフォン効果を利用し、電力量を減らす工夫がされています。

冷却系統でのもう1つの大きな問題は海洋生物などの発生です。わが国の発電所は海岸線に建設される例がほとんどで、冷却水には海水を用いています。そこでは海の生物との戦いが発生します。冷却のための海水に「流れる状況」ができ、そこで暮らす生物たとえばクラゲや小魚などは、流れてくるプランクトンなどの餌を十分にとり、しかも魚などの外敵から身を守ることができるために繁殖し、やがて細管を塞ぐといった現象が発生しています。

発電所の生き物についてあまり知られていないということで、電力中央研究所ではパンフレットを作っています。冷却配管と復水器周りでいろいろな状況が報告されていますので参考にしていただけたらと思います。

要点BOX

- 復水器を冷却する水と、冷却水ポンプは大容量
- 大型発電所の環境影響は大きい
- 海洋生物は細管を塞ぐ

発電所の冷却系統

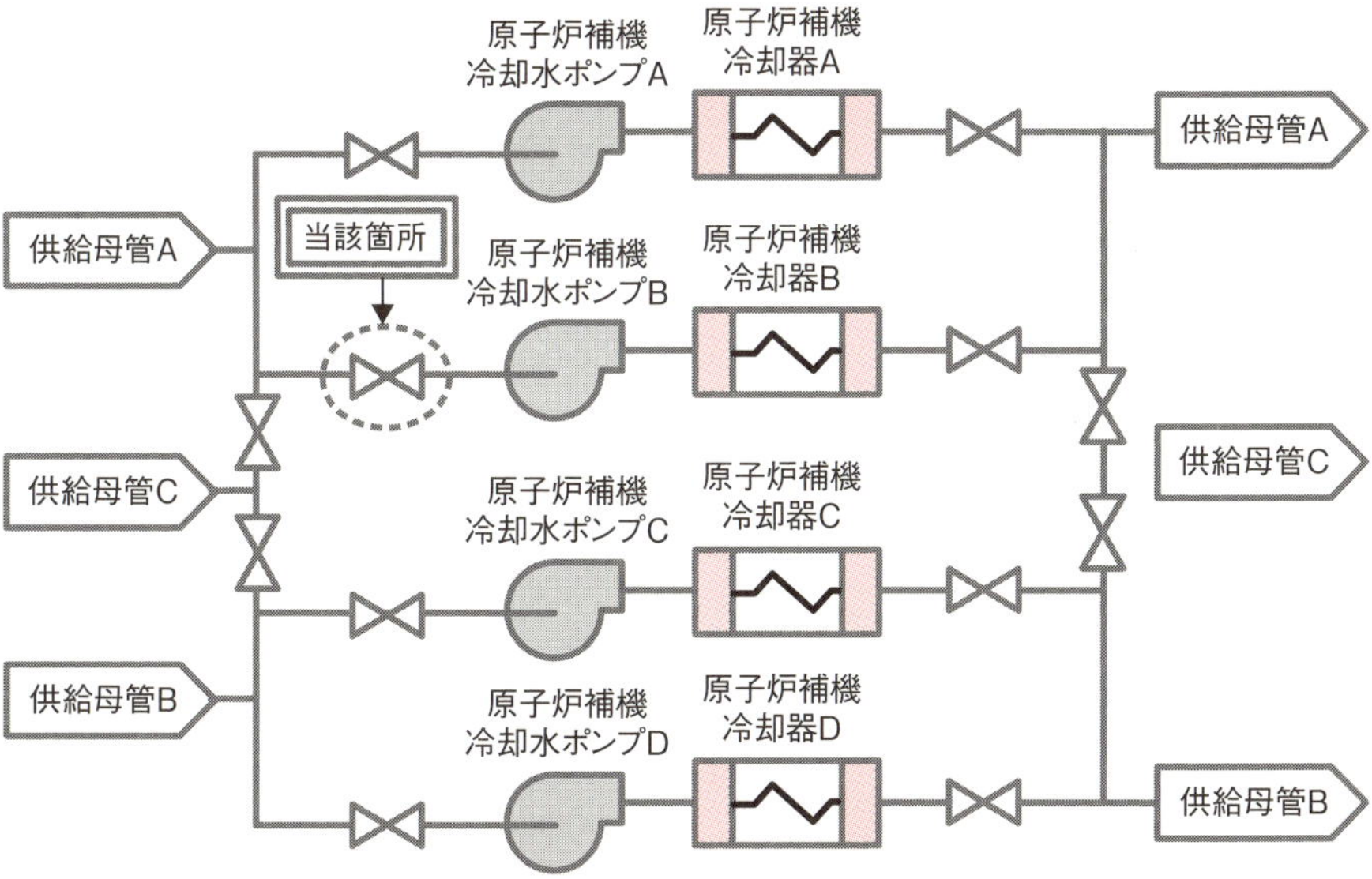

冷却系統模式図

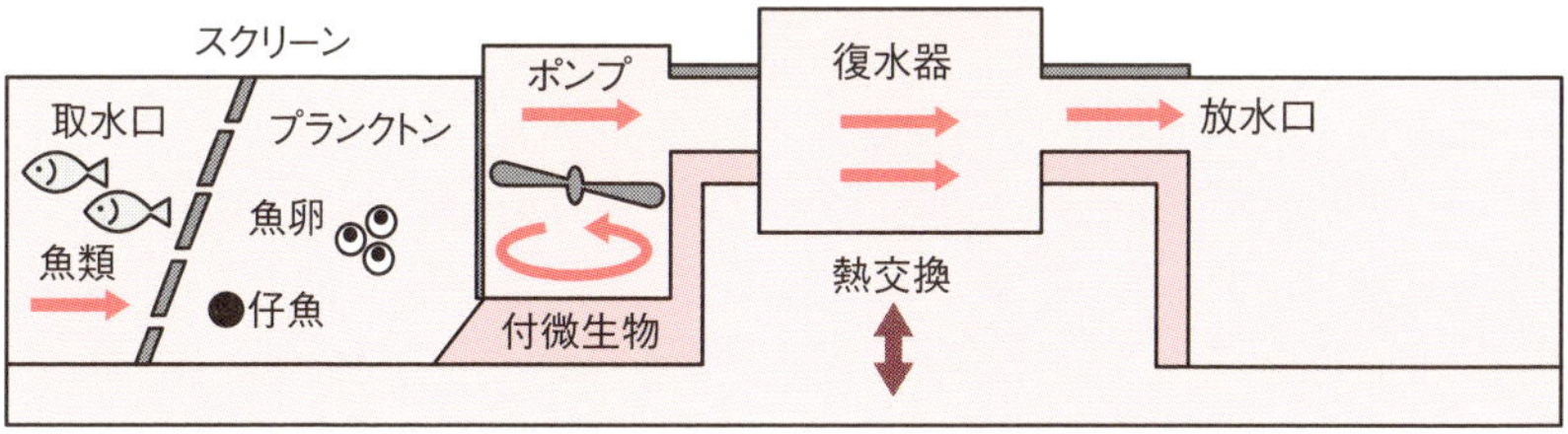

取水路に付着したアカフジツボ

水力発電所の導水路のカワヒバリガイを除去

（出典：電力中央研究所「発電所を困らせる海の生き物」）

用語解説

電力中央研究所：昭和26年に設立された公益法人で、エネルギーや環境などに関わる研究開発を行っている。「エネルギーセキュリティの確保」と「地球環境問題への対応」を最大の ミッションとして、幅広い研究に取り組んでいる。

56 水を温める給水加熱器

脱気器と給水ポンプ

給水加熱器は通常、シェル側の加熱物質は通常はタービンからの抽気蒸気が入り、細管側（チューブ）には低圧給水加熱器であれば復水ポンプからの給水、高圧給水加熱器では給水ポンプからの高圧水が流れます。

高圧給水加熱器は、細管側の圧力が高いため、漏洩の発生など十分な強度を考慮した機器を設置する必要があります。細管の固定方法などについても事前の調査が必要です。

低圧給水加熱器は数基設置されますが、最終の加熱器は「脱気器」と称する水の中の不凝縮性の気体を取り出す装置です。給水中の溶存酸素は高圧水の中では大きくなりませんが、ボイラで加熱すると膨張し、内部を腐食するので除去する必要があります。

この溶存酸素を除去するのが脱気器です。脱気器の構造は給水をボイラからの水蒸気で加熱し、水を一度加熱蒸発させ、再凝縮させることで水中に存在する酸素を除去します。

給水ポンプは脱気器の後に配置されます。給水ポンプは蒸気プラントサイクルのタービン圧力から決まるものなので、大出力の大型補機です。大型の発電所では給水ポンプタービンで駆動します。特に高圧力プラントになると、給水ポンプ全体の圧力比（圧縮比）が大きくなるので、ポンプ入口でキャビテーションが発生する可能性が高いから、ブーストポンプを設けたり、脱気器を地上から非常に高いところに設置するなどの対策を行い、給水ポンプ本体の入り口側の圧力を確保しています。

この給水ポンプも先述した復水ポンプも圧力を上げるということから機能的には同じですが、吸い込み側の必要圧力を評価する数値であるNPSH（Net Positive Suction Head）以上の圧力になるように注意深く設計することが求められます。

要点BOX

- ●溶存酸素はボイラで加熱すると膨張する
- ●高圧力プラントでは給水ポンプ全体の圧力比が大きくなる

シェルアンドチューブ式熱交換器のしくみ

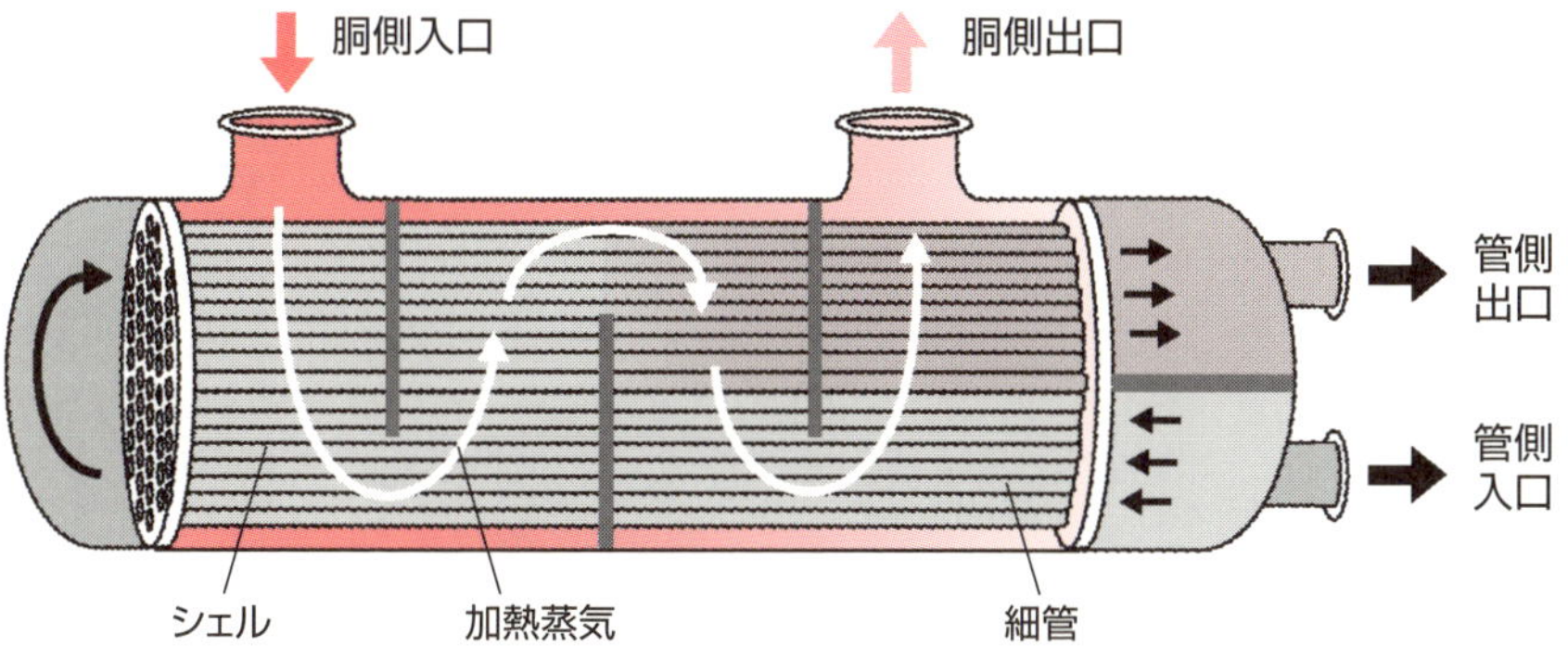

シェルアンドチューブ型と称する円筒状の熱交換器でシェル側、すなわち胴体（シェル）の中に加熱蒸気が流れ、細管側（チューブ）に給水が冷却水として流れる。

脱気器のしくみと実際の機器

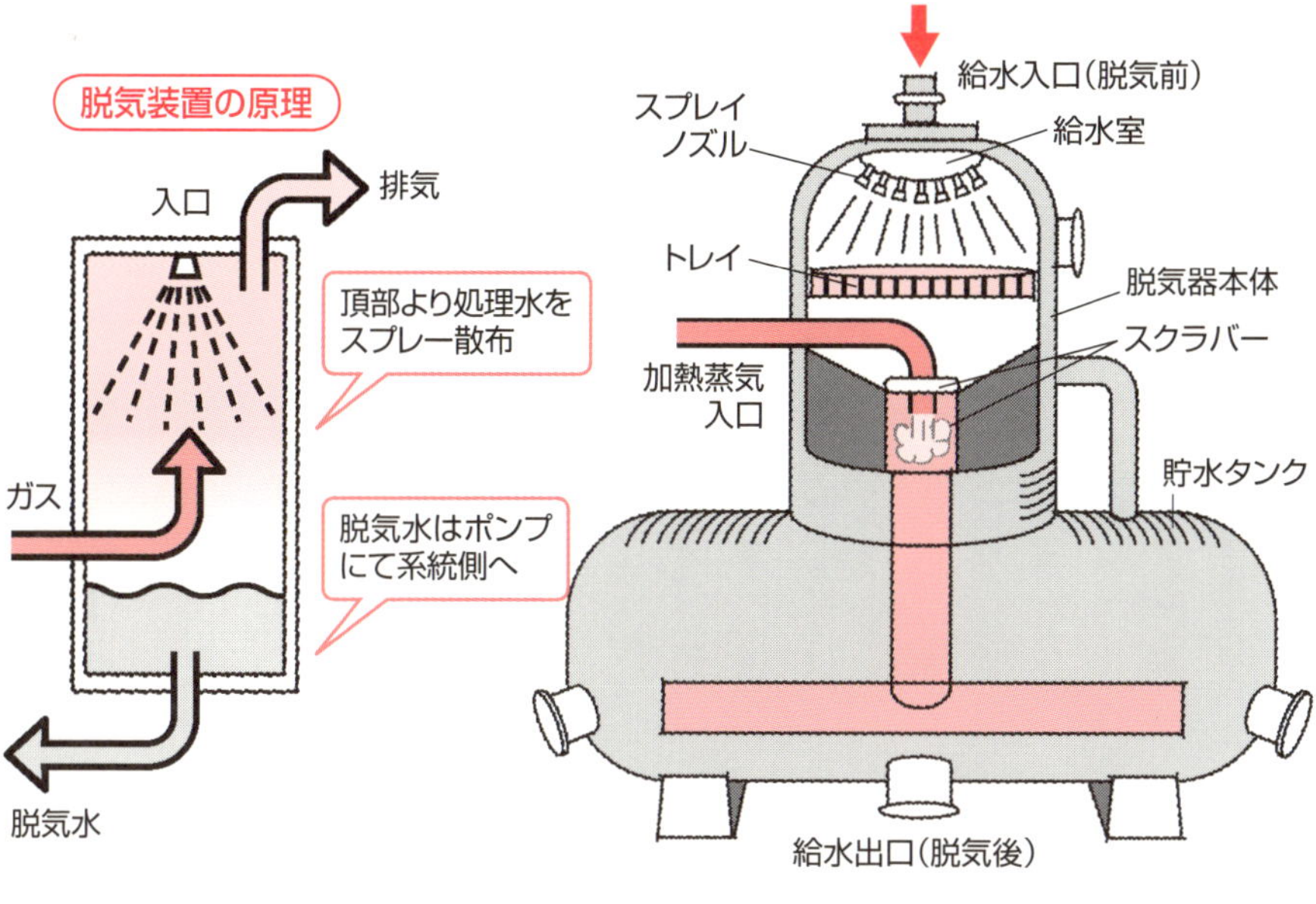

57 復水しない工場用背圧式蒸気タービン

高い圧力や温度が必要な場所で使う

背圧式タービンは、大型の発電所用タービンのように復水しないで、高い圧力や温度が必要な場所で使えるようにタービン出口の圧力を高いまま排出するタービンです。

たとえば石油化学プラントを人間に例えると、多くの化学物質が流れる配管が血管であり、ポンプが心臓にあたります。しかし人間と異なるのは、血液の代わりに流れている液体が、揮発性、引火性の高いことが多く、それがわずかでも漏れ出し、引火すると大爆発を起こしかねないことです。そのためプラントの内部はもとより、周囲も火気厳禁になっています。そのような環境下では、電動機はアーク（火花）が出て引火する可能性があるのでなるべく使わず、引火の心配がない蒸気タービンを利用する例が多いわけです。

たとえば工場内で加熱用ボイラがある場合には、電力をつくりながら蒸気を工場内の加熱で使用するといったような場合に、ボイラからタービンに蒸気を供給して、まず発電を行い、そのあとに必要な圧力にして工場に供給するといったような時に設置されるのが背圧式蒸気タービンです。

背圧式のタービンで大型のものは中東の造水プラントなどで使われています。造水プラント（海水淡水化）では、多量の蒸気を海水に吹き込んで沸騰させ、再凝縮させることで真水をつくっていますが、単に水をつくる目的だけにボイラを焚くのではなく、発電も同時に行うことで電力と真水をつくっています。

復水しない背圧タービンは、高圧の状態の蒸気が通過して排気されるため比容積の小さな状態の蒸気が流れるので通路が小さく、出力が得られるので比較的小型に見えます。しかし回転体の慣性能率が小さくなるので、発電用の使われる場合は負荷遮断（緊急停止など）時に過速度が発生しやすいので注意が必要です。

要点BOX

- 背圧式タービンは復水しない
- 中東の造水プラントなどで使われている
- 運転時の挙動に注意が必要

蒸気タービンが利用される理由

石油化学プラントを人間に例えると、配管が血管でありポンプが心臓にあたります。しかし人間と違うのは血液の代わりに揮発性、引火性の高い液体が流れていることが多く、それがわずかでも漏れ出し引火すると大爆発を起こしかねないことです。そのために、石油化学プラントの内部はもとより周囲も火気厳禁になっています。そのような環境下では、モータはアーク（火花）が出て引火する可能性があるので使えません。そこで電気を使わない蒸気タービンが、引火の心配がない原動機としてポンプや送風機の駆動用に利用されています。

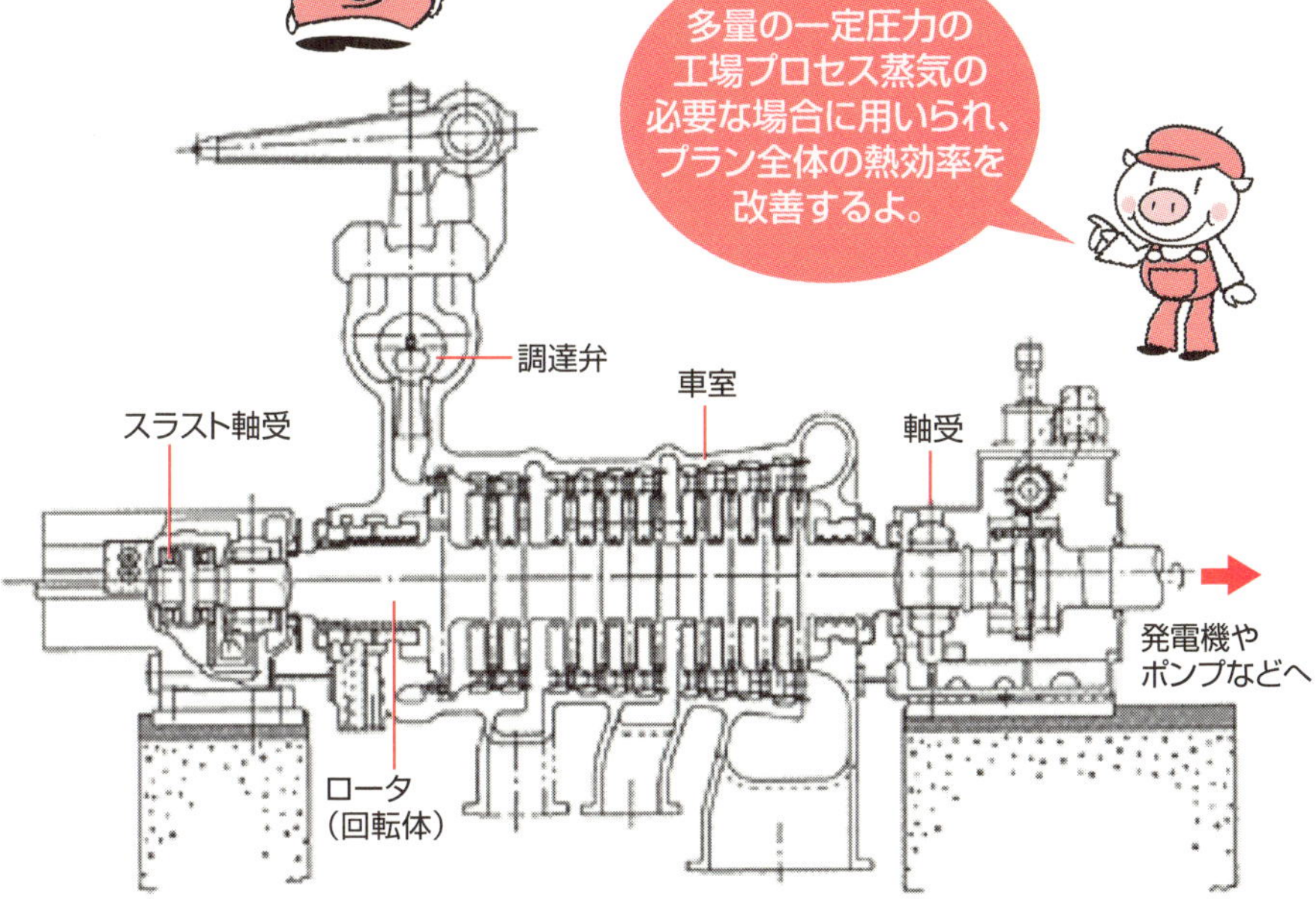

多量の一定圧力の
工場プロセス蒸気の
必要な場合に用いられ、
プラン全体の熱効率を
改善するよ。
調達弁
車室
スラスト軸受
軸受
発電機や
ポンプなどへ
ロータ
（回転体）

背圧式蒸気タービン

（出典：三菱重工業「中小型タービン」資料）

用語解説

海水淡水化：地球上ので、飲み水などに使える淡水は、わずか0.01%で、実に97.5%が海水。この海の水から塩分などを取り除き、飲み水や産業用水を作り出すのが「海水淡水化」の技術。

58 抽気復水式蒸気タービン

高い圧力の蒸気と多くの電力が必要なときに活躍

発電用タービンは、タービンの途中の段落から抽気蒸気を取り出して加熱器に使用しています。これは単純な抽気復水式タービンです。発電所以外の工場で電気と蒸気を同時に欲しいようなときには、一定圧力を保つような装置をもつタービンがあります。このような時に使用されるのが「抽気復水式蒸気タービン」です。このときの抽気は、再生サイクル用ではなく外部に供給されます。工場や地域暖房システムで必要な蒸気を得るために、また蒸気の圧力を制御するために、通常のタービン入口調速弁に加え、1つまたは複数の内部／外部圧力制御弁をもって常に圧力を制御しています。

発電機出力の要求と圧力の要求が機器特性に適合しないこともありますが、そのようなときには、いずれかの要求を優先して制御を行う必要があります。

このように抽気圧力を調整する（調圧）装置付きのタービンには背圧式のものも復水式のものなど各種の機器があり、構造は少し複雑です。しかし工場の電力と蒸気圧力の双方からのニーズに最大級で対応できる蒸気タービンが抽気復水式で非常に便利な機器です。

工場用蒸気タービンは、個々の工場の要求に合わせて設計されるので、工場の仕様が異なるのに合わせてカスタマイズされます。しかし工場で発電と加熱装置を検討する場合には、蒸気の特長と工場の要求事項を詳しく取りまとめる必要があります。工場において用いられる蒸気の温度は、熱交換器やスチーマなどの加熱・加湿の目的で広く用いられていますが、その条件は通常0・1～5MPa、110～250℃程度です。食品加工工場などでは「焼く・乾燥させる」ための熱源として過熱蒸気も使用されます。特に大気圧力で200～800℃位に昇温させた常圧の過熱蒸気は扱いやすいのですが蒸気タービンと組み合わせて発電を行うことを考えると設置や制御などが難しい状況もあります。

要点BOX

- 電力も蒸気も欲しいときは抽気圧制御
- タービンの途中から工場内蒸気を抽出
- 必要蒸気によっては単独式タービンを設置

工場用抽気復水式蒸気タービン

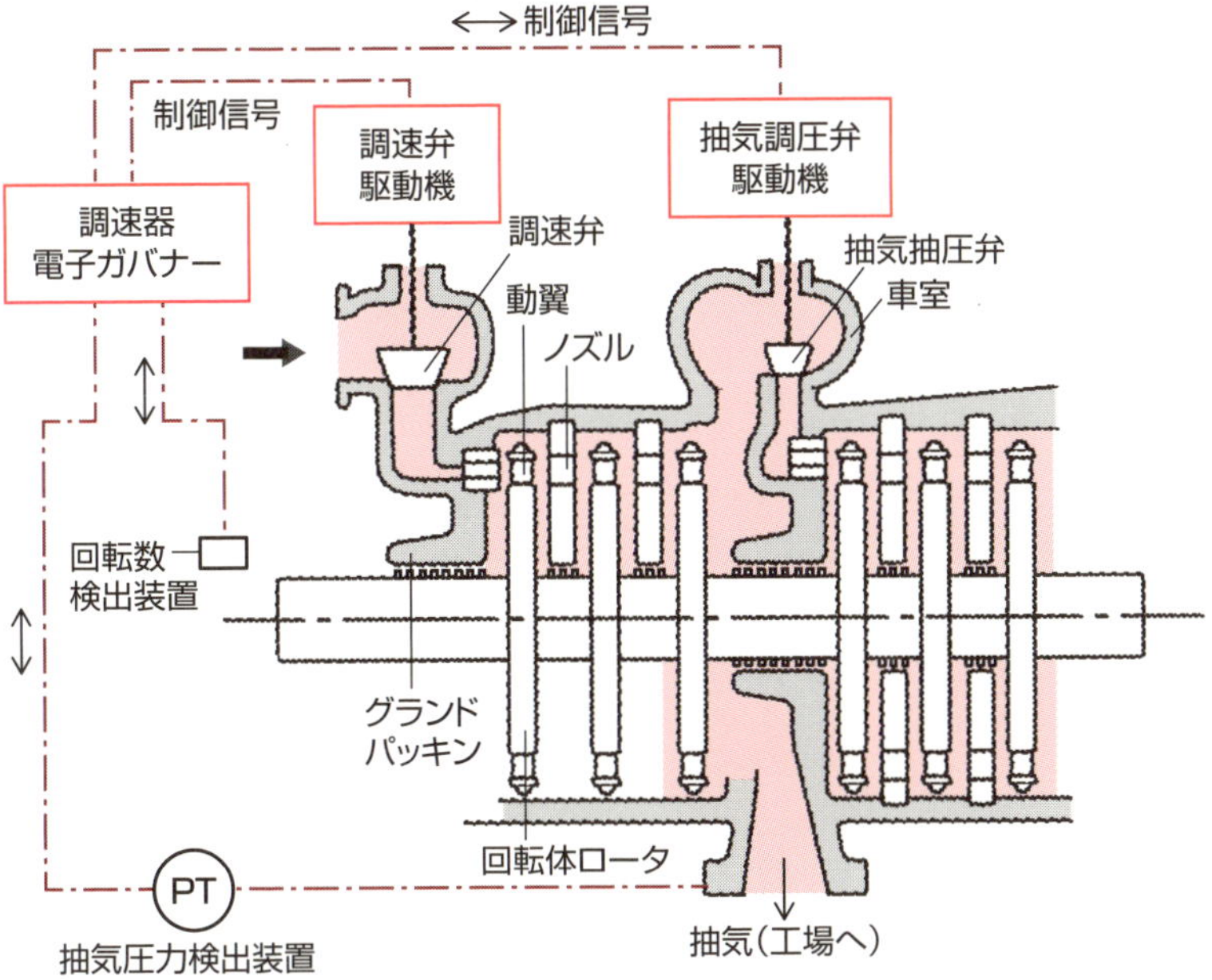

工場内の必要な蒸気をタービンから抽気して使用。発電も同時に行う。

単段衝動タービン

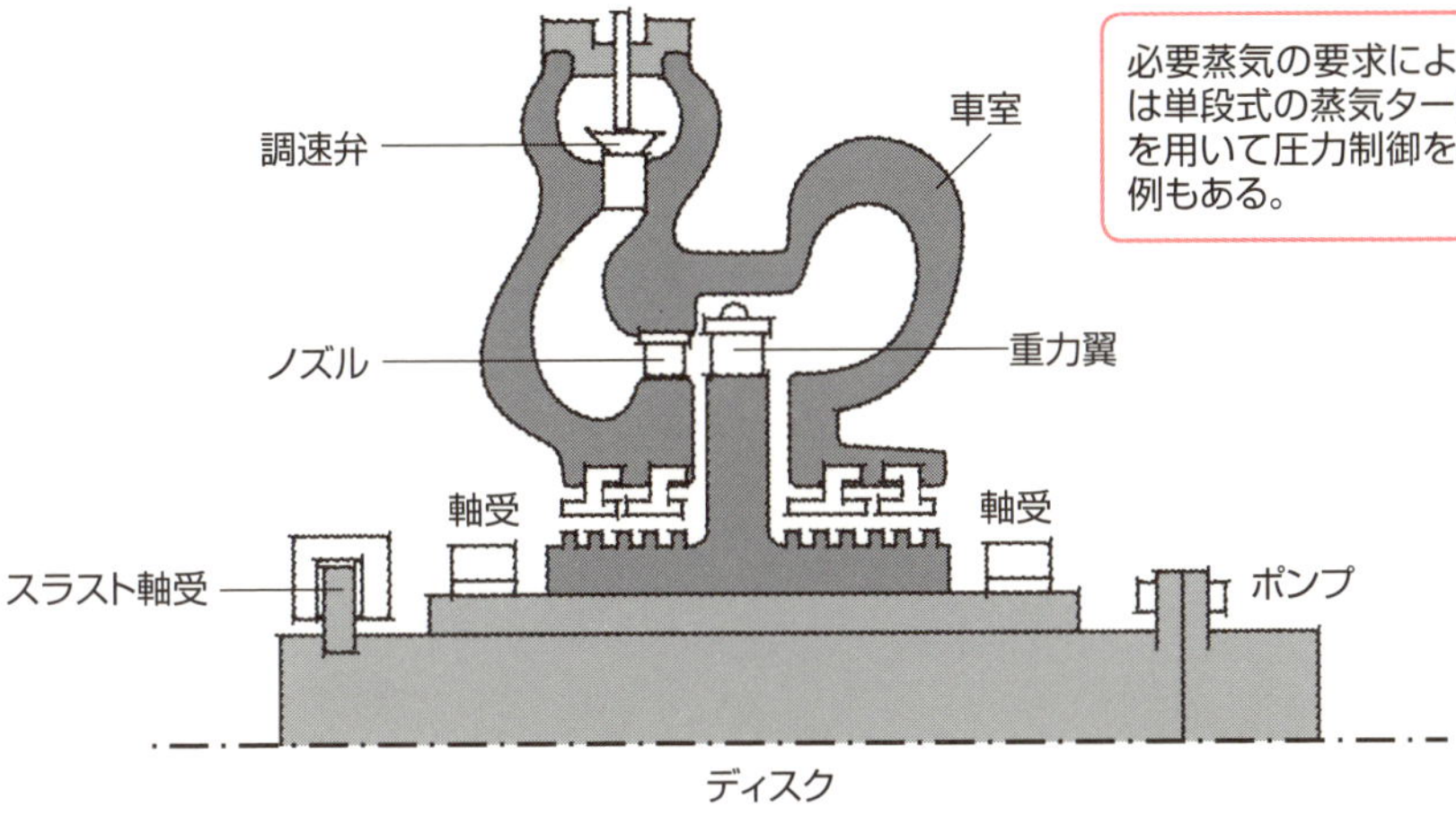

必要蒸気の要求によっては単段式の蒸気タービンを用いて圧力制御を行う例もある。

59 衝動式蒸気タービン

翼が大型になり、段数は少ない

蒸気タービン内部で、各段落において蒸気を膨張させる時は、すでに説明したとおり、ノズルと動翼の組み合わせになります。衝動タービンは理論上ノズル内でその膨張をすべて行い、蒸気のもつ熱エネルギーを速度エネルギーに変換します。左図に各種の衝動タービンを示しますが、圧力複式タービンが多段落タービンです。

図中の動翼（動翼をバケットと称することがありますが、バケツの意味で、水の噴流をバケツで受けるのと作動原理は同じだからです）の内部では、ノズルから出てきた高速の蒸気を方向転換することで仕事を得るものです。タービン内部の圧力分布は、ノズルの前後で発生し、動翼の中では圧力が下がることはないというのが理論的な考えです。ノズルの前後の圧力差が大きくなりますから、ノズルを取り付けている仕切り板という圧力隔壁を設け、蒸気漏えい量を少なくするように内径側を小さくしています。仕切り板があるから回転体はディスク状になります。このような構造から、衝動タービンは「ディスクタイプの回転体（ロータ）」と呼ばれ大きな特徴の1つです。

理論上は動翼の出入口間には圧力差がないようになっていますが、実際の設計では動翼内の圧力差を少しですがわざわざ設けています。それは実機の工作では動翼やノズルは円周状に配置されるので、半径方向で組み合わせの相違が発生するからです。すると理論どおりに動翼前後の反動度をなくすと、動翼内で蒸気の逆流現象が発生するところが出てきて、性能低下につながります。

衝動タービンのノズルを噴出する蒸気速度C0に対する回転する動翼の速度uの比をu/C0=0.5とすると最適な設計で効率の最大値が得られるというのが理論値ですが、実際は上述のように少し反動度をつけることからもう少し高い数値、たとえば0・55程度に選択することが行われています。

要点BOX
- ●ノズル内でその膨張をすべて行う
- ●熱エネルギーを速度エネルギーに変換
- ●「ディスクタイプの回転体」と呼ばれる

衝動式蒸気タービン

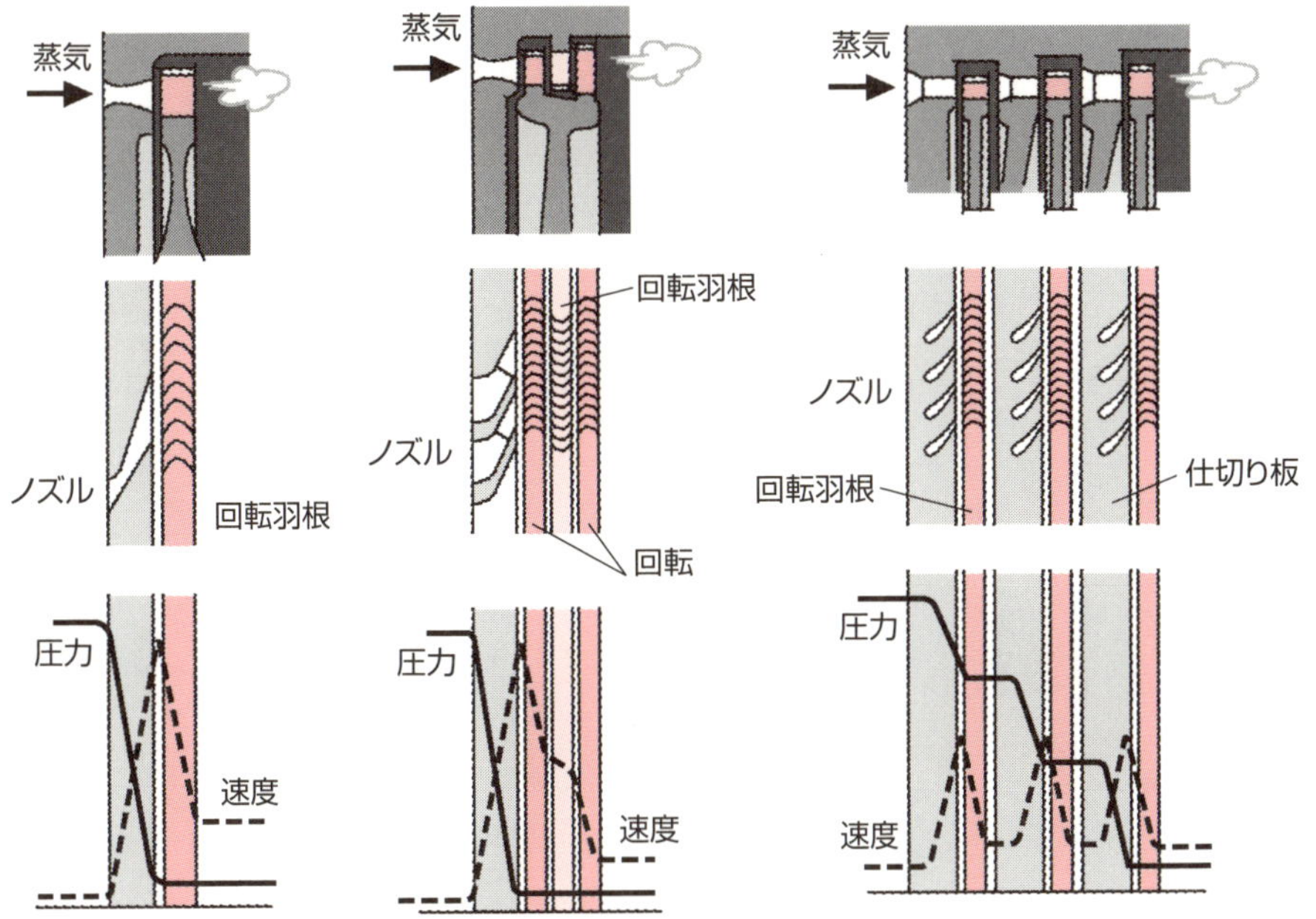

単式衝動タービン　速度複式衝動タービン　圧力複式衝動タービン

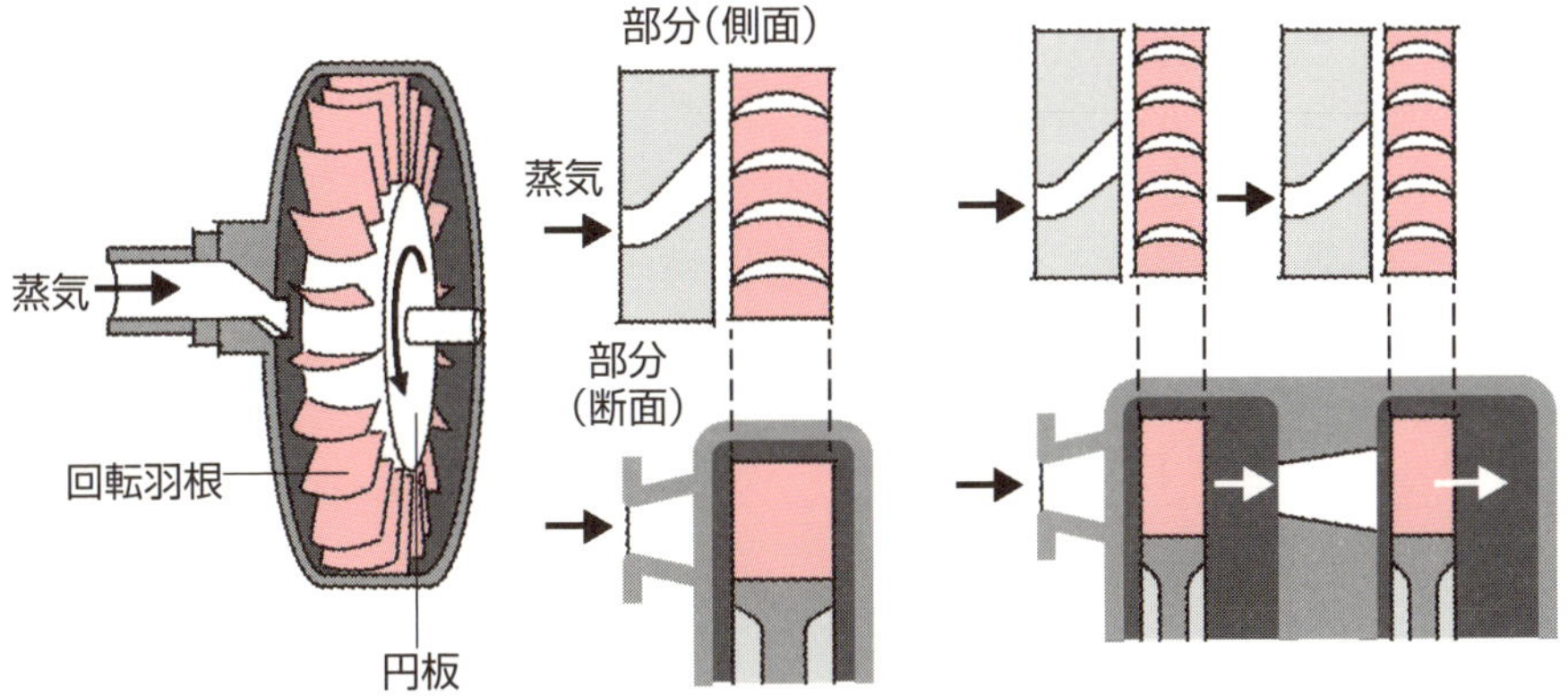

衝動タービンの代表が「ド·ラバル（De Laval）タービン」と呼ばれているが、これはスウェーデンの衝動タービンの発明者から来た名前である。また単段の計算を以降の複数段落で構成する蒸気タービンの設計者からラトー（Rateau）式タービンと呼ぶこともある。

60 反動タービン、パーソンズタービン

反動タービンの代表的な例が風車

動翼の中でも膨張するように設計するタービンを「反動タービン」と呼びます。反動タービンか衝動タービンかは動翼内での膨張の比率、すなわち反動度で示され、おおむね50%以上の膨張が動翼内で起きるタービンを反動タービンとしています。

反動タービンの代表的な例が風車です。とノズルはないからです。ロケットも同様で、内部の燃料をジェット噴流に換えて吐き出し、その反動でロケットは飛んでいるわけです。

ロケットや風車のような作動をしている状態は、反動度100%の状態です。

一方、蒸気タービンで最初に反動タービンを設計したパーソンズ（Charles Algernon Parsons、1854年～1931年）のタービンは反動度が50%、つまりノズルと動翼内での膨張の比率が50%ずつになるように設計されていたので「パーソンズ式タービン」と呼ばれています。

したがって反動タービンは静翼入出口の圧力差が小さくなり、回転軸を衝動型のようにディスク型とする必要がないので、ドラム式と呼ばれる直径の大きな回転体（ロータ）になっています。

復水される直前のタービンの最後の段落近傍のような比容積が大きく、容積流量も大きくなると機構的には長大翼を用いる必要があります。その際には翼の根元部分と翼頂部分の周速度が大きく異なり、そのために大きな反動度をつけることで、翼の根元から先端までの流れをスムースにすることができ、効率改善に寄与しています。

翼型も衝動段落と比較すると翼間通路内で膨張するようにより、飛行機のような翼型に近い形状をしているように見えます。パーソンズ式の反動タービンでは速度比をu/C0＝0.707とすることで、最高性能が得られると計算されますが、周辺の構造などの影響があります。

要点BOX

- ロケットや風車のような作動をしているときは、反動度100%の状態
- 「パーソンズ式タービン」とも呼ばれる

反動タービンのしくみ

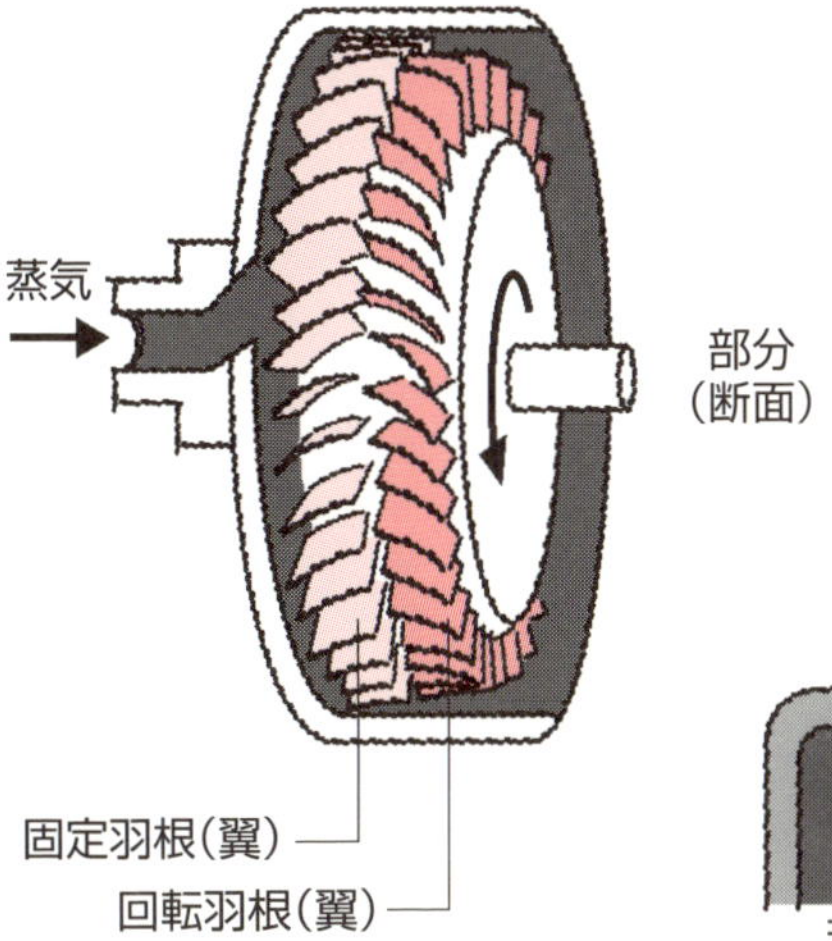

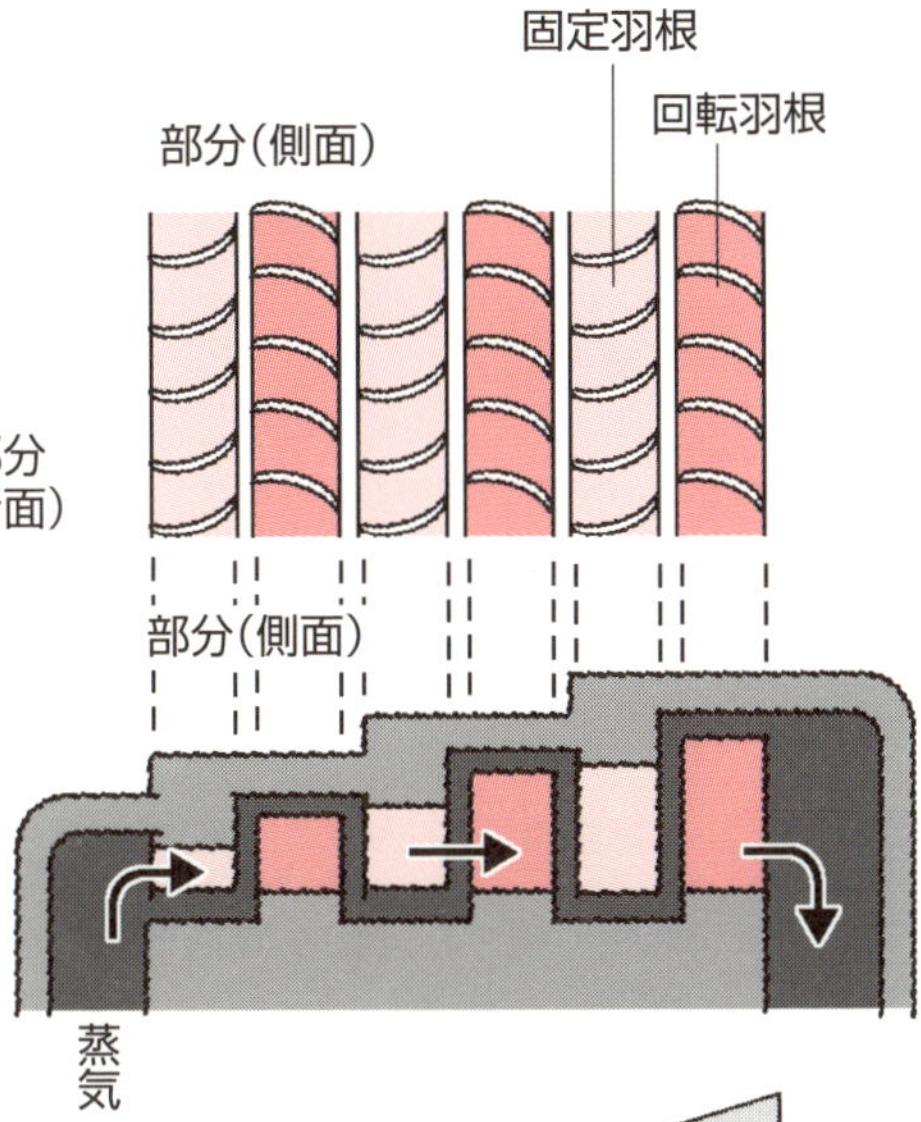

反動タービンは静翼と動翼（回転翼）の入口と出口と圧力差が小さいから仕切板が不要となるのでドラム形ロータになっている。

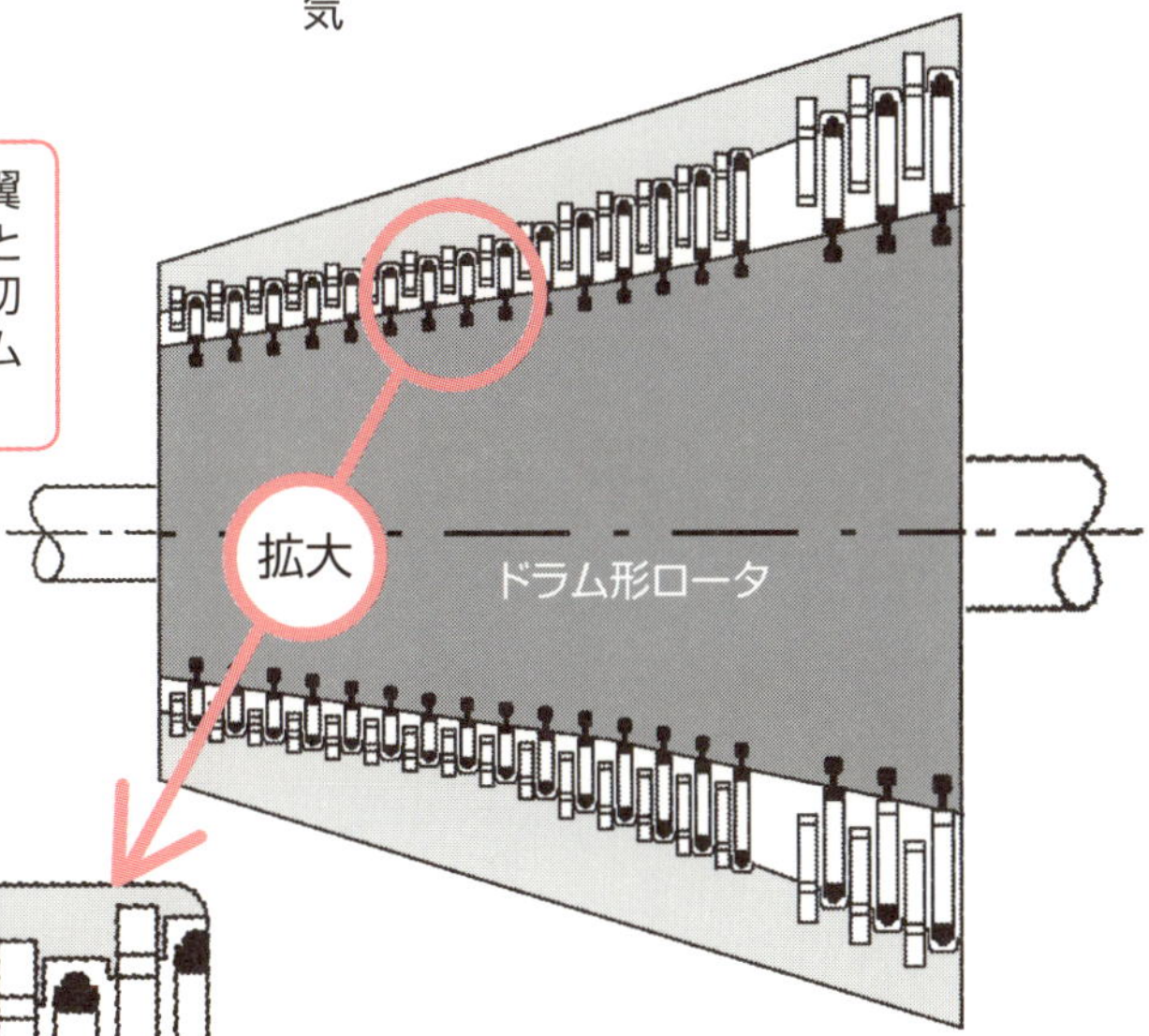

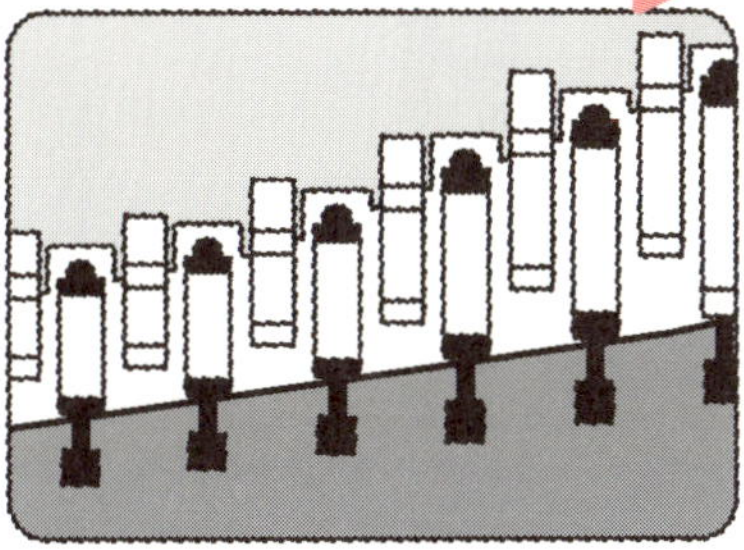

61 石油化学プラントなどで活躍するカーチスタービン

少ない段落数で大きな圧力差

ここまで説明してきた衝動タービンと反動タービンは、ノズルと動翼の1対の組み合せでした。しかし、「カーチスタービン」は、1つのノズルでの蒸気速度を2つ以上の動翼で使おうというタービン段落（つまりノズルと動翼の組み合わせを段落と呼びます）で、衝動タービンの一種です。

カーチスタービンは、高速蒸気を使って1列目の動翼の中で仕事をさせます。すると速度は落ちますが、まだまだ十分な速度エネルギーをもつようにしてありますから、その蒸気の方向を静翼で蒸気方向を変更させ、次の動翼に流し、速度エネルギー動力を得ようとするものです。動翼3列のものもありますが、現在はほとんど2列です。

もちろん実際は、高さ方向の速度比の相違や隙間の影響などがあるため、理想的な流れにならないところがありますが、大きな熱膨張（消化）を行うことができます。このタービン段落は、理想的に作ることができれば効率は良いのですが、実際の機器では速度を大きくすると、蒸気力も増えるため、機械的な損傷が発生しやすいということがあります。したがって蒸気漏えい損失などの発生が大きく、高性能が得られにくく高性能の要求される機器ではあまり使われません。

一方、大きな熱落差を処理できるということから、タービンとしての総段落数を減らすことができるので、小型のタービンに使用されます。加えて速度コントロール（調速）をするときには、最初の段落の熱落差を大きくすると制御がしやすいから採用される例も多くあります。

また高温度のところで使用すると、温度を早く下げることが可能になり、材料に高価な合金鋼を用いずに製造できるといったメリットもあります。

カーチス段落タービンは石油化学プラント、船舶の多くのポンプなどでは多くの用途があります。

要点BOX
- ●1つのノズルでの大きく蒸気速度送度 を増加させ、その速度を2つ以上の動翼で使う
- ●熱衝撃の影響を受けやすい

単段衝動タービン

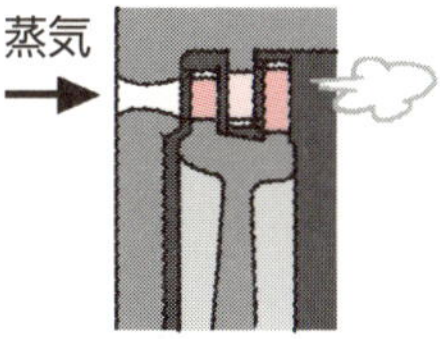

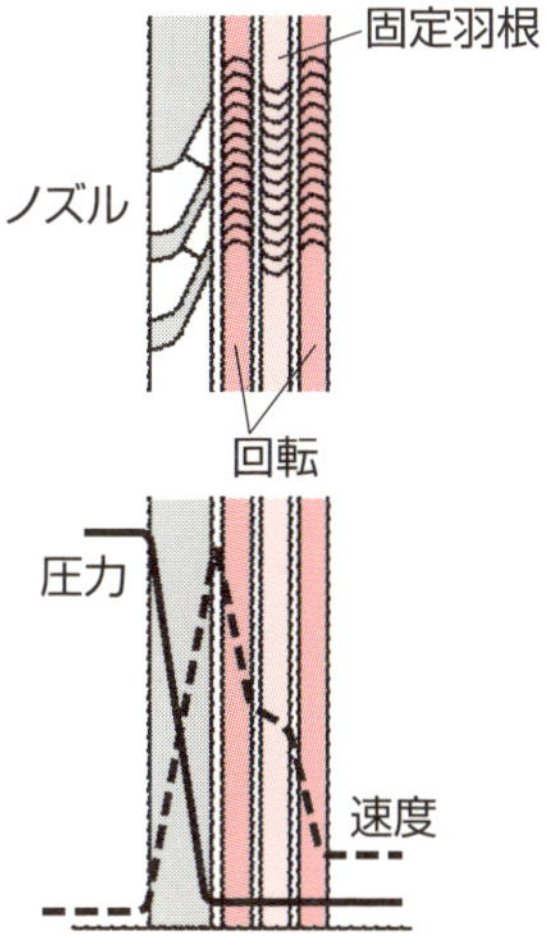

速度複式衝動タービン

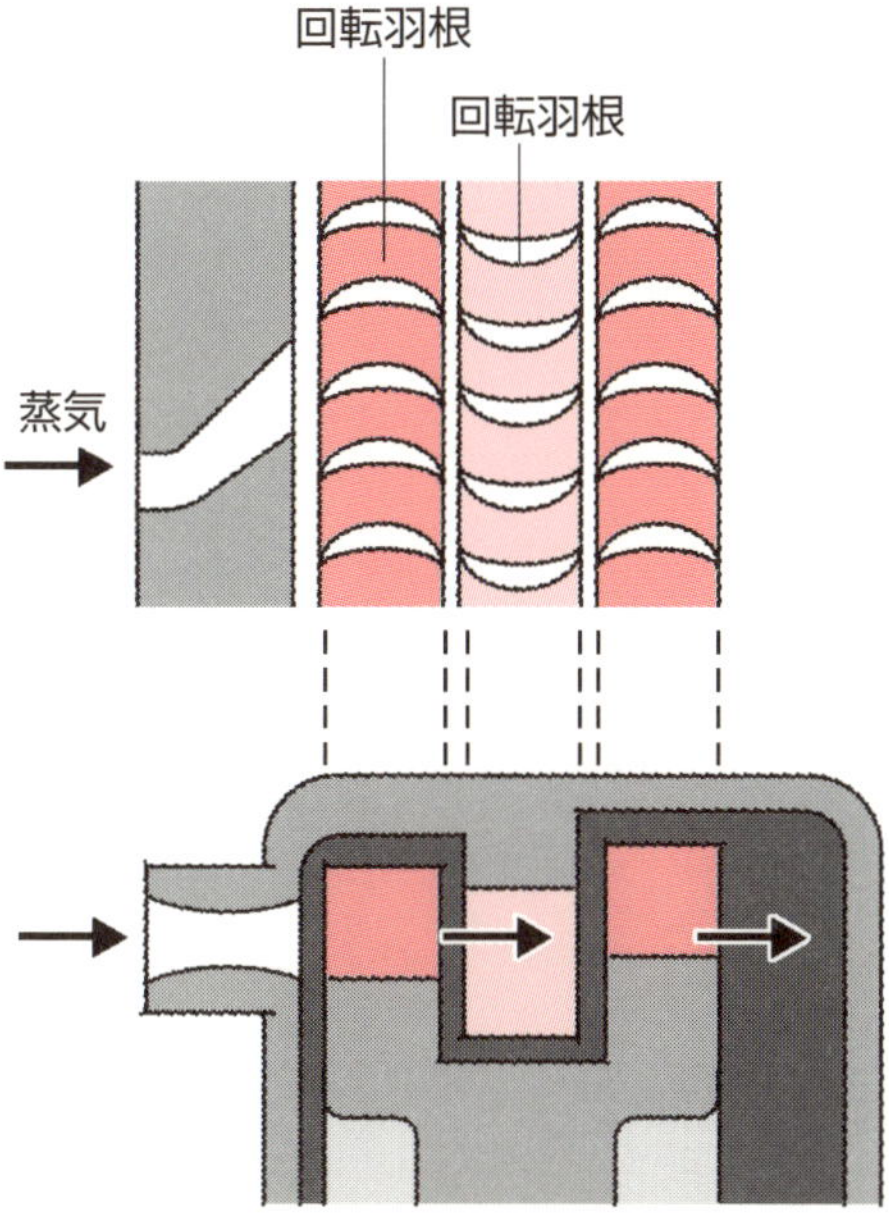

カーチスタービン

単段速度複式衝動タービン（カーチス段落）

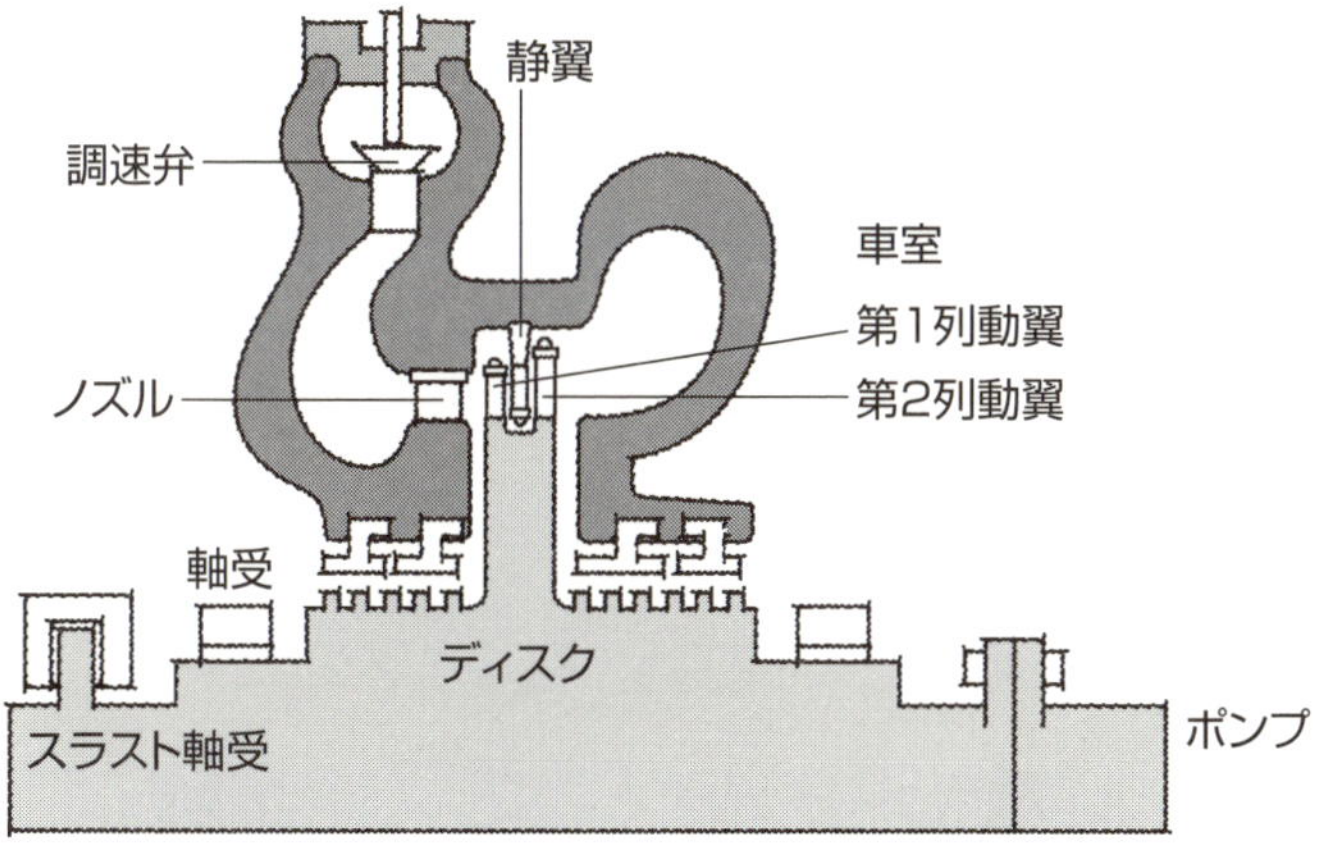

62 ユングストローム式タービン

ユニークな蒸気タービン

　ユングストローム式の蒸気タービンは、非常にユニークな蒸気タービンです。というのは「蒸気を半径方向に流しながら回転させる」という構造をもっているからです。半径流とは、同心円状に回転羽根と固定羽根あるいは回転羽根を細かく並べ、蒸気を中心から送入して外側（外径）に向かって膨張させていきます。最終的には排気は外に出します。蒸気の性質とその挙動を考えると、膨張していく過程で圧力が下がり、比容積が大きくなるから理にかなっているように見えます。しかしながら、比容積が非常に大きくなる低圧のタービンでの使用は熱力学的に成立しにくい構造です。その翼列が付いている2つの回転羽根を用い、互いに逆回転させるものが「ユングストロームタービン」として有名です。

　ユングストローム式のタービンは翼を回転体に取り付ける方法と、その構造と強度の関係から大型の蒸気タービンなどではほとんど使われていません。しかしながらその発想はユニークです。実際の機器はなかなか見る機会がありません。左頁に示したユングストロームタービンは英国の科学博物館で筆者が見たものです。ユングストロームの名前はボイラの空気予熱器で広く知られています。

　ユングストロームタービンではありませんが、半径方向に流れるタービンもあります。これらは自動車や船舶のエンジンの過給機用のタービンで多く利用されています。その理由は膨張させる圧力比が軸流式と比較して大きく取れるため、単段で排気エネルギーをすべて消化できるからです。また小型の場合には、構造が半径流ポンプと同様の形状のために、簡単で量産化がやさしいことから多く作られています。蒸気タービンに適用した例もありますが、通常は大きな圧力差が一段で消化できますが、多段落にし難いことや比容積の大きな所へ適用しにくいことから、背圧タービンに限定的に使われている状況です。

要点BOX

- ●蒸気を半径方向に流しながら回転させるという構造
- ●大型の蒸気タービンなどではほとんど使われない

半径流反動タービン

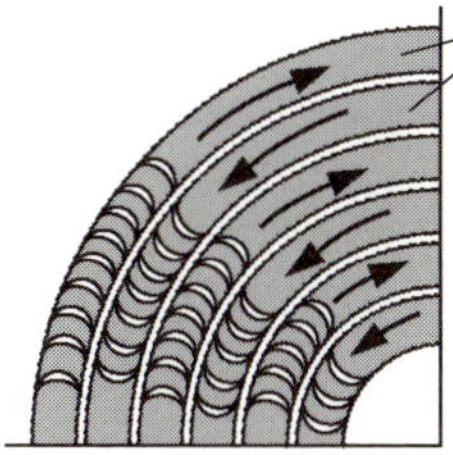

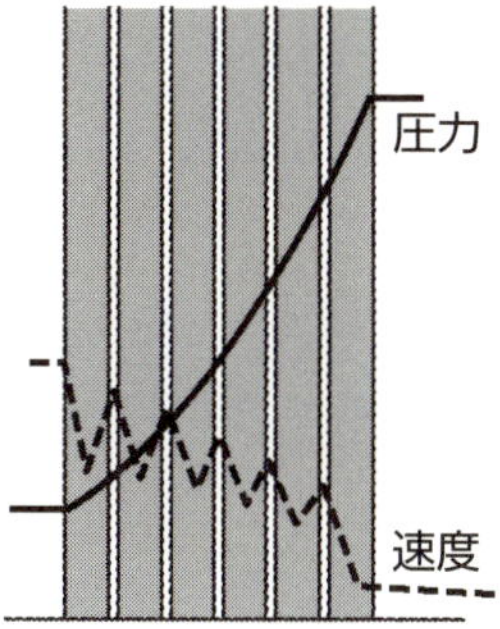

断面図

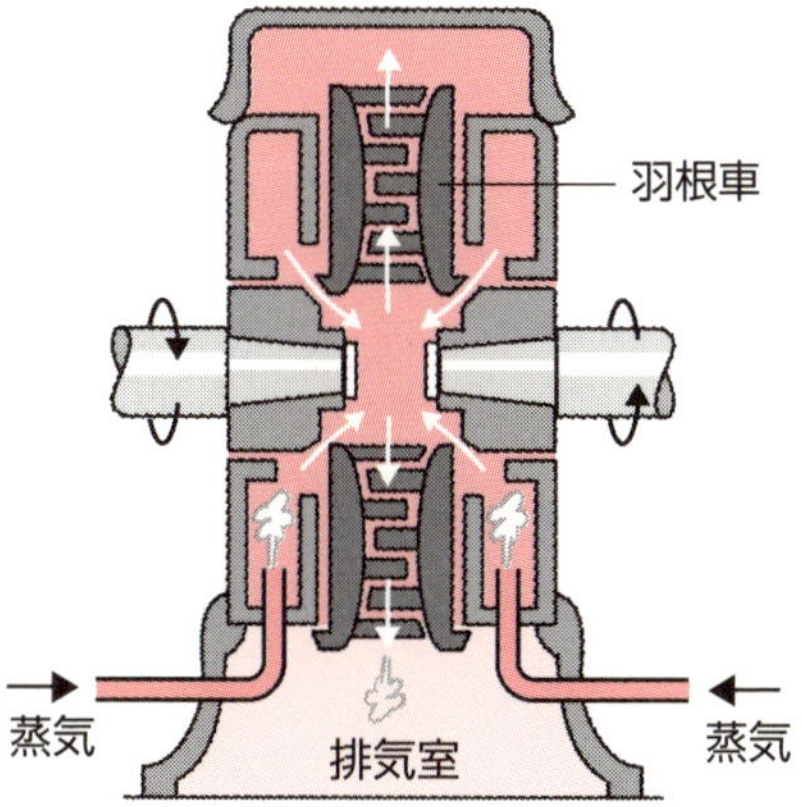

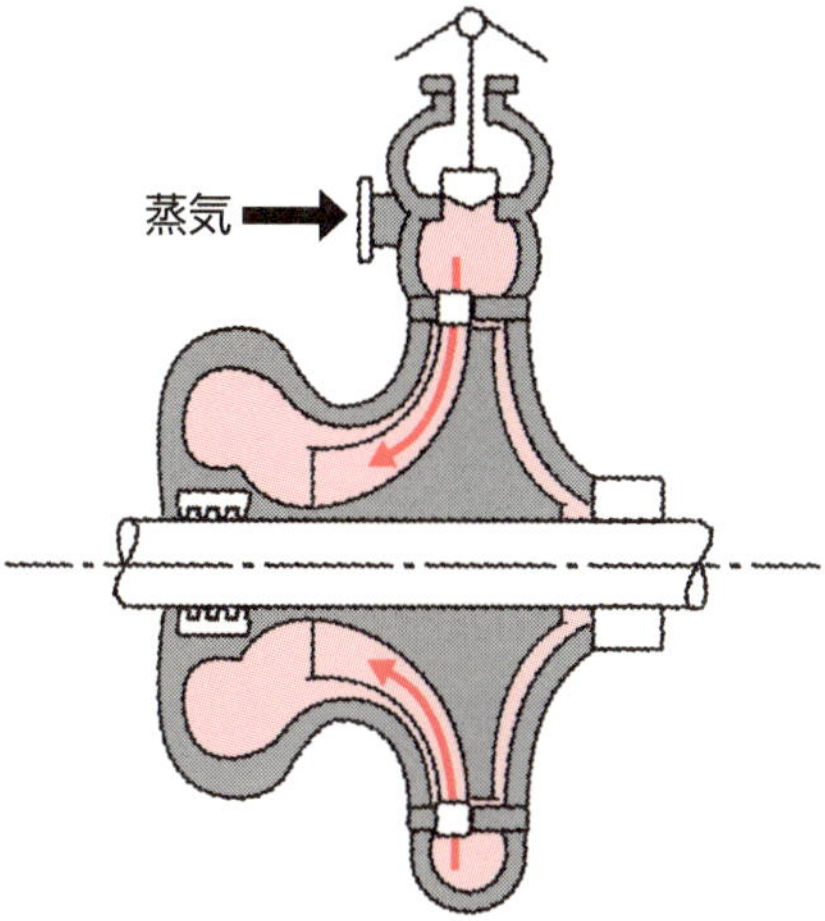

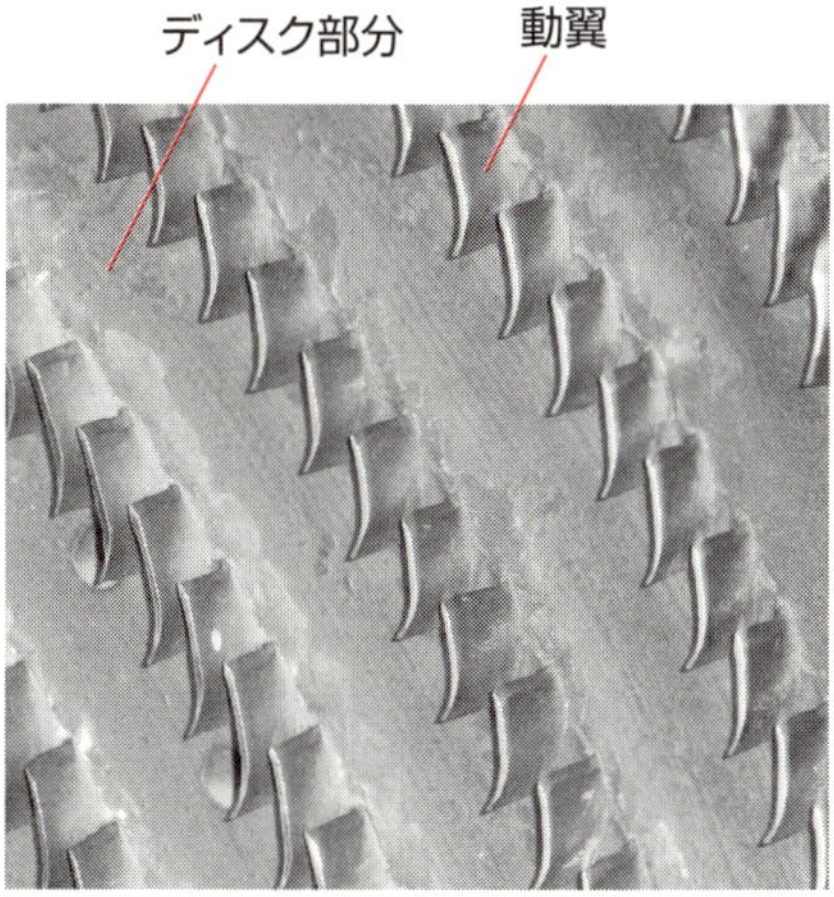

ユングストロームタービンは上記右図の左右の回転体の組み合わせで成立する。これを別々に開放したものの写真を示す。ディスク上に翼が削り出されている状態が見えるが、この翼間を蒸気が流れて膨張し、出力を発生する。

用語解説

英国国立科学産業博物館：ジェームズ・ワットの蒸気機関の実物が動態保存され展示されている。ロンドンを訪れる観光客の主要な観光地でもある。

63 バイナリー発電

低温からエネルギーを回収する

工場の排熱は100～150℃あたりの温度域に大量にあります。工場の省エネルギーは、高温度からの熱回収にその熱源を利用することで進んできましたが、多くは150℃以下の熱が今でもあまり使われることなく捨てられています。

中低温域の熱は、まず熱として直接利用を考えることが重要です。基本的には近所の工場間でお互いの工場で余った熱源を融通し、有効活用することが必要ですが、それでも余っている熱は低温度源発電などで活用すべきだと思います。つまり比較的温度の低い熱源からの熱回収のために、低温度での発電技術の開発とコストダウンが鍵になります。そこでたとえばアンモニア蒸気を用いた発電装置や、フロンによる発電といったことも課題になります。

中低温熱源の発電システムの代表として「バイナリー発電」があります。バイナリーとは1つの作動媒体ではなく2つ（以上の）作動媒体を用いた発電です。地熱発電所などで用いられている地中からの水蒸気を直接利用することに加え、ペンタンやブタンのような有機物質や代替フロンなどの低沸点温度媒体を利用する発電です。これらの発電媒体は有機媒体であるため「オーガニックランキンサイクル」と呼ぶこともあります。

地熱、太陽光、バイオマスといった再生可能エネルギー関連の熱を用いた発電以外にも、ガスエンジンの排熱（温排水）、化学プラントの温排水など、未利用排熱を回収する技術を低コスト化できれば、今後の省エネルギー機器となります。

左図は地熱による熱エネルギーの回収システムですが、低温熱源から同様のシステムをつくることで熱回収が行われることを示しています。これらの機器には水蒸気以外の低沸点の物質が使われます。水蒸気の技術であるタービンはもとより、蒸発器、復水器、ポンプなどいわゆるバランス・オブ・プラントと呼ばれる部分で多くの技術が流用できます。

要点BOX

- 150℃以下の熱は今でも捨てられることが多い
- 低温熱源の発電システムの代表「バイナリー発電」
- ペンタンやブタンのような有機物質を利用する

産業別の排熱の特徴

産業	排熱の特徴
電力	150℃以下の低温ガス排熱部分が約 95%と圧倒的な割合を占めている。
化学	150 ～ 200℃の比較的回収しにくい低温のガス排熱部分が45%と半分程度を占めている。排熱は比較的に全温度範囲に分布している。また、40 ～ 60℃の低温排水もかなりある。
鉄鋼	200℃までの比較的回収しにくい低温ガス排熱が 50%弱と大きな割合を占めていると同時に、350℃までの回収しやすい高温排熱もかなりある。また、500℃以上の固体排熱がかなりある。
清掃	150 ～ 300℃の排熱が多いこと、および蒸気排熱の多いことが特徴である。
窯業	150℃までの低温ガス排熱が 40%弱と大部分を占め、低温排熱もかなりある。
紙・パルプ	150℃までの低温ガス排熱が大部分を占める。
石油	150 ～ 200℃の比較的回収のしにくい低温排熱部分が多い。

地熱による低沸点媒体による熱回収

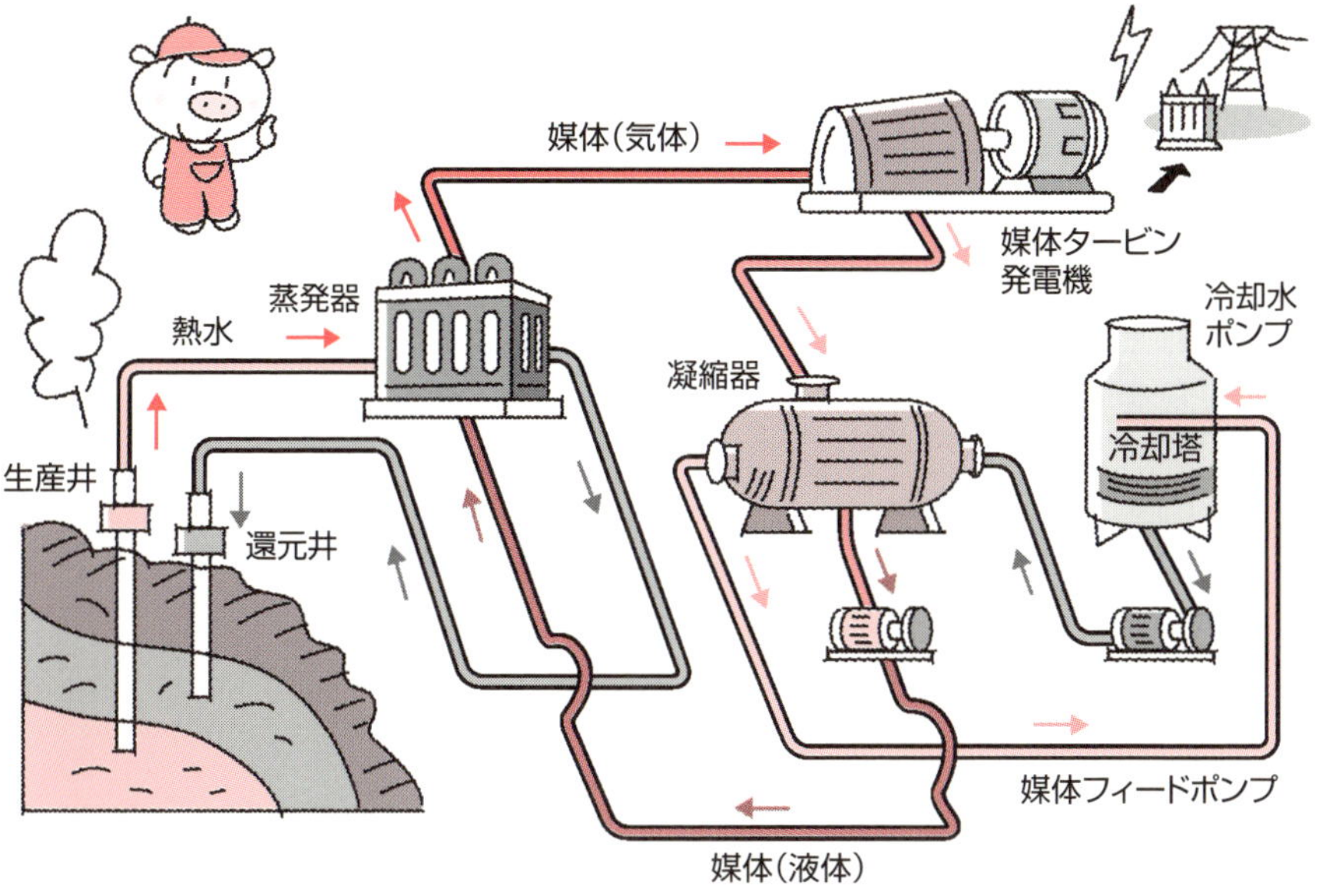

用語解説

バイナリー発電：加熱源系統と媒体系統の２つ(binary)の熱サイクルを利用して発電することからこの名前が付いた。

64 低温度沸点蒸気の利用

エネルギー回収の方法

水を作動媒体とした蒸気タービンサイクルは、低温度すなわち33℃程度の水にして回収され、再びポンプアップを行って圧力を上げ、ボイラに送るというシステムです。しかし、排気の圧力は低いのですが、熱的には大きなエネルギーをもった蒸気で、それを冷却水に捨てているのです。

今までの効率向上は、タービンの入り口の温度と圧力を上昇させることでサイクル効率の向上を図るしか方法がありませんでした。入り口温度が低い300℃程度、またはそれ以下の蒸気条件のランキンサイクルは効率向上が期待できません。このような低温度熱源のエネルギー回収を行う1つの方法が、低沸点温度のサイクルの利用です。

そして、その1つがアンモニアを用いたサイクルで、沸点温度が低いことを利用し、たとえば海洋の表面部分の水（温度は通常25～30℃程度）でアンモニアを沸騰し、アンモニア蒸気を発生させ、アンモニアタービンを駆動するものです。

アンモニアタービンの排気は海の深部、すなわち深層水の低い温度（約10℃）を利用して復水器で凝縮し、それを蒸気発生器で再び蒸気にします。装置の稼動には表層、深層から海水を取り込むポンプを稼動させるための電力を必要としますが、発電した電気の一部でこれをまかなう方法がとられます。

もう1つの方法は、液化天然ガス（LNG：通常はメタン）を用いるプラントです。

LNGの沸騰温度はマイナス162℃で、これを二次媒体サイクル（たとえばプロパン）の冷却媒体として利用して温度を上昇させ、海水（左図では29℃）で温めて蒸発させ、膨張タービンで発電をします。最終的に気体になった天然ガスを火力発電所で利用するとともに、二次媒体サイクルはLNGの低温を冷却媒体として発電に利用しようとするものです。全体的効率は1％から3％程度です。

要点BOX

- ●アンモニアを用いたサイクル
- ●液化天然ガスを用いるプラント
- ●現在の技術到達点は1～3％

アンモニア発電プラント

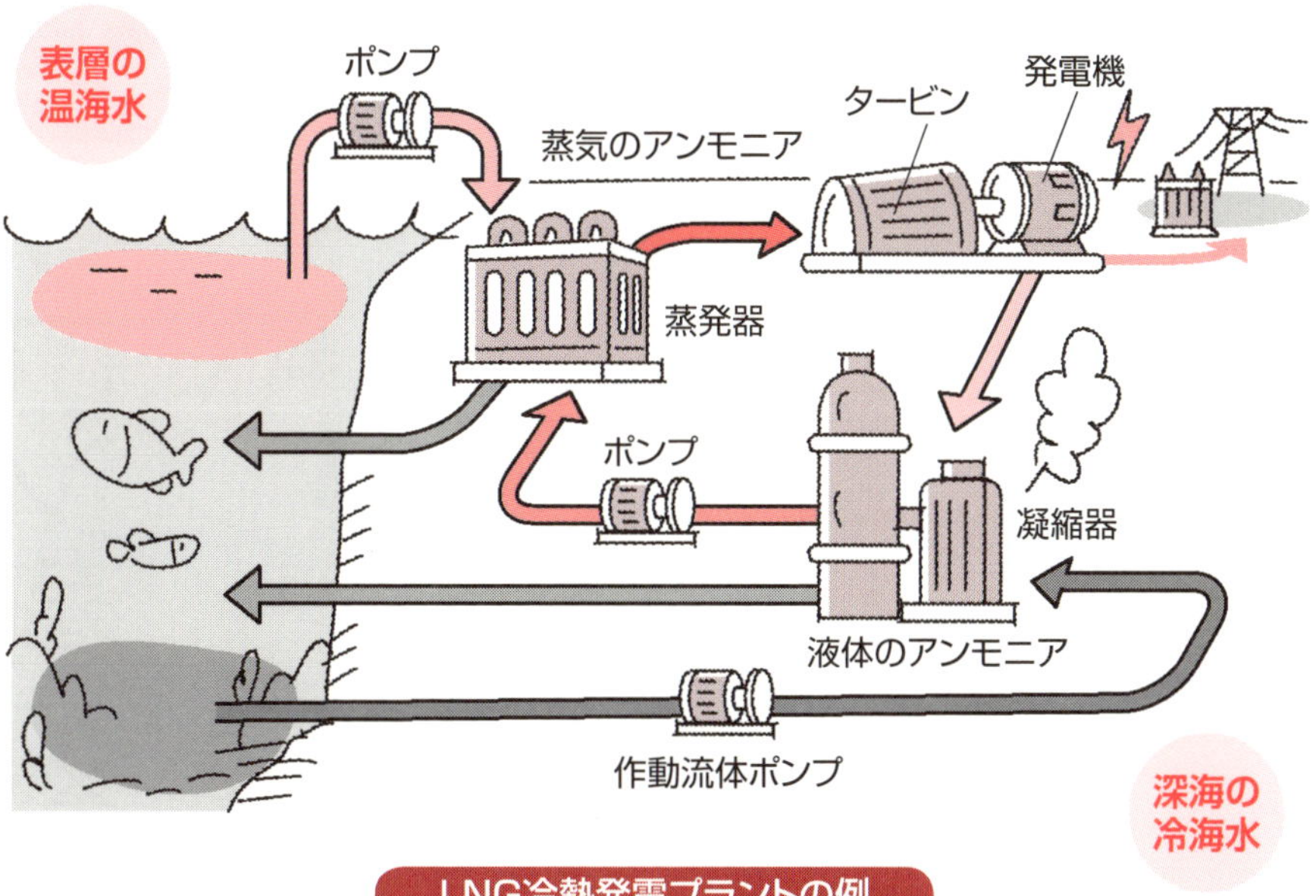

LNG冷熱発電プラントの例

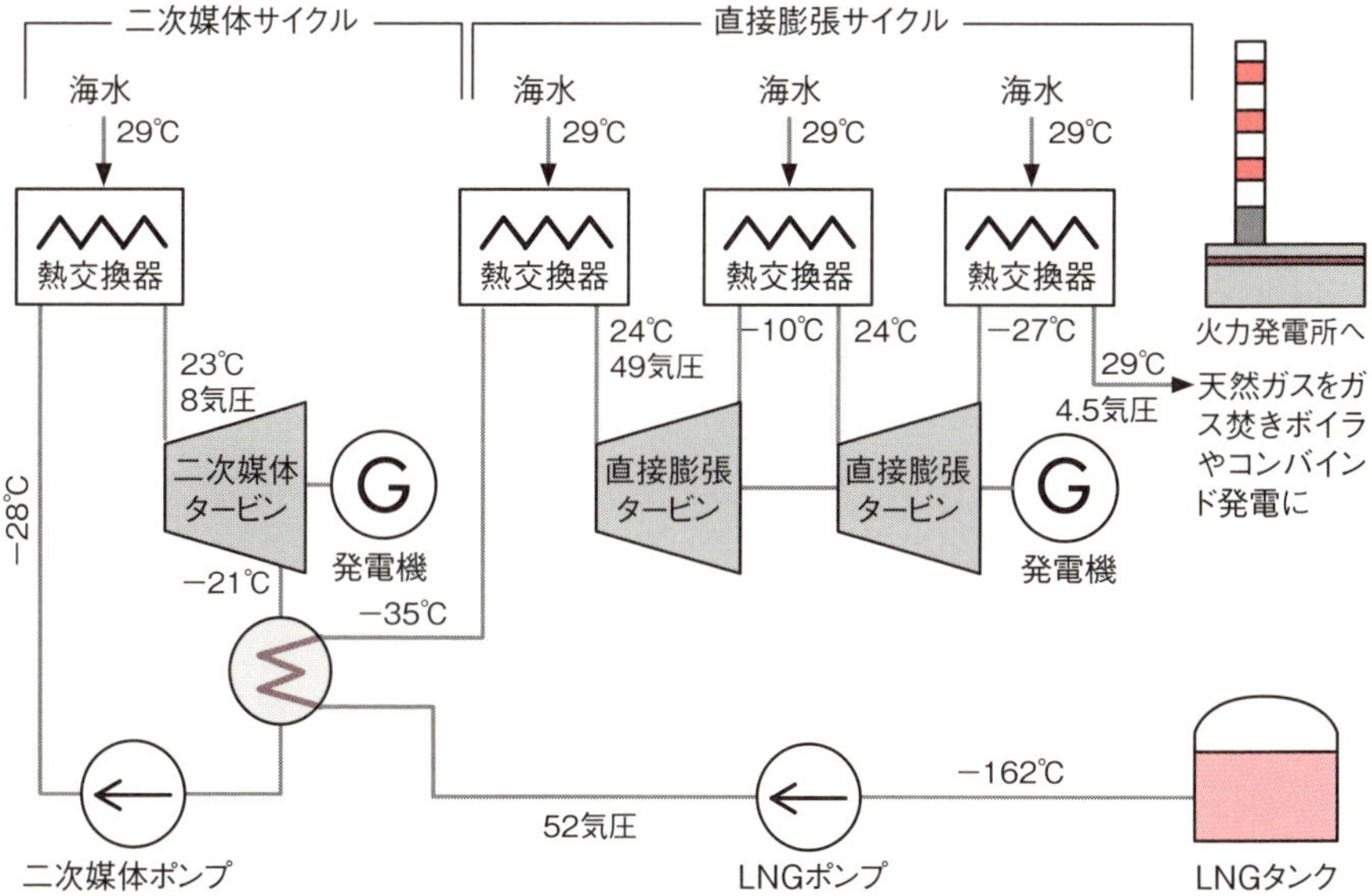

用語解説

海洋温度差発電：アンモニアなど沸点の低い媒体を表層の暖かい温水によって気化し、気化した気体によって発電タービンを回転させ電力を得る。

65 フロン蒸気タービン

熱水のみを熱源として使用する

フロンや代替フロンによる低温限からのエネルギー回収は、地熱発電所などで昔から検討されてきました。図の左側は加熱源で、ここでは地熱を利用する場合を示しています。右側はフロンを媒体とした熱サイクルを示しています。

代替フロンの沸点は34℃で蒸気になり、タービンを駆動して発電し、その排気は空冷式の復水器で復水されます。この復水は循環ポンプで予熱器径由蒸発装置に送られます。そこで再び蒸気になり、タービンを駆動するという循環サイクルが形成されているのです。

ボイラの代わりに使われる蒸発器のエネルギー源は、地下から噴き出している蒸気と熱水です。熱水は図のように汽水分離し、蒸気成分は従来の地熱発電所で発電に用い、熱水のみをフロンタービンの熱源として使用します。

熱水は熱水タンクからフラッシュさせる（減圧させる）ことで圧力の低い蒸気と熱水にさらに分離します。このうち蒸気部分を蒸発器で凝縮（復水）するまで利用し、その後に先の熱水タンクからフラッシュさせ、汽水分離させた熱水と合わせてフロン（媒体）サイクルの蒸発器の与熱部として利用した後に他の不要になった熱水とともに地中に還元します。

これらの機器は地熱発電所として利用されてきた熱水や、蒸気のプラントで使いにくい比較的低温・低圧な熱水温泉地域にも適用できるので、発電所としての適用可能な地域が増加することになります。

これらのシステムの課題の第1は熱源である蒸気井の寿命と、地熱蒸気の諸雰囲気の課題すなわちシリカの堆積や蒸気通路の保守などです。第2は系が複雑になることです。特に水蒸気系とフロン系の2系統になること、回転機と熱交換器の効率を確保するためには各部の漏えいを防ぐためにシールの保守などが重要になります。

要点BOX

- エネルギー源は地下から噴き出している蒸気と熱水
- 低圧な熱水温泉地域にも適用できる

バイナリー系統フロー図

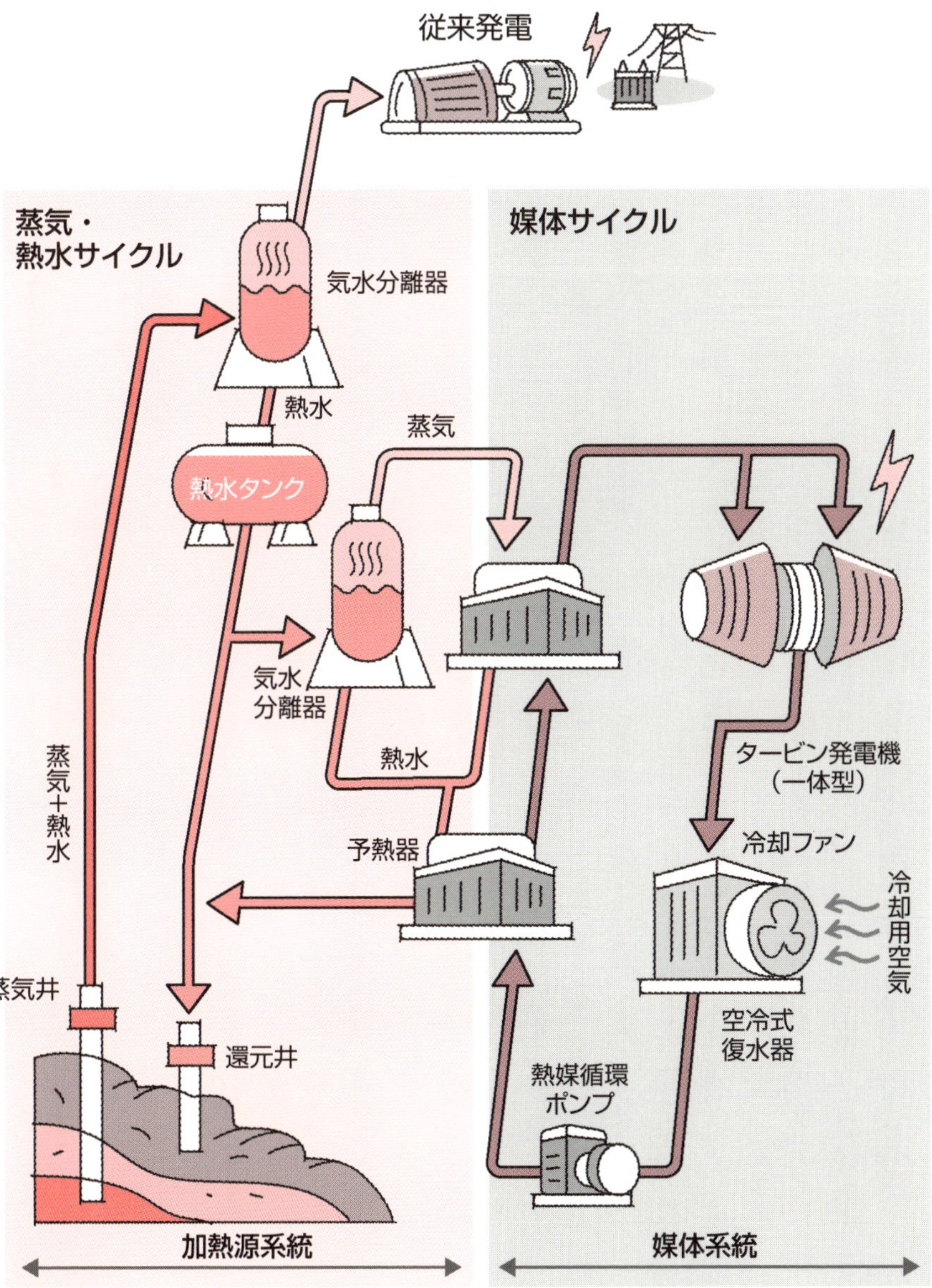

用語解説

蒸気井：地熱蒸気を噴出する坑井の総称。蒸気井には過熱または飽和状態で気相の蒸気を噴出するものと、飽和状態で気液二相の熱水蒸気の混合物を噴出するものがある。

66 カリーナサイクルとアンモニア蒸気タービン

水–アンモニア混合物が作動媒体

カリーナサイクルとは水とは異なった特徴をもつ水-アンモニア混合物を作動媒体として、熱源の熱を最大限に利用して高出力を得ることができるサイクルです。このサイクルには次のような特徴があります。

①発電効率の向上・出力アップ：従来のランキンサイクルの出力より20～50％上昇させることができる。

②未利用エネルギーの有効利用（フロンタービン発電の代替技術）：低沸点媒体の使用により中低温熱源からの発電が可能となる。廃棄物焼却発電や工場などからの低温排熱回収発電や、地熱発電に適用することが可能である。

カリーナサイクルの基本原理は、表にランキンサイクルとの比較をしながら示します。上図のカリーナサイクルは、低温排熱回収に適していてもっともシンプルなものです。カリーナサイクルは、高効率が得られますが、その理由は「熱交換器供給側の混合媒体を高濃度にする」ことで、気泡点温度（蒸発開始温度）を水よりも低い温度にすることが可能となり、したがって低温度熱源の熱利用が可能になります。

また混合媒体を低濃度にした後に凝縮させることによって、水–アンモニア混合媒体の露点温度（凝縮開始温度）をアンモニア濃度を低くすることで、通常の冷却水や空気の温度で凝縮できるようになります。一方、同一温度で考えると、低濃度にした方が凝縮圧力を下げることができ、これらの結果を総合すると、タービン出力が増加できることになります。

水–アンモニア混合物は下図の蒸発プロセス図に見られるように非等温蒸発になります。したがって熱源との効果的な熱交換を行うことができることになります。

カリーナサイクルはこれ以外のも多くの形式のものがあります。つまりいろいろな性状の異なる熱源に対しても、高出力が得られるカリーナサイクルが考案されています。

要点BOX

●従来のランキンサイクルの出力より20～50％上昇させることができる
●未利用エネルギーの有効利用

カリーナサイクル発電

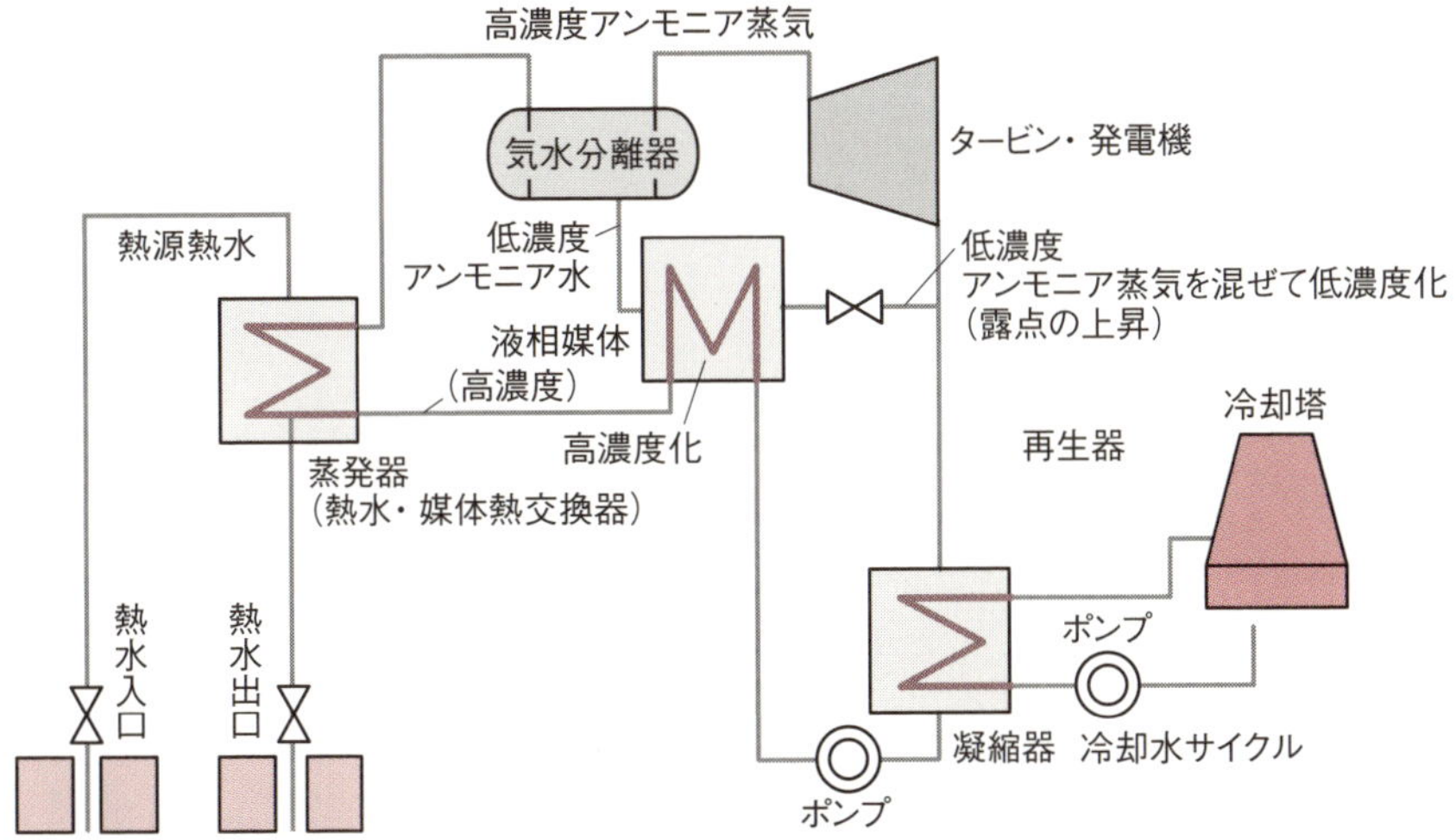

アンモニア蒸気タービン

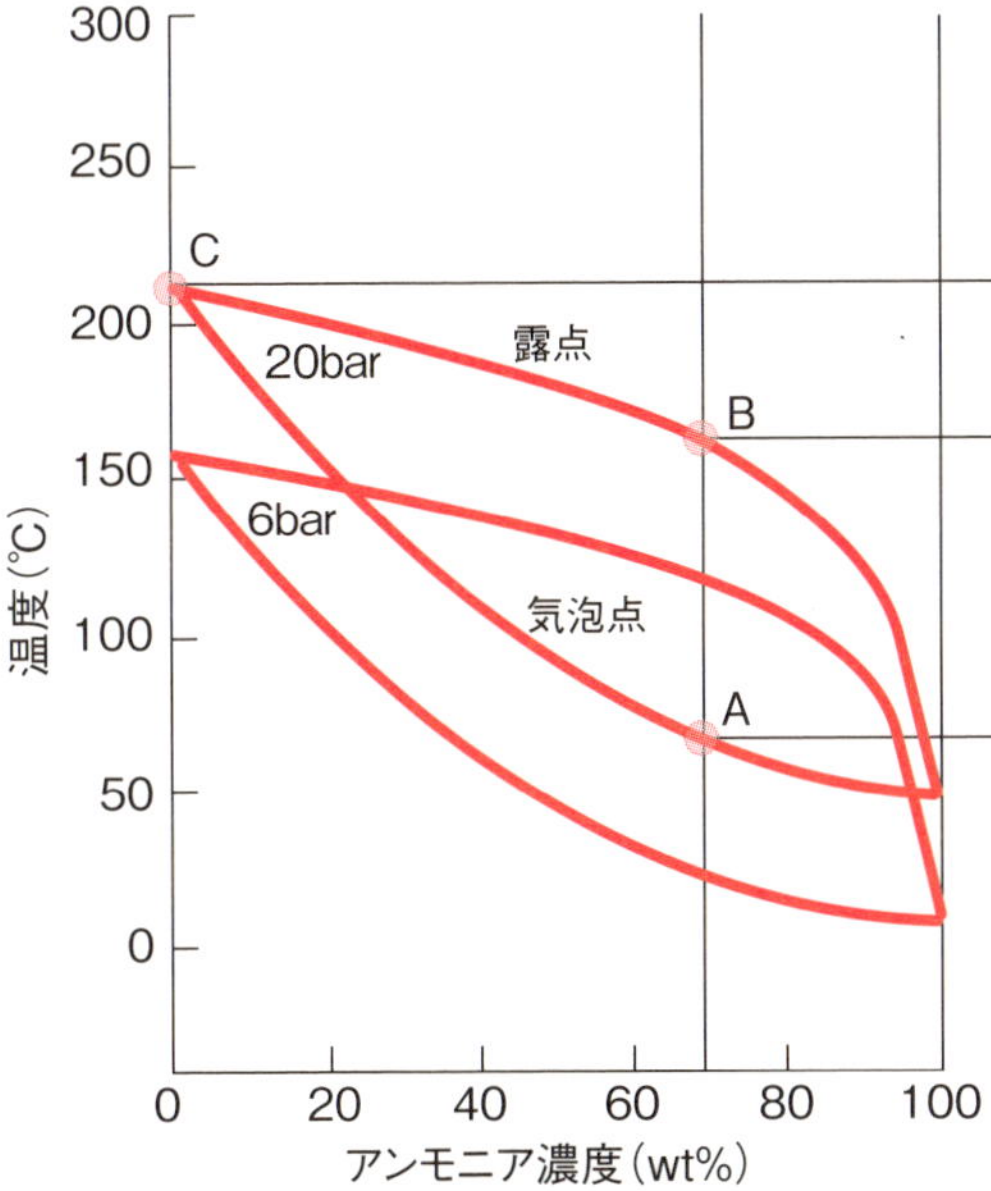

水-アンモニア混合物状態図

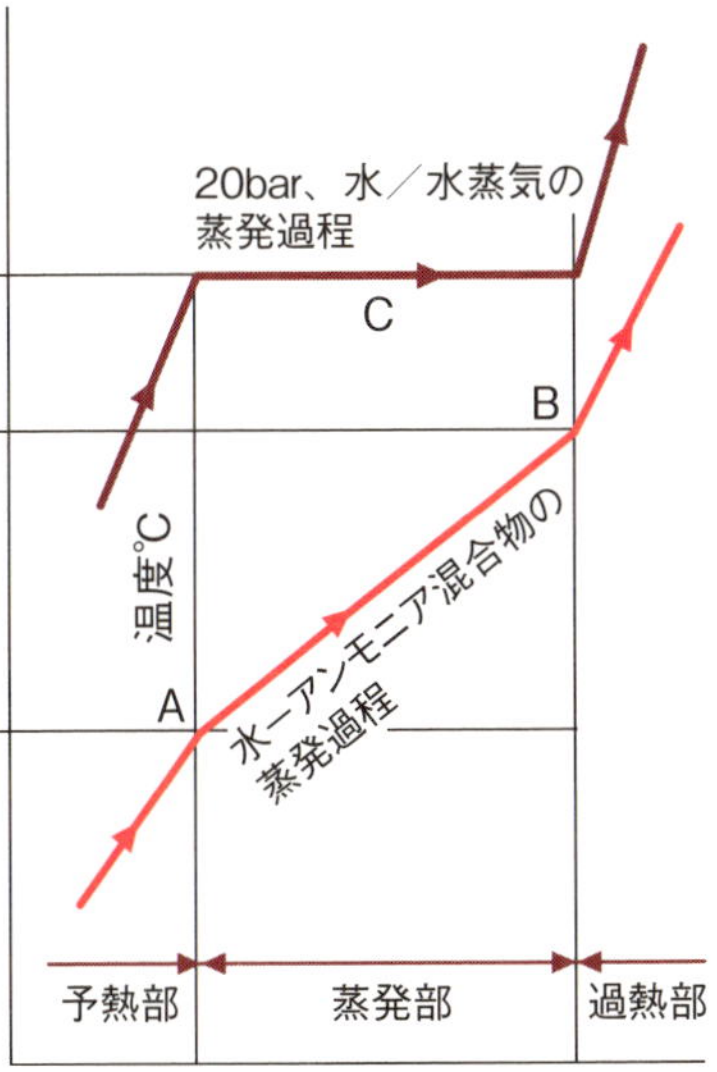

水-アンモニア混合物の蒸発過程

用語解説

低沸点媒体：沸点の温度が低い熱媒体のことで、バイナリー発電など、従来の方式では不可能だった低温の熱源や、小さい温度差による発電に利用される。

Column

発電所の蒸気条件から見る技術

　日本の発電所はアメリカのそれの技術を導入しているから、その入り口蒸気条件や排気（真空）条件は多くの場合なんとなく中途半端に感じるような数字が使われています。

　たとえば、国内初の1000MWユニットである東京電力（株）鹿島5号ボイラの蒸気条件は（1974年運転開始）は24・1MPa、538／566℃であり、世界初の大容量30MPa級超々臨界圧蒸気条件を採用した中部電力（株）川越1号ボイラ（1989年運転開始）では、31MPa、566／566／566℃、大容量ユニットとして593℃再熱蒸気適用国内初号機となった中部電力（株）碧南3号蒸気タービン（1993年運転開始）では24・1MPa、538／593℃などです。この各温度と圧力を米国流のpsi、℉の圧力から変換すると、

3500psi=246.08kgf/cm^2
=24.1Mpa、
4350psi=305.8kgf/cm^2
=30.0(=29.99)Mpa、
4500psi=316.3kgf/cm^2
=31.0Mpa

となり米国の圧力選択が日本の重量kg系列やMKSの発展形であるSI単位系列に変換されていることがわかります。

　同様に温度に関しても
510℃=950℉、538℃=1000℉、566℃=1050℉、593℃=1100℉
です。また復水器の真空条件も米国の絶対圧力1.5inch（インチ）Hgからきています。1・5インチは38・1㎜になりますが国内では38㎜Hg絶対圧力にほぼ統一されており、その際の表記は大気絶対圧力760㎜Hgから722㎜Hg下がっているということで722㎜Hg真空と呼ばれます。

　このように米国の温度選択条件に沿った形で日本の発電所の設計条件選択が行われていることがわかります。先進国からの技術導入をしてきたということを考え、広く各業界を見るとこのようなことは多くのところで見られます。このことは未だ日本の技術が米国を含む世界の技術標準の中心になく、どちらかというと技術フォローしていることを示しています。

　私たちが技術立国をしていこうとするのであれば、新しい分野、新しい機器や機械、新しい発想のもとに科学技術のイノベーションを行い、多くの世界標準に日本の標準が中心的に適用されるように技術を積み上げて行く必要があります。

【参考文献】

(1)「工業熱力学（基礎編）」谷下市松著、裳華房
(2)「熱力学（JSMEテキストシリーズ）」日本機械学会
(3)「大学演習 工業熱力学」谷下市松著、裳華房
(4)「蒸気表」日本機械学会
(5)「発電所を困らせる水の生き物たち」坂口勇著、電力中央研究所 環境科学研究所環境ソリューションセンター
(6)「蒸気タービン」一般社団法人 ターボ協会
(7)「火原協講座31 タービン・発電機及び熱交換器」一般社団法人 火力原子力発電技術協会
(8)「ボイラー技術の系統化調査」寺本憲宗著、独立行政法人 国立科学博物館 産業技術史資料情報センター
(9)「火原協講座 32ボイラ」一般社団法人 火力原子力発電技術協会
(10)「図解気象学入門・原理からわかる雲・雨・気温・風・天気図」古川武彦、大木勇人 講談社ブルーバックス
(11)「一般気象学 第2版補訂版」小倉義光、東京大学出版会
(12)経済産業省資源エネルギー庁 HP http://www.enecho.meti.go.jp/
(13)NEDO：国立研究開発法人「新エネルギー・産業技術総合開発機構 HP http://www.nedo.go.jp/

タ

ナ

ハマ

ヤラワ

索引

英

ア

カ

サ

今日からモノ知りシリーズ
トコトンやさしい
蒸気の本

NDC 533

2016年7月27日　初版1刷発行

©著者　勝呂幸男
発行者　井水 治博
発行所　日刊工業新聞社
東京都中央区日本橋小網町14-1
(郵便番号103-8548)
電話　書籍編集部　03(5644)7490
販売・管理部　03(5644)7410
FAX　03(5644)7400
振替口座　00190-2-186076
URL　http://pub.nikkan.co.jp/
e-mail　info@media.nikkan.co.jp
企画・編集　エム編集事務所
印刷・製本　新日本印刷(株)

●DESIGN STAFF
AD――――――志岐滋行
表紙イラスト――――黒崎　玄
本文イラスト――――輪島正裕
ブック・デザイン ――奥田陽子
(志岐デザイン事務所)

●
落丁・乱丁本はお取り替えいたします。
2016 Printed in Japan
ISBN　978-4-526-07587-2 C3034

●著者略歴
勝呂幸男(すぐろ　ゆきお)

国立大学法人横浜国立大学産学官連携研究員
(横浜国立大学大学院工学研究院)

1948年　神奈川県生まれ
1972年　東京都立大学工学部機械工学科卒業後、同年三菱重工業株式会社入社
1987年　舶用タービン設計課長
1995年　風車プロジェクト室長
2002年　主幹技師
この間、船舶用の主機・発電用蒸気タービン、歯車等動力伝達装置、復水器・熱交換器などの設計と設計管理業務、風力発電機(風車)の設計などに従事
2004年　三菱重工業株式会社を定年退社、関連会社に移籍
2009年　関連会社定年退社
2013年　12月から現職
2010～2014年　一般社団法人日本風力エネルギー学会(前日本風力エネルギー協会)会長